文苑艺传媒丛

ZHONGGUO

MEN

WENHUA

吴裕成　著

典藏版

中国国际广播出版社

引 言

双扇为门，单扇为户，甲骨文字"門"画下两个象形符号。

关于这门这户，诗也曾云，子也曾曰——《诗经·陈风》："衡门之下，可以栖迟。"《论语·雍也》："谁能出不由户？"别说那首陈国的民歌只是安贫乐贱的小俚曲，别说孔老夫子的设问不过讲了句大实话。

这便是门。从《诗经》的"衡门栖迟"到《晋书》的"抗志柴门"，古代的清贫者托物言志。横木为门的衡门，简陋吗？然而，却发展出富丽的出入口建筑形式。它不仅衍生了琉璃的、艳彩的牌坊，还演变出帝王门前的连阙。因此，岳飞壮怀激烈的《满江红》才吟"朝天阙"。若问连阙的极致，请看明清故宫的午门。

这便是户。民以食为天，以居为安。居的要素少不了门户，还是那句话，"谁能出不由户"？道理越是简单越可能包蕴丰富。不信请读《周易·系辞上》所言："阖户谓之坤，辟户谓之乾，一阖一辟谓之变，往来不穷谓之通。"不折不扣，已然是哲学的命题。

博大精深的中华文化，将许许多多事物熏陶得纹彩绚烂，折映着自己的博大精深。有关门的文化即是如此。

门，既是房屋的外檐装修，又是独立的建筑——民居的滚脊门楼、里巷的阎闾、寺庙的山门、都邑的城门楼子。独特的中国建筑文化，因"门"而益发独特。宫门上巨大的门钉，横九纵九，九九八十一枚，如凸立的文字，浓缩了中国传统文化的一篇大文章。宅门上门神威武，双双把门，将远古先民关于神话世界的畅想，经过漫长时光的千图百绘，定稿为身披甲胄的模样。门前石狮，何谓"十三太保"？"泰山石敢当"，何得"以捍民居"的功能？俗言道"猪入门，百福臻"，天增岁月人增寿的节日里，驮聚宝盆的肥猪拱门剪纸，贴上了屋门。辟邪呀，祈福呀，驱恶呀，迎祥呀，门又做了古风今俗的展台。

入必由之，出必由之，于是，历史的风风雨雨，门总要首当其冲。唐初的李世民，不是导演过一出杀兄逼父的玄武门之变吗？"天子五门"，所铺张的，绝不只是帝王的排场。老百姓则盼"夜不闭户"，清平世界。与此形成反差，是官府的封条在门扇上打叉叉。涉及北京古城的语汇，正阳门人称前门，相对于"前"，该有个后门。有的，地安门。矛盾的对立统一，构成了社会。前、后门，公、私门，高尚与正直，低卑与猥陋，借助"门"，亮了相。

中国的门，也派生出"芝麻开门"的故事。中国的门，更创造出禹凿龙门鲤鱼跳的传说。前者反映了探索者的精神需求，后者表现了超越自我的渴望。中国的门，还编排出鬼门关的迷信，不只是借以吓唬愚昧的胆小之人。

门总是引人注目的。门占尽了出入口的"区位"优势。门文化也是一个出入口。读过了这篇引言的对话者，就请接着向"门"漫步行走，继续我们关于中华文化的探讨吧。

目　录

门是建筑物的脸面

第一章

一、门和户

门脸，门脸，门是建筑物的脸面。就说门框，上横框叫门额，额头的"额"；左右立框叫门颊，脸颊的"颊"；门额要美化，还可以装门簪。这额、这颊、这簪，给门之"脸"一个形象化。

门之"脸"，不施粉黛，还是浓妆、淡抹——白板扉，抑或朱漆门、黑漆门？

门之"脸"，砌上瓦檐高翘的门罩，像是一顶漂亮的帽子。一对铺首好似它的眼睛，两个福字即是它笑时的酒窝儿，一副对联像发辫，大红灯笼高高挂起，如同戴上大红花。要半遮面，就筑一道影壁，犹抱琵琶。

门的"脸形"多样，东北地区有别于西南省份，京城四合院不同于陕北窑洞。

门，可以板着脸孔，台阶高高以显高傲，石狮把门带几分威严；

门，也不妨仅仅开关而已，仿佛面含平和的微笑……

于是，中国的建筑文化有了这一页色彩纷呈的篇章。

（一）有巢氏之前之后

谁是最先步入华夏建筑文化之门的第一人？上古神话的回答是：有巢氏。

请注意这个"有"字。《韩非子·五蠹》描述："上古之世，人民少而禽兽众，人民不胜禽兽虫蛇。有圣人作，构木为巢以避群害，而民悦之，使王天下，号之曰有巢氏。"《周易·系辞下》说："上古穴居而野处，后世圣人易之以宫室，上栋下宇，以待风雨。"或言为避禽兽，或言以待风雨。总之，自从天下出了个有巢氏，思前人所未想，做前人所不能，由无到有——有巢，实现了人类居住史的一次伟大变革。

关于有巢氏神话的诠释，如尚秉和《历代社会风俗事物考》所论，架木巢居，得免穴居之苦。有巢氏之巢，不必在树上；垒土石，上架以木，简陋有类于巢，实近似于房屋。西安半坡遗址，显示的正是这种形制的"有巢"遗迹。

有巢氏之前，大约是没有独立的门意识的。穴居虽必有出入口，但那太必然了。

构巢筑屋是门意识的真正开始。这时，为解决栖身问题，先民们要做的事情是人为地造成一个相对隔绝的空间，在封闭这个空间时，须设想留出缺口，以备出入。这个出入口，在漫长的岁月间派生出绚丽多彩的门文化。

西安半坡村的仰韶文化遗址，以丰富的信息遗存，让今人推想六千多年前四五十座房屋组成的聚落。凭借柱洞及其他遗存，考古学家绘出一幅幅建筑复原图。这些房子以木柱、木檩为构架，墙壁和屋顶用木棍枝条排扎，上铺敷泥和草。房子出入口的设置，具有多方面的功能。

一些方形房子，房内下凹于地面，其出入口修一段门道，门道的斜阶连接着室内地面。门道设有防雨篷架，既可遮挡雨雪，又可起到掩蔽居寝的作用。

圆形房子室内地面一般高于室外，其入口，门限高若槛墙。这种高门槛，能防雨水的灌入，也能减少地面尘土的吹入。门内两侧建短墙，可以限制和引导气流，有助于冬日室内保暖。同时，门内两侧的隔墙具有类似屏风的作用，在室内造成两个退隐空间。

对此，研究者给予高度评价，杨鸿勋《仰韶文化居住建筑发展问题的探讨》认为："隔墙背后的隐奥，实际上初步具备了卧室的功能……居住建筑所必备的隐奥的出现，标志原始建筑空间组织观念的启蒙。"这是建筑文化的启蒙时代。

半坡仰韶文化遗址房屋复原图显示，不少房屋出入口的上方设有窗口，门和窗开在同一个屋面（图1）。在陕西户县采集到的仰韶文化陶制房屋模型，与之相同。门上开窗的实用性在于采光，在于门窗对流，以通风排烟。门与窗的组合，还给朴素无华的初期建筑带来装饰美，使单调的外观获得了一种灵气。整体轮廓面，以及叠加其上的门面积、窗面积，这三者构成建筑正面视觉效果的三个基本要素。后世不断发展的建筑样式，可以说都是在此基础上的增繁。

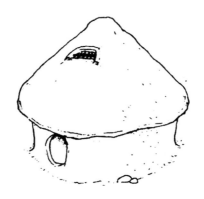

图1 西安半坡仰韶文化遗址房屋复原图

门与窗的视觉效果，先民们一定感受得很强烈，所以，当半坡陶器上的刻画符号演进为甲骨文字时，"宫"字形即源于对房屋正面三组轮廓线的勾画。

东汉许慎《说文解字》："宫，室也。"甲骨文"宫"字写作"宫"，"宫"像房屋边际线，"吕"，上"口"像窗，下"口"像门。今人用九笔写出一个"宫"字，不妨说是在画一幅房屋简图。九笔之中，三个组字元件各为三画。三三见九。这三个三画的巧合，虽不能说就包含着神秘的数字意味，然而，门在整个建筑文化中举足轻重的地位，却被"宫"字结构的三分模式道出来了。

（二）门，"从二户，象形"

1993年，江西安福县翠竹寺遗址出土一口清代康熙年间的铸铁大钟。钟上所铸铭文里，"门"字为简体字，与如今我国法定通用的规范简化字相同。简体"门"字，甚至出现在甘肃居延出土的汉代简牍上。

然而，探究"门"的字义，还是要看它的繁体。

"门"是象形造字的范例。所象之形，可从二里头村文化遗址寻到某些踪影。

河南偃师县二里头村遗址为近方形夯土台，年代由夏代延续至商代，有人认为它就是夏墟。一万余平方米面积内，遗存着许多廊庑、大门和殿堂的柱洞。遗址周边，起圈围作用的廊庑设有大门。遗址大门处，九个柱洞一线排开，说明大门采取八间所衡门形式，样子如同没有瓦顶的牌坊。甲骨文"门"字，作"門"，作"門"，也写作"閁"。其中后者，形若两个门扇之上加一横木，或许正是二里头村遗址大门的写照。

东汉《说文解字》释："门……从二户，象形。"户，甲骨文写为"𡰪"，是单扇门的象形字。一扇为户，两扇相并就是门。"门户"一词，按照造字之初的写法，画三个门扇而已。登堂入室的进口，是一座建筑物的构成部分，规模较小，虽未必只有单扇门扉，但称以"户"；作为一组建筑的总出入口，规模较大，有时其本身即是一座建筑物，比如门房、门楼，故而双倍其"户"，称为"门"。方块汉字的横、竖、撇、捺笔画之间，包容着图景、故事和思想，"门""户"是例。

"扇"本来也是名词，以它充当门的量词，是语言发展的结果。《礼记·月令》："是月也，耕者少舍。乃修阖扇，寝庙毕备。"郑玄注："用木曰阖，用竹苇曰扇。"讲到了门扇的不同材料。阖，《尔雅·释宫》："阖谓之扉。"扉也是门扇的名称。

开门、关门的门轴，称为枢。先秦典籍《吕氏春秋》有句名言——"流水不腐，户枢不蠹"，门轴不会被蛀蚀，因其经常转动。

摇梗，门轴的另一名称。固定于下槛，承托门轴的是门臼，也叫门枕，用单字称之，叫"椳"。固定于上槛者，则称门楗。在一些地方，有祀门臼姑风俗。清代道光二十三年（公元1843年）《武进阳湖县合志》：正月十五，妇女"插簪箕上悬空，令椓地以卜，云祀门臼姑，大率紫姑遗意"。民俗信仰中的"门臼姑娘"，反映了人们对门户的崇拜。

房屋墙壁砌嵌门框，以装门扇，门框又名门阑。门框为四边形，上横木叫楣，门槛则有阈、柣等别名。

古老的汉字是个蕴含丰富的信息库。用于名物的汉字，有关门者、户者很多，从总体结构到具体构件，称谓种种，细致入微，反映了古人对于建筑物之门的重视。这里不再逐一检索。

（三）板门和隔扇

房门、屋门的实用意义，甲乙丙丁戊，人人都能列出若干条。门的价值，首先在于它的实用性。它作为出入口，又给居住者带来温暖、安全以及诸多的方便。这实用价值中间，积淀着造门者的智慧。

仅说保温。东北冬季天寒风冷，1934年《吉林新志》记，民居房门有内外两层，外层俗称"风门子"，向外开，内层俗称"板门"，向内开。关门时，双层门有助于保暖，出入时，双门可有效地减少冷空气的进入。

胡朴安《中华全国风俗志》记录吉林奇异风俗，谈到"吉地房屋，室门向外开，比户皆然。考诸志册，谓昔多虎患，时夜入民家，攫人而去。故门向外开，借槛之抵抗力，足以御虎冲撞。唯昔之外开为虎患，今之外开乃习惯"。这是着眼于安全功用。

　　自古以来，作为房屋外檐装修的门，更是建筑形式美引人注目之所在。门形美之中展示着造门者的智慧，也反映各个时代的审美情趣、理想追求，那装饰多样的隔扇门还是众多文化符号的承载体。

　　先秦建筑的实物今已无存。一尊西周时代的方鬲（图2），以不朽的青铜凝铸为极其珍贵的模型。鬲，形状如鼎的炊具，足部中空。这尊方鬲，中空的下部被巧妙地铸成屋形，三面铸出十字棂格窗，正面铸门。门为双扇，这已超出房子的出入口只装单扇门、称为"户"的形制。门为板门之形，上下分为两格，增加了美感。两扇门上设有插闩的装置，反映了对于门户安全功能的开发。门的两侧各有卧棂栏杆，说明那时已讲究建筑物门前的装饰。

图2　西周青铜兽足方鬲

　　木板门为古今所常见。院落大门用板门，通常有实榻门、棋盘门两种。前者门心板与大边一样厚，后者在框架上装木板，加以穿带，方格略似棋盘。

　　隔扇门，又称格扇门、格子门、槅扇门，姚承祖《营造法原》称为长窗。延安民间称木制花格为"软"，隔扇为"软门""软窗"。流传于洛川的一首婚嫁"喜歌"，夸新郎家的建筑，及至隔扇门："向下看，大四椽，软门软窗实好看。"

隔扇门，唐代建筑已采用，多为直棂、方格，唐时李思训《江帆楼阁图》画门，直棂样式。直棂和方格的质朴，至宋代开始起变化。宋代《雪霁江行图》（图3）上的景物，屋门格心已非直木条的组合，门的裙板部分，还饰以如意云头图案画门。

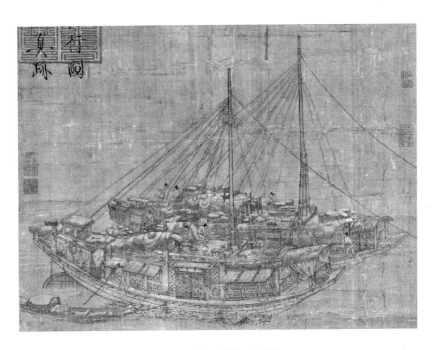

图3 宋代《雪霁江行图》

山西侯马金代墓葬的砖刻装饰，仿刻建筑的正面的六扇格子门。其中两扇，格心为几何图形与花卉，裙板上有人物和动物图形，显示了当时格扇门的华丽风格。

格扇门主要分为两部分，上为格心，下为裙板，格心与裙板之间隔以绦（tāo）环板。绦环板又叫中夹堂板。与中夹堂板相对而言，格心之上、裙板之下若加装饰，则分别称为上夹堂板、下夹堂板（图4）。

图4　隔扇门图样两种

格心可用木板浮雕、透雕，镶嵌在门的框架中。云南丽江纳西族传统民居，多层次的透雕格心，底层往往雕万字穿花图案，面层雕饰则选吉祥图形，如四季花卉、鸟禽动物、琴棋书画、博古器皿等，雕技精细，堪称艺术品。云南白族民居的格子门，还雕饰渔樵耕读、西厢故事、八仙过海等图案，其雕工精巧，甚至为五层透雕，各层分别雕出人物、云霞、飞鸟、花卉及衬底的几何图形。

由棂条组成的格心，糊纸或镶玻璃，图案在光线下形成剪纸般镂透光影，屋外看，室内观，效果皆佳。图案也多，且多含妙趣美意。表现吉祥数字，有四喜八方、八方穿纹、十字套方、万字锦格。讲文雅，锦框套方、笔隔卧蚕、金笔管、书架格、拐纹博古。步步高升，棂条简洁，几曲几折，便给出八条阶梯形曲线的祝愿，令人叫绝。蝙蝠衬角，称为四福齐至，祝福。龟背锦图样、长寿托方图样，祝寿。另有吉祥草托方、金钱如意、如意凌花，也是拜年话上了格扇门。植物入图，有四时梅、荷、菊、牡丹花，有竹子，以及葵花、海棠、西番莲等。

裙板的雕饰，如意图形比较普遍。还有福（蝠）庆（磬）有余（鱼）、岁寒三友、五福捧寿、天降福寿等。

格扇门这一外檐装修形式由简单向华丽的发展，典型地反映了对于门装置的美学追求。

如今的现代新民居，大多外形方正，状如火柴盒，楼道里各个住房单元的出入口也基本无外檐装修可言。单元内宽敞舒适，很多讲究，单元门通常却为少有装饰的单扇板门，仅此而已。建筑在向高层发展的同时，门的样式似乎在走"返璞归真"的路，这该算是一种舍鱼而取熊掌的付出吧。

有趣的是，单元板门外的防盗安全门——这本该严肃有余的"钢铁门卫"，却并不呆板，格扇般的花样，直棂式、长圆漏眼式、仿欧式等。对于单调的板门，仿佛是调剂和补充。格扇的失落，并非因为它缺少美。也正因如此，它才会被另一种形式拾起来。

（四）大门临街

像是风情画，又如建筑图，汉代人以鸟瞰般的视角，将一座院落勾画于青砖。此画像砖在成都出土。看那院落，院门是栅栏门，开在院墙的一侧，门不取中，有如北方四合院院门的位置。其面积宽绰，居室宽大，院内有水井、厨房，还建有供储物和瞭望的高楼，居室里二人相对而坐，庭院中两鹤相对起舞。这当是富足之家，以栅栏门临街。

乌头门，一种源远流长的大门样式。它与古代两柱一横木的衡门属于同一系统，甲骨文"冊"字正是其写照。宋代李诫《营造法式》载有乌头门图样（图5）。古代宫苑坛庙的棂星门即取此样式。乌头门还是世宦显贵的标志，本书将在"门第门阀"一节讲到。

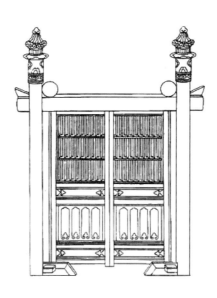

图5 宋代《营造法式》中的乌头门

　　出土于四川德阳的汉代画像砖（图6），提供了另一种风格的大门图形。正门高大，双扇板门；正门旁还设较小的偏门。江苏睢宁出土的汉代画像石（图7），大门之上起一层楼，说明这是屋门型大门，而非墙门型。南朝刘义庆《世说新语》讲，书法家钟繇之子钟会善书，以模仿笔体的方法，骗取荀勖的剑。当时钟会刚刚建成一座新宅院，还没搬入，善画的荀勖要报复，便潜入门堂，在门堂壁上画钟繇像，衣冠状貌同生前一模一样，钟会一进门就感伤悲恸，新宅因此空废。这宅院的大门，叫门堂，也非墙门。

图6　汉代画像砖大门图

图7　汉代画像石门楼图

　　古人言"宅以门户为冠带"，道出大门具有显示形象的作用。午门是皇宫的大门，形象如何，不言而喻。蒙古王府走马板式大门，两扇门上对称描龙，也不一般。

通常说来，屋宇型比墙门型显得气派。张驭寰《北京住宅的大门和影壁》归纳，屋宇型大门分为柱廊式、空廊式、封闭式。柱廊式面阔三间或五间，门扇向里退让，门前立柱，形成前廊并吊藻井，多为王府大宅的正门。空廊式面阔只单间，有廊无柱，规模逊于柱廊式。封闭式屋门，门扇装在门屋前端，门扇好像也是门屋的门。至于墙门型大门，不建门屋，开门处砌砖垛以装门扇，门上覆瓦顶。这是平民住宅常用的院门。

八字门。元杂剧《潇湘雨》剧情，寻夫的张翠鸾问：何处是崔甸士的私宅？答："前面那个八字墙门便是。"此时的崔甸士已是秦川县令，点明"八字墙门"并非浪费笔墨，八字大门代表着主人的身份。

大门的形制，繁简悬殊，《吉林民居》的材料可供对比。乡间住宅的"光棍大门"，没有门扇，两根圆木立柱，架着两根横木立在那里，就有了门里、门外的区别，也就表示着领域感。这种"光棍门"，其实即是上古时代的衡门式样。这式样，装上门扇，仍叫"光棍大门"。再增构件，两横木之间装木板，大门上加木板脊顶，是为"板门楼"（图8），其脊头常以木雕装饰。与此造型类似，砖瓦代替木柱、木板，为墙柱式大门（图9）。以上均为墙门型大门。至于屋宇型，讲究更多。四脚落地式，前后四根明柱立于础石之上，进门两侧的斜墙形成八字影壁，可壮观瞻。有种平顶屋宇式大门（图10），不起脊。为了美观，建成很小的坡顶如斗底形，前后用墙围挡，人们给它取了个响亮的名字："金满斗大门"。

图8 板门楼　　　　图9 墙柱式大门　　　　图10 金满斗大门

《民俗研究》1991年第1期载周广良的《鄄城民间房舍》，列举了三种规格的宅门样式：其一，起脊门楼，砖墙瓦顶，透花脊，脊上中央插钢叉旗，两端置陶兽头，间置脊鱼、海马、鸽子等陶制品，大门两扇，下置闸板，上悬金字匾额。这当是富殷之家的大门。其二，鸡架门楼，两个砖墩，架以横木，上摆青砖三行，状若鸡架。双扇简易木板门，用锅底灰染成黑色。这当是一般人家的宅门。其三，墙豁口门，土墙围院，开个豁口就是门，编枝成扉。所谓荆门茅舍，是贫寒之家因陋就简的院门。

南方的住宅大门，门罩的装饰，或飞檐高翘，或雕镂精巧，往往达到令人叹为观止的程度。如《云南民居》所示，那里的有厦式门楼，檐角翼然翘起，檐下斗拱彩绘，给人以华美富贵之感。即便只是依墙开门，无门厦，门罩仍可做出精美的雕饰。

将军门（图11），旧时南方官宦大户的宅门，则表现为另一种风格。它严肃有余，于近乎呆板的对称之中，透露出带着威严的凝重。姚承祖《营造法原》载，将军门的门槛，又叫门档、高门限，因为比普通门槛要高。

图11　将军门

　　近代以来，中国建筑受到外来文化的影响。上海的石库门即是中西合璧的产物。我国发行《中国民居》普通邮票，其中《上海民居》一枚，图案为石库门，可见它是具有代表性的。有研究者指出，石库门式里弄住宅，实际上是取用苏州住宅的最后一进两层楼的上房形制，并将其中分为两户，形成密度较高的住宅。这种住宅的大门，门框以花岗石或宁波红石为材料，横框砌成三角形或人字形、圆弧形，上面刻有图案花纹。配上两扇黑漆大门，形如仓库之门，所以称为石库门。

　　北京的四合院，中国的传统建筑样式，但其门头的装饰，融入西洋建筑的某些特点，这样的实例也是容易找到的。大理民居的门头装饰，也反映了外来文化的影响。

（五）角门、耳门和地穴

　　院落的出入口，除设大门外，有的还辟角门。清代方濬师《蕉轩续录》："外官衙署正门左右各有门一，谓之东角门、西角门，下官参谒，均由角门入也。"角门的设置，使大门可以平日关闭，视时、视事而开，也就有了仪礼方面的意义。

北京的四合院，大门以内建有二门，此门通常为垂花门。河北张家口一带称为"闪门"，旧时《阳原县志》："东西屋与南屋中隔一门，谓之闪门，即北平之垂花门。"闪门之称，很可能是着眼于"闪"字字形，二门起着屏蔽内宅的作用，就像"门"挡住了外"人"的视线。

院落里又设耳门。清代《扬州画舫录》："今之园亭，皆有大门，门仿古制。至园内房栊、厢个、巷厕、藩溷，皆有耳门，不免间作奇巧，如圆圭、六角、八角、如意、方胜、一封书之类，是皆古之所谓户也。"古代的私家园林将住宅与花园融为一体，门的样式也追求多样。

墙垣上辟有门宕而不装门，通常称为墙门，建筑学著作里也称为地穴。墙门的式样，圆圆的，叫月亮门（图12）；模仿植物的，有海棠花形、莲花瓣形、牡丹瓣形、葫芦形、秋叶形；仿照器物的，如汉瓶形、云头执圭形。此外，有采取椭圆、八角等几何形状。此外，王树村《中国民间画诀》所列举的样式还有剑环式、方壶式、花瓠式、蓍草瓶式、唐罐式、鹤子（长圆）式等。《礼记·儒行》"筚门圭窬（yú）"，郑玄注："圭窬，门旁窬也，穿墙为之如圭矣。"这墙门上锐下方，形若圭。《左传·襄公十年》"荜门圭窦"，杜预注："圭窦，小户，穿壁为户，上锐下方，状如圭也。"这些本是小户人家的出入门户，后来成为具有装饰趣味的形式。

图12　杭州胡雪岩故居月亮门

月亮门的范例，要推南朝陈后主为贵妃张丽华所造"月宫"。《古今图书集成》引《南部烟花记》说，其"圆门如月，障以水晶"，门内"庭中空洞无他物，惟植一株桂树。树下置药、杵臼，使丽华恒驯一白兔"。月亮门里简直是座广寒宫了。

（六）门的材料

事物的进步总是由简单走向纷繁的。建筑物门户也是如此。

做门取用的材料，最初取诸自然存在物。《礼记·月令》载，仲春之月"耕者少舍，乃修阖、扇"。郑玄注："因耕事少闲而治门户也。用木曰阖，用竹曰扇。"以竹材和木材做门扇。

编篾做门，如宋代《鸡肋编》记："广州波斯妇，绕耳皆穿穴带环，有二十余枚者。家家以篾为门，人食槟榔，唾地如血。北人嘲之曰：'人人皆吐血，家家尽篾门。'"篾门曾是普遍的景观。

城门铁扉，见《晋书·石季龙载记下》：

> 季龙于是使尚书张群发近郡男女十六万，车十万乘，运土筑华林苑及长墙于邺北，广长数十里……起三观、四门，三门通漳水，皆为铁扉。

城门铁扉，即铁门，又见于《大唐西域记》，其记铁门之关，不仅因为峭壁色如铁，还因"既设门扉又以铁锢，多有铁铃悬诸户扇，因其险固遂以为名"。铁门倒未必是铸铁为门，大约是在木板门上加铁皮，以求坚固。《利玛窦中国札记》描述明万历时南京城，"它有十二座门，门包以铁皮，门内有大炮守卫"。这城门也就是铁门了。

古人竟能琢磨出用磁石做门，以防铁器潜入的点子。这同如今车站、机场出入口的安全检查，可谓是同一思路。据北魏郦道元《水经注·渭水》，阿房宫前有磁石门阙，"悉以磁石为之，故专其目，令四夷朝者，有隐甲怀刃入门而胁之以示神，故亦曰却胡门也"。《三辅黄图》也载，秦始皇修阿房宫，以磁石为北阙门。这磁门名称冠以"却胡"，同秦修长城的着眼点一致。而对秦始皇的威胁尚有其他，可以设想，若秦始皇在磁门之内接见来自易水畔的荆轲，大概也就不会出现"图穷而匕首见"的惊险一幕了。

水晶门体现了不劳而获者的一种奢侈。南朝陈后主造水晶之门，为追求广寒宫般的效果，前文已述及。

的确，门的材料同门的形制一样，可以表现贫富尊卑。敦煌遗书所存变文《下女夫词》，是一份珍贵的民风、民俗资料。其中，借描绘门户来形容富贵，大门："柏是南山柏，将来作门额。"中门："团金作门扇，磨玉作门环，掣却金钩锁，拔却紫檀关。"堂门："堂门策四方，里有四合床，屏风十二扇，锦被画文章。"大门二门一重重，门的富丽不仅在于团金磨玉金钩锁的装饰，也在于用材南山柏，配有紫檀门闩。

紫檀诚然华贵，栗木门闩也有讲究。《古今图书集成》引《云仙杂记》："凡门以栗木为关者，夜可以远盗。"

如今用合金型材做门成为时尚。在以往，木门多。旧时民间对于木材的选用，忌槐木，因为"槐"字一旁为"鬼"。山东民谚说："槐木不宜做门窗。"用槐木做门，门带"鬼气"，那还了得？民俗信仰就是如此。一方面，"三槐堂"匾为王氏住户所沿用，三槐寓意出大官；另一方面，又怕"鬼"而忌用槐木。"槐"好还是不好，全凭"说法"，看人们的取舍。

二、门的建筑

（一）门隧和双塾

最初的门（户），是一座房、一间屋的出入口，是房屋的结构部分。门的独立化，意思说门由建筑物的一部分独立出来，独自构成一座建筑物。"庑，门屋也"，这就是功能为出入口的建筑物（图13）。

图13　山西太谷民宅大院正房房门

自然，有了若干房屋聚合的院落，才会有院门；有了宫殿建筑群，方需设宫门；至于那些旨在宣扬某种名堂、实有点缀景观作用的牌坊，其作为门户的实用意义已微乎其微，不妨视为建筑业满足居住需求的余裕，视为建筑文化的精彩"闲笔"。

作为门的建筑物，在很早的时代已经存在。河南偃师二里头发现的商代宫殿遗址，其建筑群中轴线南端存有大门遗迹。考古工作者绘制的复原图表明，这个大门为上有屋盖的穿堂门形式。门隧长六米。门隧即门道，《礼记》有"出入不当门隧"的话。门隧的长度，说明了这座门屋的进深。

二里头遗址，穿堂门两侧建有房屋，即所谓塾。

塾,《尔雅·释宫》:"门侧之堂谓之塾。"疏曰:"门侧之堂,夹门东西者,名塾。"《尚书·顾命》记周成王丧礼,祖庙里"先辂在左塾之前,次辂在右塾之前"。辂即车,分别停在大门的双塾前。

双塾相对,充实了门屋建筑的规模。门侧之堂为何称为塾呢?《三辅黄图》的解释挺有趣:"塾,门外之舍也。臣来朝君至门外,当就舍,更熟详所应对之事也。塾之言,熟也。"臣僚在门侧的塾屋里等候朝见君王,这等候,不是大眼瞪小眼地呆坐着,也非言无聊、道有趣的打发时间,而是要为面君做最后的准备——"熟详所应对之事",预习得滚瓜烂熟。借这"熟"的音,大门两侧的房间得了"塾"的名称。

夹门而设的塾,写入中国古代教育史的重要一章——家塾、私塾。《礼记·学记》说:"古之教者,家有塾,党有庠,术有序,国有学。"早在先秦,塾就是最基层的普及教育的形式。汉代郑玄讲:"古者仕焉而已者,归教于闾里,朝夕坐于门,门侧之堂,谓之塾。"德高望重的长者坐在闾门之侧,传授知识。"家有塾",原来本是巷首门旁的塾。"民在家之时,恒就教于塾,故云家有塾",这是唐代孔颖达的解释。

塾设闾门之地,这里是一间人家进进出出的公共活动空间,也是各间之间显示形象的"门脸"地带,既方便就读,又是一种外向的形象展示——在塾施教,以塾为荣,体现了重视教育的优良民风。

塾,在以后的封建社会里仍称家塾,但其"家",已非孔颖达所言的意义,因此又有私塾之称。

私塾依旧依傍着大门。北方的四合院，院门的东侧往往是家塾的所在。

（二）邑门·闾门·坊门

华夏历史多"门"。邑门、里门、闾门、巷门、坊门……诸多名目，不同于宅门，有别于城门，是具有辖制住户和治安防盗作用的居住街区的出入口。

先说邑门。商、周时代"野以邑名"，乡野民居按邻里编户，围垣设门，构成邑。《周礼·地官》"九夫为井，四井为邑"，说明邑的建制以井田为基础。《汉书·食货志》说，春天督促耕者都到田间去，田中有庐，春夏可居；秋后农事歇闲，"冬则毕入于邑"，归于邑中居住。邑门两侧有塾，督促者就在那"春，将出民，里胥平旦坐于右塾，邻长坐于左塾"。这是一幅以广阔田野为背景的乡邑图，高墙圈围着邑中房屋，邑门紧闭，待开门时，门左门右又是乡吏的岗位。

闾里之门。周武王伐纣灭商，大功告成，在经过商朝的一位贤德之人——商容的闾门时，周武王做出一种姿态，给天下人看。《尚书·武成》将此举记录下来："式商容闾。"闾作为城市街区的基本单位，在商末周初已是闾门屹立了。按《周礼·地官》所记，小于闾的编户单位是比，五家为比，五比为闾。《周礼·地官》还记载"五家为邻，五邻为里"。"闾""里"均为二十五家，古人往往连用。《尔雅·释宫》释闾为里门，并说"闾，侣也，二十五家相群侣"。《三才图会》的闾里图（图14），画出明代人心目中的闾里之门。

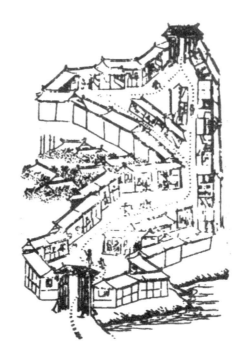

图14 明代《三才图会》闾里图

闾门、里门的故事散见于古籍中。《诗经·将仲子》"无逾我里"，可以由里门而入，不要翻墙而进。《史记·万石君传》"入里门，趋至家"，顺序是：先进里门，再进家门。万石君的小儿子石庆"入外门不下车"，可见里门的规模不小。司马迁为之立传的郦食其、张耳、陈馀都曾"为里门监"，干守门的差事混饭吃。《汉书·于定国传》记，于定国的父亲于公，听讼断案，享有盛名。一次，闾门坏了，闾里父老一同商议重修。于公说："少高大闾门，令容驷马高盖车。我治狱多阴德，未尝有所冤，子孙必有兴者。"后来，于定国当上丞相，于定国的儿子做了御史大夫，封侯传世。能通过驷马高盖车，也真是高门大闾了。

坊门。闾里之制沿袭至东汉末年，曹操规划建设邺城，开始实行城坊之制。邺城中一条横贯东西的大道，路北为宫城、禁苑及贵族居住区。大道以南，纵横交叉的道路状如棋盘，被道路分隔成方形的居民区，称为坊。坊有围墙，开坊门以通出入。唐代长安，除宫城外，城区分割为108个里坊。坊以土墙封闭。较大的坊，四面各开一门，坊内辟十字街，通达四门。小一些的坊则修一条横街，通联东、西两个坊门。

（三）市门

有说"神农作市"，又有说"祝融作市"。不管将"日中为市"的首创权挂在哪位上古神话人物名下，交易之市的出现当是很悠远的事。

古代城中有市，市的出入口设门。市门前一块空地，形成公共活动空间。货物集散，信息也在这里集散，统治者很懂得利用这一场合。居延汉简保留下这样一段史料："五月甲戌，居延都尉德博，丞岂兼行丞事，大庾城食用者，书到令相丞侯尉，明白大扁书市里门亭显见。"陈直《居延汉简解要》释，所谓大扁书者，谓大如區额，类似于后代张贴街衢之告示。根据汉简所记，可知这种告示借市门和里门来广而告之。

利用市门，作为大众传播的场合，还有更为著名的例子。比如，在秦国，市门悬赏以搞名堂，似乎形成传统。商鞅变法，欲取信于民，便在市的南门立一棵三丈之木，"募民有能徙置北门者予十金"。没人敢动，又将赏金增五倍。终有一出头者，搬木头，得赏金。大约百年后，秦国的吕不韦指使门客编写《吕氏春秋》，书成，公布于市门，悬千金其上，声言有能增损一字者，赏。这回没有"出头鸟"。东汉的高诱评论此事，书不是不能改，只是畏惧吕不韦的权势，无人敢改。

这两个典故都记录在《史记》里。它们的场景，是古代都城城厢的市肆之门。

市门题字，字写在公共场所，也可以如当众宣誓一般。东晋常璩《华阳国志》：司马相如初入长安，题市门曰："不乘赤车驷马，不过汝下。"这就是将自己的豪言壮语向公众发表出来。

战国《韩非子·内储说上》中有个故事，讲到官员派人前去了解市中情况，特别涉及市门：

> 商太宰使少庶子之市，顾反而问之曰："何见于市？"对曰："无见也。"太宰曰："虽然，何见也？"对曰："市南门之外，甚众牛车，仅可以行耳。"太宰……因召市吏而诮之曰："市门之外，何多牛屎？"市吏甚怪太宰知之疾，乃悚惧其所也。

这故事反映了先秦时代城里设市，市置市门的情况。那市不止一个门，故有市南门之说。畜力车大约是禁止进门入市的，所以市南门前有很多牛车。太宰由此推断市门前会有许多牛屎，并召来市吏责问。推断是对的，市吏一下子被太宰的明察所慑服。这又说明，守在市门口的市吏，除了负责征税、治安等事宜，还对门前卫生负有责任。《吕氏春秋·仲夏纪》载"门闾无闭，关市无索"，无索则讲的是不征税。

东魏初钱币混乱，"盗铸弥众""轻滥尤多"，进入流通的铜钱往往分量不足。《魏书·食货志》记，武定六年（**公元548年**），"其京邑二市、天下州镇郡县之市，各置二称，悬于市门，私民所用之称，皆准市称以定轻重。凡有私铸，悉不禁断，但重五铢，然后听用"。市门悬着衡器，以它为标准，就像如今市场上所见的公平秤。

（四）阙：当途高——三国魏

帝王宫门立双阙，中国古代皇家建筑这一传统平面布局，凝固为一个词：宫阙。这词用来称谓庞大的皇城建筑群，也指代朝廷。"阙"，在一定的语言环境甚至可以独自概括那一切。因此，怒发冲冠的岳飞，吟《满江红》："待从头收拾旧山河，朝天阙。"清代费密《荒书》，讲明末张献忠的农民军转战四川："贼张献忠僭位，改贼国曰大西，贼元为大顺，以蜀王府为贼阙。"通篇以"贼"蔑称，张献忠的宫殿被叫作"贼阙"。

阙的建立，初见于春秋时代。《尔雅·释宫》："观谓之阙。"《古今注》说："古每门树两观于其前，所以标表宫门也。其上可居，登之则可远观，故谓之观。"阙用来"标表宫门"，具有等级符号的意义，如汉代班固《白虎通义》所言：

门必有阙者何？阙者，所以饰门，别尊卑也。

屹立于宫前的双阙，以其巍峨，显示帝王气派。它还是国君颁布政令的地方。《史记·商君列传》载，商鞅变法图强，筑冀阙是举措之一。唐代司马贞释："冀，记也。出列教令，当记于此门阙。"近年，考古工作者在咸阳找到商鞅变法时所筑冀阙基址。其两阙相距400米。发掘西阙所获资料，使今人得以勾勒当年的壮观——秦冀阙为上下三层的建筑物，底层有七室之阙，正所谓"其上可居，登之则可远观"。

至汉代，阙已非宫门专有，祠庙、庭院都有建阙的例子，但它仍是或庄严或权势的象征，寒门小户是立不得的。

成都出土的汉代画像砖（图15），画面是阙。高高两阙之间，以大门的檐罩相连。这是汉阙的形式之一，即门、阙合一的阙。

另一形式为各自独立不相连的双阙，成对地立于大门之前。山东沂南县汉墓石刻（图16），表现了庭院门外立双阙的情景。

图15 汉代画像砖门阙图　　　　　图16 汉代石刻门前双阙图

北魏郦道元《水经注》，对汉代宫殿之阙多有涉及："《关中记》曰，建章宫圆阙，临北道，有金凤在阙上，高丈余，故号凤阙也。"阙上饰以铜凤，让人想到成都汉画像砖的门阙图案，连阙正中画有一凤凰。古时歌谣："长安城西有双阙，上有双铜雀。一鸣五谷成，再鸣五谷熟。"铜雀即阙上金凤。郦道元写到未央宫：刘邦"令萧何成未央宫，何斩龙首山而营之……山即基，阙不假筑，高出长安城。北有玄武阙，即北阙也。东有苍龙阙，阙内有间阖、止车诸门"。阙借山势，雄伟气象，令人仰望。

从东汉元初五年（**公元118年**）起的五六年间，河南登封建造了三座石阙，即太室阙、少室阙、启母阙，均为庙前神道阙，并称"嵩山三阙"。三对石阙屹立至今，被列为国家级重点文物保护单位。太室阙上的狩猎、出行浮雕，少室阙的马戏、蹴鞠浮雕，留下汉代生活的宝贵史料。启母阙建于当年的启母庙前，阙上刻有小篆铭文，记大禹治水三过家门而不入。阙上浮雕也可寻到大禹故事的画面。

陵墓前的神道阙，左右相对，中间为神道，形成入口处，在平面布局上具有门的意义。四川雅安高颐墓阙，建于东汉建安年间，其浮雕精美，为全国重点保护文物。

阙的形象，还见诸汉代图形印。上海博物馆的两枚藏品，分别被命名为"宫阙""阙门瑞鸟人物"（图17），在很小的面积里，表现了大门和门前双阙。图案虽然简约，却能使人体味门、阙布局的层次感。

图17　汉代图形印门

阙图案门之阙以其巍峨，又叫魏阙。古代"魏"通"巍"。东汉高诱注《淮南子》："魏阙，王者门外，阙所以县（悬）教象之书于象魏也。巍巍高大，故曰魏阙。"门阙的名称含"魏"，取义于"巍巍高大"。由"魏阙""魏观"而"象魏"，以至于"象阙"，阙有了这些别名。

阙之"魏"，毕竟与魏晋之"魏"用了同字，古人因此编造出有关曹魏的故事。晋代王嘉《拾遗记》载：

> 太山下有连理文石，高十二丈，状如柏树，其文彪发，似人雕镂，自下及上皆合，而中开广六尺，望若真树也。父老云："当秦末，二石相去百余步，芜没无有蹊径。及魏帝之始，稍觉相近，如双阙。"

《拾遗记》说这是魏明帝时期的事。明帝为曹丕之子，魏朝第二帝。王嘉讲"众祥致应"，黄麟、神草之外，提到泰山巨石如阙。并借父老之口神乎其词，本来相隔百步的两岩石，逢曹氏称帝而渐渐靠拢，移动成阙。言虽在阙，而意却在"魏"，将其说成魏当代汉的征兆。

阙——魏的文章不止如上。袁术字公路，《后汉书·袁术传》记，拥兵自重的袁术曾见谶书有"代汉者当涂高"之说，以为自己"名字应之"。其实，涂同途，当途高说的是阙，由阙而及魏，人们是在为曹魏代汉编谜语，并无袁术的事。晋代人给《三国志·魏书·文帝纪》注解，讲得明白：

> 故白马令李云上事曰："许昌气见于当涂高，当涂

高者当昌于许。"当涂高者，魏也；象魏者，两观阙是也；当道而高大者魏。魏当代汉。

阙门高大，"阙然为道"，正所谓当涂（途）。由此，阙派生了暗指曹魏的隐语当途高。这不妨视为古代门文化一段有趣的小插曲。

这类故事在晋时重又上演。《晋书·王沈传》载，王沈字处道，其子王浚以"处道"即为"当涂高"，视为"应王者之谶"，而谋僭号称尊，结果下场不佳。

《南史·何尚之传》将正郊丘、铸九鼎、树双阙并论，可见"当涂高"的影响：

世传晋室欲立阙，王丞相指牛头山云，"此天阙也"。是则未明立阙之意。阙者，谓之象魏，悬法于其上，浃日而收之。象者法也，魏者当涂而高大貌也。

山形虽似阙，却不能代替立阙的象征意义。以上是何胤的话。

（五）牌坊又称牌楼

保存至今的古代牌坊，人们可在曲阜孔庙看到，可在北京明十三陵见到，可在安徽歙县看到——那里棠樾村明清时的牌坊群闻名遐迩。在一些园林、庙宇以及衙署和祠堂的旧址，也常建有牌坊。

上了年纪的北京人还记得，北京曾是个多牌坊的城市。街面上，前门牌坊、长安街牌坊、西交民巷牌坊、孔庙成贤街牌坊、交道口育贤坊……或横跨于通衢，或雄踞于巷口，点缀着景观。尽管许多牌坊已不复存在，但北京地名中仍有它们袅袅的余音，如：东四——东四牌楼，西四——西四牌楼，东单——东单牌楼，西单——西单牌楼……或许正因如此，继《钟鼓楼》之后，作家刘心武另一部反映京华生活的小说取名《四牌楼》。

日本版画集《唐土名胜图会》，刊刻于1802年，时当清朝嘉庆年间。书中可见日本人笔下有四牌楼（图18）。

牌坊也叫牌坊门，又称牌楼。称"楼"，是着眼于造型华美的飞檐瓦顶。那顶盖面积虽不大，却缩龙成寸地采用了中国古代宫廷建筑的屋顶样式，如庑殿顶、歇山顶、悬山顶等。这些瓦顶，工匠们称为"楼"。例如，术语"三间四柱三楼"，是说四根立柱将横面分隔成三间，三楼即三个瓦顶。以用料而言，常见的牌坊有木牌坊、石牌坊、琉璃牌坊等。

图18　日本《唐土名胜图会》

关于牌坊的起源，一些古建筑学家曾论及。梁思成《敦煌壁画中所见的中国古代建筑》，以敦煌北魏诸窟中的阙形壁龛为论据，提出北魏时的连阙——两阙间架有屋檐的阙，是阙演变为牌楼的过渡样式，"连阙之发展，就成为后世的牌楼"。刘敦桢《牌楼算例》则将"坊"字作为线索，认为此字"关系最切"。唐代建城，城坊制已相当成熟。坊设门，坊门是牌坊的直接来源。牌坊之"牌"，大约与当初坊门上榜书坊名有关，还同坊门上悬牌旌表贤能的古俗有关。

周武王表商容之闾，不少古籍这样记。何谓表闾？有一说是刻石，即将表彰功德的刻石立在闾门前。其实，"表"本为外加上衣的意思。闾门高高，有柱有额，其上正好做文章。或漆或染，或裹或罩，或悬挂或高挑，一句话，另外加上表彰的标志，恰恰是引人注目的"表闾"形式。里闾之门得到美化，门内有引以自豪者，门外有投以羡慕者，真是一人贤德，里闾增辉。不排斥勒石门前，但在门本身做文章效果已是绝佳。可以说，这"表闾"——借助于闾门的一种表彰形式，开了牌坊的先河。现存宋代石刻《平江图》拓本，标出平江城内牌坊类建筑57处，分布在各街口。立两柱，中间以额枋相连，额枋书坊名，"大云坊""武状元坊"等。立于街口，且书坊名，说明这些是坊门建筑。其额枋之上斗拱相叠，斗拱上覆以有檐有脊的瓦顶，已如今天见到的牌坊。

需要一提的是，像"武状元坊"的坊名，很可能即是"表闾"的产物。此坊出了个武状元，全坊居民跟着沾光荣耀，这荣耀被榜书在坊门之上，并沿用为坊名。

汉的闾门，唐的坊门，大多为木结构。"表闾"既是荣耀，为使那光荣的标志长存，便用砖石修门，将表彰的词句刻在砖上、石上。这就更接近于现存的牌坊。

借助于闾门和坊门的表彰，逐渐形成格式，于是，这格式本身就不再依赖于坊门。为表彰，专立"门"，它不必具备门禁功能。它可以雕饰华丽，但它的功用不过是托起写着歌功颂德或宣扬教化字句的"牌"。社会需要为状元、为节孝、为显贵的官员、为一方的英雄"表闾"，就随处立它——这便是牌坊。

古代牌坊享有盛名的地方，首推安徽歙县。明朝大臣许国建造的石牌坊，四面各一牌楼，结合为一体，平面呈"口"字形。这座仿木结构的石坊，石料厚重，雕饰精美，巨龙飞腾、瑞鹤翔云、鱼跃龙门、麟戏彩球、凤穿牡丹等图案，既是祈祥的吉语，又不妨视为春风得意的标榜，包含着丰富的文化符号。牌楼上镌"恩荣""先学后臣""上台元老""大学士""少保兼太子太保礼部尚书武英殿大学士许国"等字样，可谓光耀"门楣"。六对石狮倚柱而立，更为许国牌坊增添典雅（图19）。

歙县棠樾村的牌坊群（图20），两座建于明代，五座建于清代，接踵排开，列为"忠""孝""节""义"的顺序。其中义字牌坊，上题"圣旨""乐善好施"。相传，清代先有忠、孝、节三座牌坊在前，朝廷赐建的。世代官商的豪绅鲍漱芳想再凑上一座"义"。乾隆皇帝答应了，同时提出颇为"义"的条件——要鲍漱芳为朝廷修筑八百里河堤，发放三个省的军饷。鲍家一番"乐善好施"，龙颜大悦，赐建了义字牌坊。

图19 安徽歙县许国牌坊

图20 安徽歙县棠樾村牌坊群

在我们这个有着尊老传统的国度，牌坊又被用为这方面的标志，即古代的"百岁人瑞坊"。据高成鸢《中国的尊老文化》一书考证，对百岁老人进行旌表的较早的记载，见于《宋史·郎简传》。郎简为官有实绩，致仕后向人们施医舍药。他89岁无疾而终，朝廷表彰他，"榜其里门曰德寿坊"，这是借其所居的里闾之门，表彰他的德寿。到了明代，曾当过知府的林春泽，活了104岁，获得"人瑞"称号，还建了牌坊。他写有《谢刘中丞商侍御建百岁坊》诗，收录在《古今图书集成》："擎天华表三山壮，醉日桑榆百岁红。愿借末光垂晚照，康衢朝暮颂华封。"这当是一座四柱三间的牌楼，立在通衢大道上。《清乾通典》载，康熙四十二年（公元1703年）明文颁布："百岁老民给与'升平人瑞'匾额，并给银建坊。节妇寿至百岁者，给与'贞寿之门'匾额，仍给建坊银两。"百岁老民，不论身份，"人瑞坊"的这一原则，对中国古代的尊老传统，做了一个平民化的注脚。

牌坊的形式，还用于庆典临时性建筑。清康熙三十二年（公元1693年），皇帝六旬庆典时，北京神武门到畅春园，沿途搭起数不清的过街彩坊，是各地前来祝寿所设。牌坊必备的题额这一形式，被用来书写那些歌功颂德、渲染喜庆的词组。康熙帝由畅春园一路行，不时有彩坊呈献漂亮词句，或"寿齐天地""万年有道"，或"民和年丰""日华云灿"，或"圣寿同天"，或"四海升平"，或"厚德无疆""风动时雍""万邦维庆""羲轩风景""德洋恩溥""华渚神光""万年连景""九州向化""圣德光华""皇仁浩荡""庆洽无疆""物被仁风"；有的彩坊两相对应，用句也就追求对偶，或"六合同春""万年一统"，或"舜日光华""尧天浩荡"，或"瑞叶青阳""增辉紫极",或"鸾翔凤翥""日升月恒",或"多士嵩呼""老人华祝"。其他有"万年玉历""三祝华封","道超九圣""德覆万方","金轮现采""宝历呈祥","大地山呼""钧天雅奏","四海腾欢""六符御极","八方寿域""一气鸿钧"等。将彩坊营造喜庆气氛的功能,发挥得淋漓尽致。对此,清代《古今图书集成》有载,见《皇极典》。

三、门之饰

（一）门色

"朱门酒肉臭,路有冻死骨。"酒肉臭,有注者释为酒肉的气味。而众多读者宁愿理解为朱门之内,酒池肉林,食之不尽,腐烂发臭。这更能形成强烈的对比。

白居易《伤宅》诗:"谁家起甲第,朱门大道边?丰屋中栉比,高墙外回环。累累六七堂,栋宇相连延……主人此中坐,十载为大官。厨有臭败肉,库有贯朽钱。"这可移作"朱门酒肉臭"五字的诠释。当了十年的大官,第宅大门自然不会像普通百姓那样,开在坊里门内,而是开门直冲大街;门色也不凡——漆成朱红。

封建时代,宫殿朱门。朱门是等级的标志。汉代卫宏《汉旧仪》说:丞相"听事阁曰黄阁,不敢洞开朱门,以别于人主,故以黄涂之,谓之黄阁"。官署不漆朱红,以区别于天子。

朱漆大门,曾是至尊、至贵的标志,不好随便使用的。由此,朱

户被纳入"九锡"之列。所谓"九锡",是指天子对于诸侯、大臣的最高礼遇,即赐给九种器物。《韩诗外传》讲:

> 诸侯之有德,天子锡之。一锡车马,再锡衣服,三锡虎贲,四锡乐器,五锡纳陛,六锡朱户,七锡弓矢,八锡铁钺,九锡秬鬯,谓之九锡。

"九锡"之物,所以要等待天子赐给,倒不一定是因为诸侯或大臣的资财少,置办不起。比如,那排在第六的朱户,只要天子有此礼遇,恩准可以漆上朱红色,也就是"赐"了。受此礼遇者完全有能力自己操办,来壮自家的门户。朱户的赐予,是一种高规格的待遇。

汉代何沐注《公羊传》,说到"礼有九锡",将朱户排在第四位。

至于黄色之门,也很高贵。以至唐代用"黄阁"指宰相府,用"黄阁"借指宰相。朱红与明黄,依后世之制而言,"人主宜黄,人臣宜朱",清代俞樾的《茶香室丛钞》讲到这一情况,所谓"古今异宜,不可一概"。

明代初年,朱元璋申明官民第宅之制,对于大门的漆色,也有明确的规定。《大明会典》载:洪武二十六年(公元1393年)规定,公侯"门屋三间五架,门用金漆及兽面,摆锡环";一品二品官员,"门屋三间五架,门用绿油及兽面,摆锡环";三品至五品,"正门三间三架,门用黑油,摆锡环";六品至九品,"正门一间三架,黑门铁环"。同时规定,"一品官房……其门窗户牖并不许用髹油漆。庶民所居房舍不过三间五架,不许用斗拱及彩色妆饰"。

旧时，黑色大门很普遍，这是非官宦人家的门色。随影片《大红灯笼高高挂》而遐迩传名，山西祁县乔家大院的规模气势确是不凡。这宅院黑漆大门，因为它是民居。济南旧城民居四合院，门楼最具装饰趣味，当地居民称为"门楼子"。其色调，深灰的瓦顶，灰白的台阶，大门漆黑色。门上红底对联，于这黑、灰之中亮着艳色。

在东北一些地方，宅院的黑漆大门被称为"黑大门"。别看其纯黑一片，未描绘图案，却如同贴了五彩门神画——那是"黑煞神"的象征。民间将"黑大门"说成是"黑煞神"，并传说"黑煞神"当门，邪气难侵入。门色成了门神。

南北朝时鲍照《芜城赋》"藻扃黼帐"，黼帐即绣帐，藻扃是彩绘的门户。这彩绘，或许是绘花草，也许绘的是龙或凤。

与彩绘门户的华丽形成巨大反差，是白板扉。唐代王维《田家》诗"雀乳青苔井，鸡鸣白板扉"；南宋戴复古《夜宿田家》诗"雨行山崦黄泥坂，夜扣田家白板扉"。门不施漆，原木色，"白板扉"比起朱门彩扃，自然逊色寒酸，它是农家简朴生活的写照。《金瓶梅》第七十一回"李瓶儿何家托梦"，西门庆"从造釜巷所过，中间果见有双扇白板门"。看来城里也有"白板扉"。

（二）门簪

古代仕女梳头打扮，青丝高髻，发上还往往要簪鲜花，簪金钗。

古人打扮宅院的门脸，也用"簪"——大门上槛突凸的门簪。门簪是将安装门扇上轴所用连楹固定在上槛的构件。这种大门上方的出头，略似妇女头上的发簪，少则两枚，通常四枚，或多至数枚，具有装饰效果，成为旧时大门的常见构件。以至许多民居大门上门簪的设置，只为美观，并无结构功用。

门簪有方形、长方形、菱形、六角形、八角形等样式，正面或雕刻，或描绘，饰以花纹图案。门簪的图案以四季花卉为多见，四枚分别雕以春兰、夏荷、秋菊、冬梅，图案间还常见"吉祥如意""福禄寿禧""天下太平"等字样。只两枚门簪时，则雕"吉祥"等字样。

汉代已出现门簪。古建筑学家刘敦桢《河南省北部古建筑调查记》："门簪的数目，在中国营造学社已经调查的辽、宋遗物中，均为二具。惟此寺（指少林寺）金正隆二年（公元1157年）西堂老师塔，与元泰定三年（公元1326年）聚公塔，增为四具，足证金代的门簪数目已与明、清同。惟其时位于两侧者，虽正方形，可中央两具，或作菱形，或作圆形，未能划一，也许是一种过渡时代的作风。"门簪数量的变化，反映了其由实用性向装饰性的过渡。作为具有结构功能的构件，一洞门上只需两个门簪便可以起到固定的作用了。初时置一对门簪，着眼于固定门扇作用。人们追求美观，将其做得具有装饰趣味，但仍只两枚。后来，人们更重门簪的装饰效果，增为四枚的本身，已将门簪的结构功用降于第二位了。至于那些纯粹为了做样子的门簪，便只计装饰，不较其他了。

（三）兽面衔环辟不祥：铺首

门扇上安装拉手，便于开门、关门。金属门环可充此用，且是一种装饰。叩环有声，是在敲门了。合浦西汉墓出土铜屋，门上铸有一对门环（图21）。

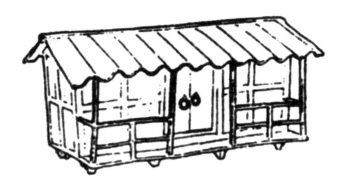

图21　西汉铜屋

　　主要具有实用价值的门环，又往往配以装饰性的底座，即铺首——含有驱邪意义的传统门饰。《汉书·纪·哀帝纪》"孝元庙殿门铜龟蛇铺首鸣"，唐代颜师古注："门之铺首，所以衔环者也。"

　　铺首多为铜制，也有铁制者。汉成帝时的一首童谣，说到铜色青青的铺首："木门仓琅根，燕飞来，啄皇孙……"歌谣影射皇后赵飞燕的得宠、作为和下场，写《汉书》的班固说："'木门仓琅根'，谓宫门铜锾，言将尊贵也。"以宫殿木门上的铜铺首，隐言赵飞燕将被立为皇后。颜师古释："铜色青，故曰仓琅。铺首衔环，故谓之根。"三字"仓琅根"，形、色兼备，尤以"根"字用法绝佳。这三字被后世传为铺首的异名（图22）。

　　古代铺首的造型，汉孝元庙殿门所装为龟蛇之形，这是四象之一——北方玄武。南方朱雀的形象也被嵌在门上，王磊义的《汉代图案选》，载有朱雀、双凤、羊头铺首。虎、狮、螭等兽头状铺首，猛兽怒目，露齿衔环，则将威严气象带上大门。早期铺首的实物，有秦咸阳宫遗址出土青铜铸件，造型为虎头变形，双目圆睁，铸纹流畅，已是精品。五代十国时期，前蜀王建墓鎏金铜铺首（图23），也是佳制。

图22　南阳汉画像石铺首图案

图23　前蜀王建墓鎏金铜铺首图案

　　铺首以威严斥诸视觉。在这一门饰形式里，包含着丰富的文化内容。它是当门的辟邪物，如清代黄生《字诂》所说："门户铺首，以铜为兽面衔环著于门上，所以辟不祥，亦守御之义。"

　　铺首兽头，大约是由螺形演变而来。其发明权，古人记在建筑业的祖师鲁班名下。这似乎是一种因循惯例的做法，不难理解。北宋高承《事物纪原》罗列了两种说法：

　　　　《后汉书·礼仪志》曰：施门户，代以所尚为饰。

商人水德，以螺首慎其闭塞，使如螺也。《百家书》
曰：公输般见水蠡，谓之曰："开汝头，见汝形。"蠡
适出头，般以足画之，蠡遂隐闭其户，终不可开。因
效之，设于门户，欲使闭藏当如此固密也。二说不同。
《通俗文》曰：门扇饰，谓之铺首也。

"商人水德"而选螺饰门户，是替商代人拉五行说为旗帜。鲁
班画蠡，创制铺首的故事，迟于商，而至周，晚了一个时代，却更
多了几分大众情趣。蠡，即螺。两说虽相异，但殊途同归，不仅都
取法螺蛳，而且均看重螺的谨其闭塞、闭藏周密，着眼点也是相
同的。

元代人的作品中，又出了"户列八椒图"的描写。王实甫《西厢
记》剧末"沽美酒"唱词："门迎着驷马车，户列着八椒图，娶了个
四德三从宰相女，平生愿足，托赖着众亲故。"驷马车、八椒图，形
容显贵。白仁甫《墙头马上》："你封为三品官，列着八椒图。"同一
用法。值得一提的是，元代李翀（chōng）《日闻录》广罗有关铺首
的材料，却未及椒图。

椒图何谓？明代陆容《菽园杂记》讲"古诸器物异名"，举出
十四种，如"赑屃（bì xì）其形似龟，性好负重，故用载石碑"，
"螭吻其形似兽，性好望，故立屋角上"，"宪章其形似兽有威，性好
囚，故立于狱门上"，"兽吻其形似狮子，性好食阴邪，故立门环上"
等。其中说到椒图：

椒图其形似螺蛳，性好闭口，故立于门上，今呼"鼓了"非也……词曲有"门迎驷马车，户列八椒图"之句，八椒图，人皆不能晓，今观椒图之名义，亦有出也。

关于铺首来历的故事，说它如螺似蠡而好闭。陆容所说的椒图，正具有这些特点。"椒图其形似螺蛳"，事情到此并未完结。明代杨慎《艺林伐山》将龙生九子的传说写进书里，椒图由"形似螺蛳"而变成了龙子。杨慎写道：

龙生九子不成龙，各有所好，赑屃、鸱吻之类也。椒图，其形似螺蛳，性好闭，故立于门上。词曲"门迎驷马车，户列八椒图"，人皆不能晓。今观椒图之名，亦有出也，见《菽园杂记》。又，按《尸子》云，法螺蚌而闭户。《后汉书·礼仪志》，殷以水德王，故以螺著门户。则椒图之似螺形，信矣。

世上本无龙，龙的神话由人创作。创造出龙，且又编造龙神话的枝枝蔓蔓，于是有"鲤鱼跳龙门"，有"龙生九子"。关于龙生九子，两说并存：蒲牢、囚牛、睚眦、嘲风、狻猊（suān ní）、霸下、狴犴（bì àn）、赑屃、蚩吻为一组名单，另一组是宪章、饕餮、蟋蜴、蟋蜙、螭虎、金猊、椒图、蚼（diāo）多、鳌鱼。后一个系列里包括椒图。

椒图的形象也是兽首衔环（图24）。作为龙的九子之一，其"形似螺蛳，性好闭，故立于门上"，由商、周人模仿螺蛳，到椒图"形似螺蛳"，形式未变，变化的只是源出。螺为水族，归于龙的家族应该说是顺理成章的事。成了龙子，就唤它椒图。包含在形式里的内容，则像是陈年老酒，窖了几千年，即所谓"性好闭"——以螺之闭，来强调门之闭。铺首兽头的威形厉态，那戒备与示威合一的形象，透出的正是酿酒初始时的香醇。人们可以这样品味，它貌似威加外界的样子，其实只不过躲进"螺壳"成一统，"守御"慎闭塞而已。闭藏周密——铺首将一种精神，在朱漆的、黑漆的门扇上展示了几千年，它透露着属于中华门文化精髓的东西。

图24 椒图

附带说明，龙生九子是一个古老的传说，其原型当与《后汉书·列传·南蛮西南夷列传》所载故事有关：

哀牢夷者，其先有妇人名沙壹，居于牢山。尝捕鱼水中，触沉木若有感，因怀，十月，产子男十人。后沉木化为龙，出水上。沙壹忽闻龙语曰："若为我生子，今悉何在？"九子见龙惊走，独小子不能去，背龙而坐，龙因舐之。其母鸟语，谓背为九，谓坐为隆，因名子曰九隆。及后长大，诸兄以九隆能为父所舐而黠，遂共推以为王。

龙生十子，其中有一个名叫"九隆"。这传说，早见于《风俗通义》和《华阳国志》。哀牢夷即今云南省哀牢山地区彝族。

十子、九隆，后来传为龙生九子。《中国道教》1995年第2期刊载王丽珠《彝族的祖先崇拜和道教文化》中说，这在哀牢山彝族的民俗信仰中也能找到佐证。对于道教所奉斗姆星神，道藏《太上玄灵北斗本命延生真经》说："昔在龙汉，有一国王名周御有王妃，号紫光夫人，生莲九色，化为九子。其二长子化为天皇大帝、紫微大帝，其七幼子为七星。圣母紫光夫人尊号北斗九真圣德皇后。"哀牢山地区彝族民间，将哀牢的九隆传说与斗姆九子传说糅合在一起，把斗姆演变成自己的祖先神，认为产子十人的沙壹，就是生九子的斗姆。《后汉书》中龙生十子，如何变成龙生九子的传说，彝族的民俗信仰便是注解。

仍来说铺首。铺首造型之精美，明清皇宫大门所饰用者可称代表。这枚铺首（图25），呈长圆形，兽首下面，分上下两层。上层形若衔环，饰以飞龙戏珠图案，叫作"仰月千年锦"，只具装饰效能，而无门环功用。这一层之下，有飞龙饰纹衬托"仰月千年锦"。铺首在朱漆宫门上，同金色门钉相互映衬，显示出皇家建筑的帝王气派。

铺首别名金铺、金兽。汉代司马相如《长门赋》："挤玉户以撼金铺兮，声噌吰以而似钟音。"这两句描写叩响门环的情形、玉户金铺的视觉效果和金属碰撞的听觉效果，画面加音响。唐代诗人薛逢《宫词》"锁衔金兽连环冷"，写处于静态的铺首。

与兽面铺首相类，是门钹（bó）。门钹状似钹，周边通常取圆形、六边形、八角形，中部隆起如球面，上带钮头圈子。普通民宅门上的这种门钹，样式简洁，却不乏装饰美，有的还带着吉祥符号，如外沿圈以如意纹（图26），或镂出蝙蝠图形。

图25　宫殿大门铺首

图26　民居如意门环

（四）门钉

北京故宫的宫门，两种门饰很醒目，除了铺首，再就是金光闪闪的门钉了。门钉纵横皆成行，圆圆的，挺大体量的凸起，与那厚重的门扇正相称，足以壮观瞻。门钉本是出自木板门的工艺需要，但是到后来，门钉的装饰性意义似乎更为重要了。并且，其美化门面的形式，接受了中华文化多方面的给予。

门钉数量，便有讲究。《燕都》杂志曾刊殷文硕单口相声《漫话燕京》：

> 连大门上的门钉全分等级。皇宫城门上的门钉，每扇门九排，一排九个，一共九九八十一个。在古代呀，"九"是最大的阳数，象征"天"，所以，皇宫的门钉，是九九八十一个。哎，唯独东华门的门钉少一排，是八九七十二个。为什么呢？那时候，文武百官上朝都走东华门，这门是给文武官员准备的，所以少九个门钉，剩七十二个啦。王府的门钉是七九六十三个；公侯，四十九个；官员，二十五个……到咱们老百姓家，一个不个！不信？您考察呀，只要不是官府，多阔的财主——磨砖对缝影壁，朱漆广亮大门，那门上一个门钉没有！要不怎么管平民百姓叫"白丁儿"呢，哎，就从这留下的！

"白丁"云云，逗乐而已。门钉数目体现着等级观念，是不错的。清代规定，九路门钉只有宫殿可以饰用，亲王府用七路，世子府用五路。宫门饰九九八十一颗钉，因为"九"是最大的阳数，《周易·乾》

"九五，飞龙在天"，古代以"九五之尊"称指帝王之位。

清宫门钉均横九纵九数目，唯独东华门例外，来了个八九七十二颗。这自然引人注意，生出诸多解释。相声中说因为官员由此门进出，所以少了九颗。也有人推测，工匠失误，钉做大了，只好装八路钉。这推测很难站住脚，东华门是紫禁城重要的门，此其一；再者，给皇家做活儿，当儿戏能成？那可是要掉脑袋的。有种解释说，清代帝后灵柩自东华门出，生为阳，死为阴，门钉用偶数，偶数属阴。另有解释，沈阳故宫大清门为三十二颗钉，偶数；东华门向东，门钉如此取数，是一种有意的呼应，体现了清王朝对其发祥之地的怀念。

关于门钉数目，北魏杨衒之《洛阳伽蓝记》记永宁寺佛塔"四面，面有三户六窗，户皆朱漆扉上有五行金钉，其十二门二十四扇，合有五千四百枚"。依此算来，每扇门上门钉五行，每行即为九颗钉。

然而，中国营造学社的古建筑专家刘敦桢1936年在河南少林寺发现，金元时期古塔"门钉的数目，无论纵横双方，均极自由，无清代仅用奇数的习惯"。例如，金代正隆二年西堂老师塔，门为双扇，每扇排列门钉上下四行，每行四钉，两扇共计三十二钉。年代更早，是山西五台山佛光寺大殿殿门，门背面有多处唐代题记。这殿门后面用五道楅（bī），每道楅在门扇前面钉一行门钉，每行十一个钉。这反映了门钉的结构功用，也说明讲究门钉数目是后来的事。

白丁白丁，大门无门钉，虽是说笑话，却并非凭空诌出。蒲松龄《聊斋志异·娇娜》描写狐仙幻化的宅子，只几个字："金沤浮钉，宛然世家。"这里，将门钉与世家相对应，反映了一种社会存在，是虚构的小说里写实的笔墨。

门钉，古代俗称"浮沤钉"。其来源，同鲁班发明铺首的传说搅在一起。传说鲁班模仿蠡之善闭，创制铺首。门钉也仿螺蛳，请读宋代程大昌《演繁录》：

> 今门上排立而突起者，公输般所饰之蠡也。《义训》："门饰，金谓之铺，铺谓之，音欧，今俗谓之浮沤钉也。"

"排立而突起者"，当指门钉。浮沤，水面的气泡；"浮沤钉"这一俗称，该是概括了门钉造型的称谓——装饰在门扇上，如浮于水面的泡。《聊斋志异·爱奴》有"沤钉兽环，宛然世家"的句子，当是门钉、铺首并举。这就是说，蒲松龄所言"沤钉"系指门钉，而不是铺首。

门钉被纳入民俗活动，明代沈榜《宛署杂记》说："正月十六夜，妇女群游，祈免灾咎……暗中举手摸城门钉，一摸中者，以为吉兆。"结伴而游的妇女们，走叫"走百病"，过桥说是"度厄"。病、厄全抛，再试一试运气，去摸城门门钉，一摸而中，欢声笑语，该是富有情趣的场面。

门钉在民俗活动中获得神秘意味，摸一摸，有病者去病，无子者得子。请看明代万历年间蒋一葵《长安客话》"金铜钉"条：

> 京都元夕，游人火树沿路竞发，而妇女多集玄武门抹金铺。俚俗以为抹则却病产子。彭季筴试礼闱时，

与客亦在游中。客曰："此景象何所似？"彭曰："放
的是银花合，抹的是金铜钉。"乃苏味道"火树银花
合"、崔融咏张昌宗"今同丁令威"句也。

"金铜钉""今同丁……"的文字游戏，借助谐音。这谐音方式，
至少那个"钉"，甚至那"金"那"铜"的谐音，都可以用来解释摸
门钉的风俗。美国学者W.爱伯哈德《中国符号词典——隐藏在中国
人生活与思想中的象征》（汉译书名《中国文化象征词典》）一书
注意到这一点：

　　将钉子锤进东西内，既是一种加固的方法，也是
一种辟邪之法。从前，在中国人的大门上，常常可以
看到以钉子钉着美杜莎式的恶魔头，据说这是为了防
止疾病，或者是为了促进早日生子。这大约是因为
"钉"与人丁的"丁"同音的缘故。

这位美国学者同时谈到门钉和铺首，说的是"钉"之音的民俗
意义。
摸城门钉的风俗，隐含着生殖崇拜的遗风。明崇祯年间刘侗、于
奕正《帝京景物略》记，正月十五前后摸钉儿，妇女们"至城各门，
手暗触钉，谓男子祥，曰摸钉儿"。城门门钉的造型和体量，容易使
人产生这方面的联想。因此，摸钉儿总是要手暗暗地摸、心暗暗地
喜。《帝京景物略》录有一首《元宵曲》：

> 姨儿妗子此门谁，问着前门佯不知。
>
> 笼手触门心暗喜，郎边不说得钉儿。

摸门钉风俗不局限于北方。1930年《嘉定县续志》记：

> 中秋，比户竞焚香斗，并陈瓜果、月饼祀于中庭。
> 妇女踏月摸丁东。摸丁东者，夜至孔庙门上扪其圆木，
> 谓可宜男。此风于光绪中叶后已渐不行。

20世纪20年代福建《兴化府莆田县志》，正月十六夜"有过桥、摸钉之俗……暗摸城门钉，谓之'吉兆'"。

具有装饰意义的门钉，经古人这么一摸，又被磨出信仰民俗的光华来。这是属于平民百姓的光华，它汇入中国门文化的熠熠光华之中。

（五）狱门狴犴

明代李诩《戒庵老人漫笔》卷三，讲狱门画兽头，引述两种说法。其一，陆容《菽园杂记》："宪章其形似兽有威，性好囚，故立于狱门上。"另一，李东阳《怀麓堂集》："狴犴，平生好讼，今狱门上狮子头是其遗像。"而略晚于李东阳的杨慎《升庵集》则说："狴犴形似虎，有威力，故立于狱门。"

龙生九子不成龙，古人的传说留下两套名单，宪章和狴犴分别属于其中一个系列。相比之下，狴犴的名气更大一些。

狴犴的形象似狮头又似虎头（图27），这一图案通常被装饰在狱

门上方。明天启年间刊印《明珠记》有"闻赦"图，保留了明代监狱的情景。监狱的外门和二道门均为券门，狱门上方都为巨大的狴犴图形（图28），那情形让人想起虎头牢。山西洪洞县现存我国年代最久的监狱，就是虎头牢门，尽管那已不是明代原物。"低头出了虎头牢"，京剧舞台上苏三这样唱。

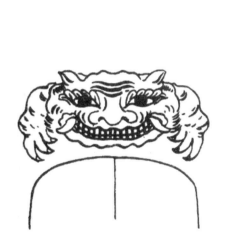

图27　狴犴图案　　　　图28　明代《明珠记》插图（局部）

　　龙生九子之说，明代时才编排出名单，且是互有出入的两组。而被列入九子的那些名目，有的在汉代文献中就已见记载，狴犴即是资历较早的一个。西汉扬雄《法言·吾子》："狴犴使人多礼乎？"狴犴指牢狱。

　　"狴"既是兽名，又指监狱，如《孔子家语·始诛》"孔子为鲁大司寇，有父子讼者，夫子同狴执之"，是说把父子俩关在同一牢狱。

"犴"也是兽名，又指监牢，如《荀子·宥坐》"狱犴不治，不可刑也"，犴即是狱。"狴""犴"复合为词，并没成为两种动物的混体，而是再无歧义地专指牢狱。直到后来出现了龙生九子之说，狴犴又被用作龙子之名。

牢门上的狴犴，大约同画虎驱邪的风俗有关。门扇画虎之俗，汉代盛行于皇宫和民间。门上画虎辟邪，目的是借助虎的威慑力。可以设想，对牢狱这特殊的处所，人们更希望施加威慑力量，狱门画虎是可能的。以后民居改为门扇上画门神，保平安；狱门仍画虎，并且追求狰狞效果，以期起到镇守威慑作用。这样一代代沿袭下来，没有人想到要特别给它取个名字。待到"龙生九子"，将它归入其间，花名册上便写"狴犴"。

明代胡侍《真珠船》言："狴犴好讼，今狱门上兽吞口，是其遗像。"将狴犴同吞口等同起来。吞口（**图29**）是我国西南一些地方民

图29　吞口

间至今仍在流行的门上饰物，人家挂吞口于门楣，用来辟邪。民间挂吞口的风俗，本书关于门神的一章将谈及。这里要说的是，在明代人眼里，牢门上的狴犴同人家门楣上的吞口有着联系，这是一条线索。借这条线，将门上画虎、门楣挂吞口、狱门狴犴等串起来，会帮助我们认识狴犴的来历。

（六）门前市招

市招，又称幌子、招牌、招幌。这是店家高悬于门前的广告招徕。

酒旗作为我国一种古老的门前广告，先秦已见记载，《韩非子·外储说右上》说："宋人有酤酒者，升概甚平，遇客甚谨，为酒甚美，悬帜甚高。"悬帜说的即是酒旗，或叫酒帘。这种酒家门前的广告，同诗词歌赋、骚人墨客联系最多，也就较多地体现了门前市招的文化韵味。

"竹锁桥边卖酒家"，宋代的画家作命题画，平庸者尽费笔墨画酒馆，唯有一高手只画酒帘出竹丛，帘上书"酒"字。

这令人想起元代欧阳玄诗中的意趣。他的《为所性佺题小景》："浦口归帆落，沙头行客回。林间酒旗出，快著一篙来。"酒家门前的酒幌，召唤来归舟人，快靠岸，去喝酒。

《水浒传》描写打虎的武松，望见酒店挑着一面招旗在门前，上头写着五个字"三碗不过冈"，引出打虎前的一番豪饮；轮到醉打蒋门神，武松见蒋门神开的酒店，檐前立着望竿，上面挂着一个酒望子，写着四个大字"河阳风月"，门前一带绿油栏杆，插着两把销金旗，每把上五个金字，写道"醉里乾坤大，壶中日月长"。小说在叙事写人的同时，勾勒出"飘飘酒旆（pèi）舞金风"的场景。清代孔尚任《红桥》诗："酒旆时遮看竹路，画船多系种花门。"酒旆即酒旗。

此外，"闻香下马，知味停车"，揽客的妙语；李白斗酒诗百篇，自称"酒中仙"，要利用名人效应，不妨写上句"太白遗风"，或写"李白回言此处高"。《宋朝事实类苑》卷三十八载，王逵在福州做地方官，平生最得意的诗作是两句咏酒旗诗："下临广陌三条阔，斜倚危楼百尺高。"当地有位当垆老媪，常酿美酒。有举子出主意，让老媪"市布为一酒帘"，由善书者将王逵那两句诗题写在酒帘上，并设法在王逵出行时使他看到酒帘。王逵问时，老媪说："来饮酒者常诵这两句，说是酒望子诗。"王逵听了大喜，赏钱五千作酒本。酒帘佳话一段，在酒旗上写咏酒旗诗。所言"酒望子"，也是酒旗的别称，远远可望，甚是形象。

宋代饭馆有"欢门"之饰。吴自牧《梦粱录》卷十六记载：

> 且言食店门首及仪式：其门首，以枋木及花样沓结缚如山棚，上挂半边猪羊，一带近里门面窗牖，皆朱绿五彩装饰，谓之欢门。

商业的发展必然带来市招的多姿多彩。韩大成著《明代城市研究》讲商业的广行招徕，引用众多史料，本小利微者门外挂的物件，如绒线铺外挂有花栲工，香铺外挂鱼骨。富商巨贾，财大气粗，争奇斗胜，北京"正阳门（外）东西街，招牌有高三丈余者。泥金饰粉，或以斑竹镶之；又或镂刻金牛、白羊、黑驴诸形象，以为标志；酒肆则横匾连楹，其余悬锡盏，缀以流苏"。可见当年店铺门脸前竞斗奢华、比赛气派的繁荣景象。

清代时市招更加发达。清人梁章钜《浪迹续谈》讲棉花店门前幌子的故事："闽本有定风珠，相传康熙年间周栎园先生为闽藩时，出门日恰值大风，南门大街两旁招牌幌子无不摇动，惟一棉花店前，所挂多年棉球幌子，屹然不动，先生目而异之，不计价买归，乃中有一大蜘蛛，腹藏大珠，屡试之风中，不小摇动……"这个故事至少反映了三方面的情况：其一，清代福州的这条南门大街上，两旁店家挂满了幌子，风动幌摇，形成景观；其二，棉花店挂棉球幌子；其三，有些店家的幌子是多年也不更换的，由此有蜘蛛做窝棉球、腹藏定风珠云云。

徐珂《清稗类钞》记常见的幌子：

> 商店悬牌于门以为标识广招徕者曰市招，俗称招牌，大抵专用字，有参以满、回、藏文者，有用字兼绘形者，更有不用字，不绘形，直揭其物于门外，或以象形之物代之，以其人多不识字也。如卖酒者悬酒一壶，卖炭者悬炭一支，而面店则悬纸条，鱼店则悬木鱼，俗所谓幌子者是也。

招悬以物件，直观，又照顾到不识字者。锡制小碗系成一串串，缀以红布条，这是锡器店；石刻特大蜡烛并灯台，这是蜡烛店。天津著名的"风筝魏"，店门前悬木制的糊以天蓝布的沙燕。鞋店市招为木制筒靴和云彩，含着平步青云的祝福（图30）。天津民俗博物馆陈列的商家招幌，酱园悬一束腰葫芦形木板，上写"陈醋"字样；烟草铺悬木牌，上面竖写"烟魁"两个正楷大字。清代夏仁虎《旧京琐记》卷九："旧日都门市肆亦留心广告之术……雷万春之鹿角胶，门上挂大鹿角。某扇铺之檐际悬一大扇。"

图30　鞋店招幌

市招不只限于商业买卖。清代扬州的书场，"门悬书招，上三字横写，为评话人姓名，下四字直写，曰'开讲书词'"，见李斗《扬州画舫录》卷九。《西游记》第八十四回描写，"正当中一家子方灯笼上，写着'安歇往来商贾'六字，下面又写着'王小二店'四字。行者才知是开饭店的。"旅店门前悬挂的灯笼，在夜色里广告招徕。虽见诸神魔小说，但这一细节当是取自现实生活。

四、门前附设物

（一）门槛

在现代汉语里，"门槛"和"门坎"通用。称谓门户的这一构件，汉语还用到另一些字。

阃（kǔn）。《广韵》："阃，门限也。"宋代吕居仁《轩渠录》的笑话：苏东坡与宾客同游，见一僧坐门槛熟睡，戏言"髡阃上困"，除"上"外，用了三个同音字；有客以"钉顶上钉"相对。

切。《汉书·孝成赵皇后传》"切皆铜沓黄金涂"，唐颜师古注："切，门限也。"这是说，赵飞燕的妹妹所住昭阳殿，门槛包铜，涂以金。

限。如《后汉书·臧宫传》"使锯断城门限"。赵飞燕门槛包铜，南朝陈的智永禅师则包铁。只因他习书法写秃十瓮笔，自创一体，求字者如市，"所居户限为之穿穴，乃用铁叶裹之，人谓铁门限"，见唐代李绰《尚书故实》。而智永禅师的书体也被称为"铁门限笔"。

阈。《论语·乡党》讲孔子走进朝廷的门，一副谨小慎微的样子，"立不中门，行不履阈"——走，注意避免踩门槛。

柣。《尔雅·释宫》："柣谓之阈。"

畿。《增修互注礼部韵略》："畿，门限也。"韩愈诗"白石为门畿"，即言门槛。《诗经·邶风·谷风》"不远伊迩，薄送我畿"，男送女，不肯送过门槛。

辚。《淮南子·说林训》"虽欲谨亡马，不发户辚"，高诱注："辚，户限也，楚人谓之辚。辚读似邻，急气言乃得之也。"

门桯（tīng）。元杂剧多以此称门槛。《东堂老劝破家子弟》第三折："恰才个手扶拄杖走街衢，一步一步，蓦入门桯去。"《朱砂担滴水浮沤记》第一折："我才出门桯，向花苑闲行。"《龙济山野猿听经》第二折："一只手将门扇来摇，两只脚把门桯来跳。"

槛横伏于门口，迈进去，退出来，最容易使人联想到界线，里外的、区域的界。唐代张鹭《朝野佥载》卷三所记，就取用了这种象征意义，把猫卧门槛说成征兆：

> 唐薛季昶为荆州长史，梦猫儿伏卧于堂限上，头向外。以问占者张猷，猷曰："猫儿者爪牙，伏门限者。阃外之事，君必知军马之要。"未旬日，除桂州都督、岭南招讨使。

阃外，扩展了门槛的意义。再如，清代洪昇《长生殿》中郭子仪派哨卒去范阳探安禄山，说"那知有朝中天子尊，单逞他将军令阃外喧嚷"，都城门槛之外安禄山的权势大。

居家过日子，门槛没那么多象征意义。《郑板桥集》中收有他写给弟弟的十六封信，许多是颇具生活情趣的。其中《潍县寄舍弟墨第三书》："又有五言绝句四首，小儿顺口好读，令吾儿且读且唱，月下坐门槛上，唱与二太太、两母亲、叔叔、婶娘听，便好骗果子吃也。"月明风清，一家几代人在一起，小孙孙坐在门槛上，唱着诗，好一幅其乐融融的风情画。这同"行不履阈"的圣人言，完全是两种境界。谁能说这是犯了什么忌讳呢？

然而，种种说法流传民间，门槛确是横在许多民俗事象中，由人们坐，任人们踩，或不准踩。

欧粤《上海市郊岁时信仰习俗调查》载，旧有"立夏坐门槛，疰（zhù）夏困床榻"之说。立夏节的岁时活动，许多着眼于避免"疰夏"。此日不准孩子坐门槛，说是为免"疰夏"。

辽宁西部地区习俗，端午之日偏要坐一坐门槛。煮粽子的锅里煮鸡蛋，太阳未出山时坐在门槛上吃，剥下的蛋皮用衣襟兜着，鸡蛋进肚，再把蛋皮兜到大门外扔掉。这一扔，据说是可以驱除病灾的。门槛被用来象征一种界线，因置身于这界线上，那一取一舍的含义也就被强调了。

《台北市志》记婚姻风俗："新妇忌踏阈，以免触犯'户碇（阈）神'。或以阈是其公公，故忌之。"在台湾一些地方，新娘娶进门之前，门槛已放上铜钱，称为缘钱。铜钱由女方准备，请媒人将一枚置于男家客厅门槛上，放时要说"人未到，缘先到"，另一枚连同一瓶水，一起倾入男家的水缸中或井里，并说"大家有缘"。缘先到，缘钱放在门槛上即为到，也是借门槛为象征。

苏州人称生孩子的妇女为舍姆娘。当地生育习俗，坐月子的妇女要遵守这样的禁忌：不到别人家串门。据说舍姆娘若是踏了别人的门槛，下一世要替人洗门槛。

鲁迅小说《祝福》写了捐门槛。嫁过二夫的祥林嫂，听人说"你将来到阴司去，那两个死鬼的男人还要争，你给了谁好呢？阎罗大王只好把你锯开来，分给他们"，便相信到土地庙捐一个门槛，当作自己的替身，"给千人踏，万人跨，赎了这一世的罪名，免得死了去受苦"。可是，以历年积存的工钱，在土地庙捐了门槛，并没能使祥林嫂摆脱人们的鄙夷，不久她就悲惨地死去。

（二）闩和锁

"闩"的字形字义，可以说是汉字造字的绝妙之作。合上一对门扇，加上一横木，这就是门闩。

《道德经》："善数不用筹策，善闭无关键而不可开。"关、键的功用是闭门不开。《说文》："关，以木横持门户也。"键，是竖插的门闩。《周礼·地官》："司门掌授管键，以启闭国门。"键的作用是闭门。汉代蔡邕《月令章句》："键，关牡也。所以止扉也。或谓之剡移。"

门闩还传下一首《縠廖（yǎn yí）歌》。春秋时，百里奚家境贫寒，在楚国为人放牛。五霸之一秦穆公听说他是贤能之才，用五张羖羊皮向楚国赎他，任用为秦相。百里奚过去的妻子在相府里做仆人，在堂上奏乐之时，自言知音，抚琴而歌："百里奚，五羊皮。忆别时，烹伏雌，炊縠廖，今日富贵忘我为。"縠廖即《月令章句》所说的剡移，就是门闩。妇人唱《縠廖歌》，回忆夫妻过穷日子的旧时光景，那时穷得烧掉门闩以为炊。此歌流传既远，诗文中用"縠廖"指代患难妻子。

门闩又在武举考试时派用场。武则天时，翘关为武试科目，《新唐书·选举志上》："长安二年（公元702年），始置武举。其制，有长垛、马射、步射、平射、筒射，又有马枪、翘关、负重、身材之选。翘关，长丈七尺，径三寸半，凡十举后，手持关距，出处无过一尺。"翘关就是举城门闩。

宫门和城门都是用关以闭门、开门的。东晋常璩《华阳国志》中载蜀人何攀在朝廷做司法官员"有盗开城门下关者，法据大辟。攀驳之曰：'上关执信之主，下关储备之物。设有开上关，何以加刑？'遂减死。"上关、下关，上关更被重视。

居延汉简"守御器簿"列有户关、木置等。木置，《居延汉简解要》释为木植，即《说文解字》所谓"植，户植也"。古代门外闭，中竖直木，可以加锁。

《礼记·月令》讲孟冬之月"坏城郭，戒门闾，修键闭，慎管龠"。孔氏曰：城郭当须牢厚，故言"坏"；门闾备御非常，故言"戒"；键闭或有破坏，故言"修"；管龠不可妄开，故言"慎"。管龠即锁钥。龠，后来用钥字。《淮南子·说林训》："柳下惠见饴，曰：'可以养老。'盗跖见饴，曰：'可以粘牡。'"牡，门户的钥牡。早期的门锁，有一种为长形，《汉书·王莽传》："以铁锁琅当其颈"，颜师古注："琅当，长锁也。"

鱼形锁（图31），可以说是中国古锁里最具特色的样式。宋代丁用晦《芝田录》卷二：

门钥必以鱼者，取其不瞑目守夜之义。

图31　鱼形锁钥

古人看水中鱼儿夜不瞑目，制锁而取鱼形，称为鱼钥、鱼锁，取义警醒。南朝梁简文帝《秋闺夜思》："夕门掩鱼钥，宵床悲画屏。"唐代鲍溶《期尽》："鱼锁生衣门不开，玉筐金月共尘埃。"宋代《梦粱录》卷六："银漏花残，红消烛泪。九重鱼钥欢声沸。奏万乘、祥曦门外。"鱼锁的立意，同门扇铺首取法螽之善闭，是同一种思路。

锁有异名叫"叉手铁龙"。《清异录》说，石守信库奴萧云，常开库私取钱币，仓皇失锁所在，不敢明言，但云不见"叉手铁龙"。

门上的搭扣，用来锁门闭户的金属部件，现在的城市民居已很难见到了。1935年钱史彤、邹介民《重修镇原县志》记："门扣子即了吊子也。了者，了鸟也，窑内扣门之屈戌也。吊者，悬也；子，语助辞。"并记，兰州买卖房产，契约内写明了吊子若干，当面点交清楚。这是西北地区民间名物的一条材料。

这说的是门窗上的金属搭扣。其名称很多，清代《事物异名录》录有"曲须""屈膝""屈戌"，并引《名义考》："京师人谓门环曰曲须。当是屈膝，言形如膝之屈也。古《乌栖曲》作屈戌。"屈戌，又作屈戌。

其异名不止这些。又有"了吊子"之称，而"了吊"即"了鸟"，"鸟"读diǎo，本是"了"字倒写，因人们不习惯于"了"字颠倒着书写，以"鸟"代替。"了鸟"又是用来表示悬挂物状态的词，门窗上的屈戌没有锁扣住的时候，垂挂在那里，正是了鸟之状。钉锔也是其一种异称。

归纳起来，其名实为两类：屈戌和了鸟。

唐代李商隐的诗兼见此物两种名称。《骄儿诗》"凝走弄香奁，拔脱金屈戌"，此其一；《病中闻河东公乐营置酒口占寄上》"锁门金了鸟，展障玉鸦叉"，此其二。明代陶宗仪《南村辍耕录》"屈戌"条讲："古金铺之遗意，北方谓之屈戌，其称甚古。"当是不虚。

说到"古金铺之遗意"，"屈戌"之名似乎隐藏着某种信息。所谓金铺遗意，核心是像蠡即螺蛳那样善于闭藏。而屈戌，戌为十二地支中第十一位符号，十二生肖戌属狗。自古有种说法，戌时已入夜，守门的狗开始守夜了，因此狗主戌。如明代《七修类稿》："戌、亥，阴敛而潜寂，狗司夜、猪镇静，故狗猪配焉。"宋代《清异录》则说："守门使：犬。"屈戌之戌，是不是包含着这么一层严谨门户的意思呢？读书未尽，未见古人有此一说，权且录存于此。

（三）帘：沙和尚原是卷帘将

表示遮掩房门的代门之物，"簾""幨""帘"三字古代即已通用。这三个读音相同的字，分别从"竹"从"巾"，显示着帘的不同料质。

帘，古时又叫"薄"。张毅趋赴于高门甲第、朱户悬帘的富贵人家，《庄子·达生》说其"高门县薄，无不走"。县即悬。

说帘，与之相关的"名人"当首推小说《西游记》的沙和尚。这部明代神魔小说的第二十二回"八戒大战流沙河，木叉奉法收悟净"，沙和尚在同猪八戒杖、耙厮杀赌斗之前，以身世相炫耀："三千功满拜天颜，志心朝礼明华向。玉皇大帝便加封，亲口封为卷帘将……往来护驾我当先，出入随朝予在上。只因王母降蟠桃，设宴瑶池邀众将。失手打破玉玻璃，天神个个魂飞丧……饶死回生不典刑，遭贬流沙东岸上。"这沙悟净原是玉皇大帝御前的卷帘将，往来护驾，出入随朝——根据作者吴承恩的浪漫畅想，南天门内，凌霄殿上，也有门帘窗帘需要卷起、放下。民间习见的帘，借助小说家的想象力，进入天帝、天神、天仙的活动圈。沙和尚——卷帘将，《西游记》以独特的形式，做了篇"帘"的妙文章。

小说家的想象，源自对世间生活的观察。帘的使用明代较为广泛，一些古典作品有所反映。《水浒传》第四十五回，"一个年纪小的和尚，揭起帘子入来"，书里描写那是"布帘"。第六十二回，"只见一人揭起芦帘，随即进来"，这是苇帘。第七十二回"杨太尉揭起帘幕，推开扇门，径走入来"，时值正月十五天尚寒，进屋要先掀帘再推门。帘和门，双层防寒，帘在门外，当不是单层布。同一回书还写到妓家门面："燕青径到李师师门首，揭开青布幕，掀起斑竹帘，转入中门。"布幕、竹帘双垂帘，御寒之外，且着眼帘饰之美。这是合乎特定情节的场景描写。

明代小说《金瓶梅》写帘，着墨也繁。第二回"俏潘娘帘下勾情"，西门庆同潘金莲频送秋波，帘成为精彩的道具布景。对此，张竹坡评论：

> 篇内写叉帘，凡先用十几个"帘"字一路影来，而第一"帘"字，乃在武松口中说出。夫先写帘子引入，已奇绝矣，乃偏于武松口中逗出第一个"帘"字，真奇横杀人矣！

这一回书里，写了朔风飞雪之际的门帘：潘金莲"立在帘下，望见武松正在雪里，踏着那乱琼碎玉归来。妇人推起帘子"。用"推起"，说明那门帘不是薄轻之物。又写武大郎听从武松的劝告，谨严门户，早早归家，"歇了担儿，便先除了帘子，关上大门"，后来，潘金莲也"约莫武大郎归来时分，先自去收帘子，关上大门"。"收帘子"和"除了帘子"，这门帘子每日是要挂上撤下的。

回过头来再说《西游记》的"卷帘将"。这部书中，孙悟空、猪八戒、沙和尚都与天宫有牵连，且均有天宫的"官衔"。孙悟空能当上"弼马温"，有"猴治马瘟"的民俗背景；猪八戒做"天蓬元帅"，因了亥猪主水的五行学说。总之，吴承恩的笔是颇有些文化含蕴的。既然如此，给沙和尚戴上顶"卷帘将"的高帽，是否也有名堂？是的。

宋代以来的科举制度，乡试、会试的考官，统称帘官。帘官又分内帘和外帘，《明史·选举志》二："在外提调、监试等谓之外帘官，在内主考、同考谓之内帘官。"帘官之"帘"，正取于门之帘。原来，贡院内有至公堂，堂后有门，主考、房官、内提调、内监试、内收掌等官员，在堂内保管、批阅试卷，并居住其间。考试前三日，这些官员由至公堂后小门进入，监临随即封此门，并以帘相隔。这帘成为一种界线。帘内的考官称为内帘官；帘外的考官，包括监临、外提调、外监试、外收掌、弥封、受卷、誊卷、对读等官员，称为外帘官。门闭帘隔，内帘、外帘，被分别限定了活动空间，各司其职，帘内、帘外不得随意往来，内外公事要隔着门槛交洽。清代《两般秋雨庵随笔》说：

> 阖门而与之语，见《公羊》；跨阈而语，见《国语》，皆隔门限说话也，若今内外帘官然。

这就是遵循帘禁制度的帘官。帘禁要持续到放榜，方可开帘。这种内外帘制度，有助于防止科场舞弊。

门帘本是寻常物，一旦被封建科举制度所取用，它遮掩门户的使用功能，便被赋予象征性意义。一道帘，垂下科考场上的一串官职符号：帘官、内帘官、外帘官……

吴承恩生活在明代中叶，依循那个时代读书人的人生求取，他也曾企望功名。然而，才华出众，科场失意，直到40岁才得了个"岁贡生"。科场亲历，必然使吴承恩有机会观察科举场上各色官吏——"帘官"。当他撰写《西游记》，要为沙和尚编造一个天宫官职时，很可能联想到科场的帘官。于是，编出这样的故事：玉皇大帝身边有个卷帘将，打破玉玻璃，被贬流沙河。

当然，帘官——卷帘将，尚需更多的佐证材料，这里仅是一种推想。

就从专设卷帘将这一点来看，天宫之帘似乎并不怎么高级。而苍天之下的帝王宫殿，倒有绝妙的门帘子。如《古今图书集成》引录的材料说："徐福为始皇作自然之帘，悬于宫门。始皇抱文珠置膝上，其帘便下。去之，则帘自卷，不事钩也，故又名'不钩'。"徐福为诡秘的方士，曾自称可为秦始皇去海上仙山寻长生不老药。这里所谓"自然之帘"，可以自动卷起或垂下，《古今图书集成》将其归入"巧工"。另有《独异志》的材料说，石虎在宫中造楼，"以珠为帘，五色玉为佩。每风至即惊触，似音乐在空"。清代王士禛《分甘余话》"虾须帘"："帘名虾须……海中大虾也，长二三丈，游则竖其须，须长数尺，可为帘，故以为名。"讲的是用虾须编就的帘子。

在民间日常生活里，帘子作为门的附设物，具有许多实用价值。冬天挂棉帘，厚实挡风寒；夏天挂竹帘、珠帘遮蚊蝇，透风凉；布帘在不关门闭户的情况下，保持居室隐奥等。帘的作用，是门所不能替代的。清代李渔《闲情偶寄》写养兰赏兰，特别强调芝兰之室须有门帘："门上布帘，必不可少，护持香气，全赖乎此，若止靠门扇关闭，则门开尽泄，无复一线之留矣。"所反映的，也是帘子区别于门扇的功能。

门帘还是民间婚嫁的礼俗之物。

河北、天津等地婚俗，婚礼前一天过嫁妆，新房的门帘要由新娘的弟弟挂上门。帘子红布绣花，图案以鸳鸯戏水最常见。挂上门帘后，男家要给红包，称为"送喜钱"，钱数必偶，以应成双成对之说。民间将此婚俗同王昭君联系起来。传说昭君和亲，出塞前向汉元帝要门帘做嫁妆。

新嫁娘的门帘子，似乎还有深层含义。在湖北东部地区，闹洞房的人们用竹竿把门帘高高挑起，挂在门前的树上。这是一种炫耀，就如当地另一风俗——洞房花烛夜的转天，新娘到河边洗床单。

为此风俗寻求典籍解释，可取《汉书·贾谊传》。贾谊上书陈政事，谈到古时大臣"污秽淫乱、男女亡别者，不曰污秽，曰'帷薄不修'"。帷是幔，薄是帘，二者作为障隔内外之物，是具有象征意义的。

（四）九龙壁：影壁的极致

几十年前，古建筑学家梁思成在河北考察，写下《正定调查纪略》。其中描述街景，盛赞临街宅院惹人注目的照壁：

> 每个大门内照壁上的小神龛，白灰的照壁，青砖的小龛，左右还有不到一尺长的红对联；壁前一株夹竹桃或杨柳，将清凉的疏影斜晒到壁上，家家如此，好似在表明家家照壁后都有无限清幽的境界。

这种门前风景，是传统民宅惯见的格局。它既有观瞻效用，又具有调节空间的功能，是中华建筑文化独树一帜的创造。

大门口的影壁，我国一些地方叫照墙或照壁。当初它是一种礼制设置。齐桓公任用管仲为宰相，而成为"春秋五霸"中最早的霸主。像管仲这样一个宰相，按"级别"，门前可不可以建影壁呢？《论语·八佾》载，有人问到管仲是否知礼，孔子道："邦君树塞门，管氏亦树塞门……管氏而知礼，孰不知礼？"夫子说，国君宫殿前，建照壁以遮门，管氏门前也建了个照壁，若说他知礼，那还有谁不知礼？

树即屏，两者均为照壁的古称。《尔雅·释宫》"屏谓之树"，所讲就是"小墙当门中"的照壁。当年的礼制，有天子外屏、诸侯内屏、卿大夫以帘之说。天子和诸侯虽然都能建照壁，但建在门外还是门内，有讲究，以示区别；至于卿大夫，要遮掩门户吗？用帘子。

有言道"祸起萧墙"，形容内部祸患。萧墙指照壁。这源出《论语·季氏》。孔子说："吾恐季孙之忧，不在颛臾，而在萧墙之内也。"鲁国大夫季孙把持国政，鲁君欲除掉他以收回旁落的大权。季孙知此，使出一招：攻打鲁国的附庸国家颛臾。孔子对此心明眼亮，说将要给季孙带来麻烦的不是颛臾，而是"萧墙之内"——"邦君树塞门"，设影壁，"萧墙之内"住的是鲁君。值得一提的是，孔子讲"萧墙"，用来指代国君，这与后世以"萧墙"比喻内部的用法不同。这种不同，反映了照壁本身意义的变化，它作为礼制设置的意义被淡化，它被普遍地用来屏蔽门户。

罘罳（fú sī）也是照壁的古名。如《三国志·魏书·明帝纪》裴注引《魏略》："筑阊阖诸门阙外罘罳。"然而，至唐时，其已与檐下防鸟雀的网混用一名。段成式自入仕途，与所交往的数十位官员谈此话题，都称檐下防雀网为罘罳。为此，他在《酉阳杂俎》中罗列材料，说影壁：

> 《礼记》曰："疏屏，天子之庙饰。"郑注云："屏谓之树，今罘罳也。列之为云气虫兽，如今之阙。"张揖《广雅》曰："复罳谓之屏。"刘熙《释名》曰："罘罳在门外。罘，复也。臣将入请事，此复重思。"……王莽性好时日小数，遣使坏渭陵、延陵园门罘罳，曰："使民无复思汉也。"鱼豢《魏略》曰："黄初三年（公元222年），筑诸门阙外罘罳。"

罘罳称照壁，汉代时并无歧义的，郑玄用来释屏。郑玄讲照壁上浮雕刻画"云气虫兽"，实是后世九龙壁的滥觞。《释名》所言，与门之塾如出一辙——塾，熟习应对之词；罘罳，"臣将入请事，此复重思"：君王的大门真是不好进，要熟思加复思。至于王莽，这位赫赫有名的政治人物挺有意思，他篡汉，刘伯升兴兵抗拒，他就下令在门塾挂刘伯升像，用箭射之；他又派人去汉元帝的渭陵、汉成帝的延陵，毁陵园门口的罘罳，"使民无复思汉"。有此邪术，《红楼梦》的马道婆真该奉他为祖师的。

将照壁这类建筑称为影壁，大约始行于宋代。《艺林伐山》说，受前人创作墙壁浮雕的启发，宋代的郭熙用泥在墙面造成凹凹凸凸的效果，泥干后，笔墨随其形，山林楼阁人物，宛然天成，谓之影壁。郭熙创作的"影壁"是否只限门前，不得而知。至元代，关汉卿《望江亭》杂剧中，谭记儿在衙门后堂，先道一句"走一遭去"，然后唱"转过这影壁偷窥"，看衙门前厅的夫君。那影壁该是立在门外的。

建筑物出入口设影壁，意义多方面，不仅仅是壮观瞻。它可减少大风的直灌，更是遮挡外部视线的屏蔽。《五台山风物传说》讲，当年五台山还没建造广宗寺和圆照寺，菩萨顶牌楼直对着显通寺的斋房和伙房。清早伙房煮了满满一大锅粥，却不知被谁偷吃了。于是就暗暗藏了人，捉偷食者。这天，粥煮好了，随着一阵风声，门外进来两只狮子，奔向粥锅。埋伏的人挥铲冲过去，铲掉一只狮子的舌头，二狮夺门而去。顺着血迹寻找，原来是菩萨顶牌楼前那对石狮子，它们露出惊恐神色，其中一只没有了舌头。后来，在菩萨顶一百零八级石阶下建起一座大影壁。影壁隔断石狮面对显通寺的视线，两个石狮看不到僧人们做饭和吃斋，再也没来偷吃。

引述这一传说故事，意在说明人们对于影壁功能的认识。影壁的空间屏蔽作用，在这传说中得到艺术的解说。

将这种屏蔽，同举贤授能之路联系起来，请看唐代刘肃《大唐新语》卷十三：

> 温彦博为吏部侍郎，有选人裴略被放，乃自赞于彦博，称解日潮。彦博……令嘲屏墙，略曰："高下八九尺，东西六七步，突兀当厅坐，几许遮贤路。"……博惭而与官。

吏部侍郎负责官员的任用事项。影壁墙与"遮贤路"，裴略的二十个字，围绕这层意思。对吏部侍郎门前那堵影壁，高矮宽窄、空间位置的描写，则是照实写来的。

影壁所处的空间位置，可以起到增加私密性的作用；还能给登门造访者一个心理提示，使人产生空间转换的感觉，登门之初、入室之前自然地来一番心理调整。

影壁功用另一项，是作用于居住者心理的——"影壁对门，邪气难入"，旧时民间的说法。21世纪旅居中国的瑞典美术史家喜仁龙，后来写了一本《北京的城墙和城门》，书中称四合院影壁"进入门内迎面而立形似屏风的墙，据说是用以防阻直线行进的精灵"。在西北一些地方，门内影壁的重要用途是放置供佛香烛。

影壁的诸多功能，使它突破礼制等级之圉，由天子、诸侯或采邑领主门前的屏，变为州府县衙的影壁，变成深宅大院的影壁，直至变成乡村庄稼院门口的一堵土坯短墙。影壁还常见于佛寺道观建筑的前端。

影壁的位置可在门外、门内，也可在院子中央。

如果院门面对空旷的开阔地，门外的影壁能既挡住远处向院内的张望，又显示着领域感。外人来到大门与影壁之间，会觉得实实在在是在人家门前了。街巷胡同里的院落，门外立影壁，可以挡住对面邻居房屋不齐整的外观。自家的大门和影壁两相呼应，制造门前气氛，行人门前过会有感觉，院内人向外望也悦目。

大门两侧的影壁，向外扩开的"八"字形，称为八字影壁。这种影壁使门前显得开阔，增加大门的气势。

院门内设影壁，避免门口一览无余，最具屏蔽效果。侯门深似海，影壁一遮，更觉其深；小院浅浅只一进，影壁一挡，不觉其浅。北方的四合院，大门开在东南角，进门对着东厢房的山墙，为增入口处的美观，倚山墙砌影壁。影壁前置太湖石，簇以花树。影壁心若是粉墙，可绘彩画，若是砖砌，则有砖雕装饰，中心为雕砖小匾，取"鸿禧""迎祥"等字样。山西祁县有名的乔家大院，影壁雕百寿图，即百体寿字。有些地方民间年俗，在影壁上贴一方福字，或悬一方形壁灯。旧时便有作坊印制专用于贴在影壁上的斗方，以四时花卉组成福字，或是福、禄、寿三星图案。

较大的院子，建院心影壁，分割前后院。吉林民居，此类影壁常砌出十字格漏空图形；西北民居，影壁墙体中央开一小孔（图32），见《建筑学报》1957年第12期陈中枢、王福田的《西北黄土建筑调查》。这些实中见虚、遮而又漏的处理，避免了单调呆板。

图32　中间开孔的影壁

在云南，照壁与三合院完美结合，正房、两面厢房及一面照壁围成院落，形成白族、纳西族民居的典型式样——"三房一照壁"。

影壁由帝王门前的一种礼制符号，走向大众化。可是，同为这样一堵墙，仍有高低贵贱之分；它虽不再是礼制符号，但却可以充当礼制符号的载体，例如那承载九龙图案，立于王府门前、皇家御苑，张狂着帝王气象的九龙壁（图33）。

大同九龙壁，朱元璋第十三子朱桂代王府前的琉璃照壁。其宽度，接近于现代足球场之宽。如此规模，立于王府大门前，何等气派。壁上不只有龙，尚有狮、虎、象、天马、麒麟等具有文化含蕴的动物；翻腾于烟波云海的九巨龙，更是霸气磅礴。

图 33　北海九龙壁

重臣用影壁，清代刘献廷《广阳杂记》有条材料：

> 明三边总制，驻固原，军门为天下第一，堂皇如王者。其照墙画麒麟一、凤凰三、虎九，以象一总制三巡抚九总镇也。

这影壁，宛若明朝的军事系统图。麒麟，即影壁所屏蔽的驻在固原的总制；三凤凰，指河西巡抚、河东巡抚、陕西巡抚；九虎，指甘、凉、肃、西、宁夏、延绥、神道岭、兴安、固原的九总兵。请注意这五个字——"堂皇如王者"，但却未敢用龙。

山西解州关帝庙端门前，三彩琉璃照壁，二龙戏珠于海涛间，凤凰鸣啼于高冈上，神鸟异兽，祥云瑞霭。关羽被尊为帝君、武圣，照壁用了两条龙。

文圣孔子的后人，在影壁上塑了一种创想的动物，但不是龙（图34）。《孔府内宅轶事》，作者为孔子第77代嫡孙女孔德懋。书中写道：

> 在前堂楼院里大影壁上，画着一幅很大的"贪吃太阳"图画（"贪"是象征贪得无厌的一种动物），脚踩遍地金银，还张开大嘴向着太阳。给我们留下这幅画的祖先，想以此丑恶形象告诫子孙什么吧。

图34　《戒贪图》，摄于山东曲阜孔府

名"贪"之兽，如一幅讽刺漫画的主角。这就像是以警醒之语书屏。类似的影壁，还常见于古代县衙大门前。古人编造出这样一种怪兽，它占有天下金银珠宝，还不满足，要贪婪地吞下太阳。衙门前的影壁，以图画为戒语：切勿贪赃枉法。

影壁上画人物，所画竟是奸臣严嵩，旧时代浙南乞丐帮会就兴这规矩。民间传说，严嵩事发，家产籍没，皇帝赐金筷银碗，封为"天下都团头"，即丐帮的帮主。于是，叫花子奉严嵩为祖师爷。一些城镇郊外的"栖流所"——丐帮头面人物居住的地方，大门内，影壁彩绘严嵩，胡须灰白，红袍玉带，乌纱皂靴，手持金碗银筷。这可称为中国古代建筑民俗一个别致的景观。

立在门口的影壁，就其平面占位来说，不过是一堵屏蔽的墙，然而，它却包含着这么多文化意味，就像它所陪伴的门一样。

（五）"泰山石敢当"

石敢当虽没名列门神之籍，却也承载着门户平安的企望，禁鬼绝恶，镇守门前。

20世纪20年代出版的《破除迷信全书》讲到一件事：有个美国人，粗识汉字，又听说过泰山云云。他来华游历，在山东乡间见到墙上"泰山石敢当"字样，就指着墙问陪同他的人："那是一块泰山的石头吗？"对方捧腹大笑。

笑个啥？看来，"泰山石敢当"五字存在着读法问题。读：泰山／石敢当，对；泰山石／敢当，谬。那个美国人知泰山石而不知石敢当，因此提出了个可笑的问题。

我国民间传统居住与建筑风俗，石敢当是影响较广的一项。石敢当，也称泰山石敢当。冠以"泰山"，句式略似《三国演义》里关羽称"解州关羽"，是万万不可将前三字误解为城墙门楼"解州关"的。

唐宋以来，宅第大门口常立镌字"石敢当""泰山石敢当"小石碑，或将石嵌砌墙体，用来镇鬼、厌灾。民间以石敢当为辟除不祥的神，如明代杨信民《姓源珠玑》所说，"必以石刻其志，书其姓字，以捍民居"。

唐代的石敢当碑石，已见于记载。清代俞樾《茶香室续钞》：

> 宋王象之《舆地碑目记》：兴化军有石敢当碑。注云：庆历中，张纬宰蒲田，再新县治，得一石铭。其文曰："石敢当，镇百鬼，厌灾殃，官利福，百姓康，风教盛，礼乐张。唐大历五年（公元770年）县令郑押字记。"今人家用碑石书曰"石敢当"三字镇于门，亦此风也。按此，则"石敢当"三字刻石始于唐。

宋代县官修县衙，挖出"石敢当"刻石，并有唐代款识（zhì）。据此，俞樾认为，清代用石敢当镇门的习俗是唐代遗风。

石敢当民俗信仰，其渊源当在远古时代的石崇拜。埋石以镇宅的风俗，在石敢当之前，如南北朝时庾信《小园赋》："镇宅神以埋石，厌山精而照镜。"在埋石辟邪的基础上，风俗有所增饰，刻字绘形，再附以种种传说，所有这些都围绕着一个中心，那就是：最大限度地在那块石头上叠加具有"神力"的符号。

关于石敢当的来历，民间有种传说，姜太公封神，封来封去，到最后却忘记了自己的名姓，便自封为泰山石敢当。姜太公在唐宋时期曾被奉为武成王，与文宣王孔圣，一武一文；明代以后，虽然关羽成为武圣，姜太公在民间仍很有影响，传说故事很多，且有"姜太公在此，诸神退位"之说。把石敢当说成是姜太公的化身，正在于渲染石敢当辟邪的民俗信仰。

关于石敢当的传说，又多在"石"上做文章。

民间相传，石敢当是一位姓石的骁勇猛将。石将军当关，万敌莫开。石上刻将军的大名，便具有禁鬼绝恶的功效。古时人们也愿意为石敢当造像，刻个小石人称为"石将军"。元末明初陶宗仪《南村辍耕录》载：

> 今人家正门适当巷陌桥道之冲，则立一小石将军，或植一小石碑，镌其上曰"石敢当"，以厌禳之。按，西汉史游《急就章》云："石敢当。"颜师古注曰："卫有石碏、石买、石恶，郑有石制，皆为石氏。周有石速，齐有石之纷如，其后以命族。敢当，所向无敌也。"据所说，则世之用此，亦欲以为保障之意。

陶宗仪所言"今人家正门"，说的是元明之际的风俗。他记录了"立一小石将军"的形式，并言及"石敢当"三字的出处——汉代史游所作蒙童识字课本《急就章》："师猛虎，石敢当。所不侵，龙未央。"

"师猛虎，石敢当"，或许以此为由头，古人又在碑石上刻画虎头。清代《集说诠真》："石敢当本系人名，取所向无敌之意，而今城厢宅第，或适当巷陌桥道之冲，必植一小石，上镌'石敢当'三字，或又绘虎头其上，或加'泰山'二字，名曰'石将军'……"这是在石敢当之上复加文化符号。虎，古人视为食鬼驱邪的神兽，用石敢当来辟邪，借虎增威。

石借"虎威"，不仅在石敢当上表现虎的形象，还借刻石日期、立石时辰的选择来渲染神秘色彩。旧时广为流传的《鲁班经》宣扬这些：

> 凡凿石敢当，须择冬至日后甲辰、丙辰、戊辰、庚辰、壬辰、甲寅、丙寅、戊寅、庚寅、壬寅，此十日乃龙虎日，用之吉。至除夕用生肉三片祭之，新正寅时立于门首，莫与外人见。凡有巷道来冲者，用此石敢当。

十二生肖辰属龙、寅属虎，故有"龙虎日"刻石之说。新正即新年第一天，古代以夏历建寅之月为正月，这是属虎的月份；"寅时立于门首"，仍取属虎之寅。

至于"泰山"与"石敢当"联袂，有两层内容。其一，巍巍泰山，五岳独尊，古代说它是通天达地之山，威加四海的帝王也要前去封禅。以泰山相标榜，石敢当岂不更加所向无敌？其二，标榜泰山，提供了山的角度，由此来观石敢当之"石"，视点正佳。壮石敢当的声威，为何不选东海、黄河，不选九重霄汉，偏偏取"泰山"两字写大旗？石自山出。这"山"同那"石"更多牵连。关于此，原始先民的万物有灵观念、古人的灵物崇拜，都可做注脚。从粗糙的石器，到精细的石器，石器使原始人抗争大自然的生存能力不断增长。石成为一种灵物。反映在神话传说中，补天的女娲炼五色石做修补天空的材料，填海的精卫衔木石以埋东海。对石的崇拜，衍生出石敢当，也派生出埋石镇宅的风俗。南北朝时庾信《小园赋》："镇宅神以埋石。"宗懔《荆楚岁时记》："十二月暮日，掘宅四角，各埋一大石为镇宅。"石块俨然成了具有法力的灵物。至于石敢当，因石而造神，有名有姓的"石将军"，姓"石"，只缘本来是石。

石敢当既被奉为神，司职由捍民宅而有所扩展。《茶香室丛钞》记清代齐鲁乡俗，巷口立"泰山石敢当"刻石，传说其会在夜暮时分去人家医病，因而"石将军"又称"石大夫"。另有一则传说：清代康熙年间，广东徐闻县，知县到任不久就丧命，一连几任均如此。黄某来赴任，请风水先生看，说是宝塔塔影落于知县的座位上，诸前任皆因不胜塔影之压而死。黄知县刻"泰山石敢当"石碑，立于县衙门前，以敌塔影。如果说，"人家正门适当巷陌桥道之冲"，立石敢当，是一种面对面的抵挡的话，那么，黄某立石敢当抗拒高塔塔影，石敢当的功能已由平面发展为立体了。

石敢当因冠以"泰山"，甚至被传为泰山神祇之父。泰山上有座碧霞祠，供奉泰山之主碧霞元君，民间又叫她泰山老母。关于碧霞元君的来历，有说是玉皇大帝的妹妹，而民间还传说她是贫苦农民石敢当的女儿：她心地善良，上山砍柴，时常帮助一个孤老太。老太太说她是仙女下凡，让她在泰山最大的一棵松树下挖到柴王埋下的木鱼，将一只绣花鞋埋在木鱼之下三尺。玉皇要在众神中选出来泰山最早者，封为泰山之主。柴王以埋在树下的木鱼证明自己的资历，石敢当的女儿则以埋于木鱼之下的绣花鞋挫败柴王，被封为碧霞元君。这个传说故事讲的虽是碧霞元君，但其同石敢当既为"父女"，两者的关系也就恰如水涨而船高——碧霞元君高至泰山主神，船高因水涨，反衬了石敢当的神异。

明代赵南星撰笑话集《笑赞》，有则"石敢当"：

> 有石敢当者忽然能言，里甲急趋报官。官命负敢当来。既至，再三问之，不言。官怒，道是说诳。责了十板，仍命负之以出。至途中遇识者问曰："报官如何？"甲顿足曰："为此冤家，被官打了五下。"敢当曰："你又说诳昧了五下。"

逢迎多事，自讨苦吃，石碑将里甲戏弄了一番。那石敢当刻石，由里甲负去负归，说明它不是砌在墙，而是立门前。另外，"负"——以背载物，这又说明了石敢当的体量大小。

（六）抱鼓石

河北童谣："小小子，坐门墩，涕呼马呼要媳妇……"

门墩，门槛两端承托大门转轴的石墩或木墩。通常为石质。其傍于大门门框侧下，如枕，所以又叫门枕石，或称砷（shēn）石。

自古对于门面装饰的追求，自然不会忽视建筑入口处这一对石构件。抱鼓石（图35）即是对门枕石大事雕饰的产物。"枕"本是主要部分，为了雕饰，门枕石的附加部分被强调，"鼓"部很高，用料用工远超过"枕"部。

图35 天津民宅抱鼓石

顾名思义，抱鼓石造型为圆鼓形，富有装饰功用，通常雕饰以葵花、纹头、狮子等。下部雕为须弥座，中间为鼓形，饰以花纹浮雕，上部透雕狮子，这是常见的样式。据《营造法式》，将圆鼓部分雕成狮形者，以术语称，叫拉狮砷或挨狮砷（图36）。

图36 运城关帝庙抱鼓石

一般人家，不高的方形门墩雕为须弥座形状，其上刻狮子。有的则不雕狮，在方形门墩上浮雕花草人物图案。

门前一对抱鼓石，立的是功名标志。在讲封建等级的年代，无功名者门前是不可立"鼓"的。倘若要装点门脸，显示富有，也可以立把门枕石起得像抱鼓石那样高，但只是傍于门前的装饰性部分要取方形，区别于"鼓"，再高仍称"墩"。这方面的例子，在烟台市福山区，民国初年所建王氏庄园，大门门槛高及人膝，门前一对石门墩，石墩四面雕花，是非常精致的艺术品。在当年，如非节日或礼仪场合，门墩罩以木罩，可见其华贵。然而，它却是"墩"不是"鼓"。

（七）将军石——闑

两扇大门合缝处的下端埋块石墩，用来固定关合的门扇。这石有个响亮的名字，叫将军石。将军石之名，宋代《营造法式》已载，"城门心将军石：方直混棱造，其长三尺，方一尺"，上露一尺，下栽二尺入地。梁思成注，两扇城门合缝处下端埋置石桩称将军石，用以固定门扇位置。混棱，就是抹圆棱角。《营造法式》又记有止扉石，其长二尺，方八寸，地面露一尺，下栽一尺入地。

行此将军石之功，也可竖以短木，《礼记》上称为闑（niè），郑玄注为门橛。

徐州十里铺汉画像石墓，发现刻绘"门吏拥彗图"。图中有双阙，两阙之间立门，两旁，各有一拥彗恭立的门吏。此即所谓拥彗迎门，古代迎候贵宾的一种礼仪。

由于居大门口的中间，所以，《礼记·曲礼》有"大夫士出入君门，由右"的说法。门橛分出了左右，由哪一边入门，也被纳入区别尊卑的礼仪。

（八）石狮

汉朝通西域，通来了胡瓜、胡桃、胡麻等植物，也通来了"天马"和狮子。《后汉书·章帝纪》，月氏国遣使献"师子"；《后汉书·和帝纪》，"安息国遣使献师子"。

视狮为异兽，汉代人已开始敲石凿岩雕刻它的形象。山东嘉祥县武氏祠一对圆雕石狮，张口怒目，做嘶吼状。其中一狮，前右足下按一蜷曲小兽。这对石狮的年代，武氏祠《石阙铭》有明确记载："建和元年（公元147年），太岁在丁亥，三月庚戌朔四日癸丑……孙宗作师，直四万。"这是说，石狮于东汉桓帝建和元年，由石匠孙宗雕刻，价值四万。

后来，虽为"师"加上"犭"，但对于狮子的认识，却远不如虎。北魏杨衒之《洛阳伽蓝记》载，永宁寺"门有四力士、四狮子"。也就在这部北魏名著里，记载了借助老虎识别狮子的事：

狮子者，波斯国胡王所献也……永安末，丑奴破，始达京师。庄帝谓侍中李彧曰："朕闻虎见狮子必伏，可觅试之。"于是诏近山郡县捕虎以送。巩县、山阳并送二虎一豹，帝在华林园观之，于是虎豹见狮子，悉皆瞑目，不敢仰视。

直到后世，石狮很多，画狮很多，人们对动物学意义上的狮子却还是知之甚少，并且颇有点像叶公之知龙。宋末元初的著名学者周密见多识广，著述富赡，然而，他的《癸辛杂识》见狮疑狮，更熟悉的是画幅上的狮子：

近有贡狮子者，首类虎，身如狗，青黑色，官中以为不类所画者，疑非真。其入贡之使遂牵至虎牢之侧，虎见之，皆俯首帖耳不敢动。狮子遂溺于虎之首，虎亦莫敢动也。以此知为真狮子焉。唐阎立本画文殊所骑者，及世俗所装戏者，为何物？岂所贡者乃狮子之常，而佛所骑者为狮子之异品邪？又云，狮子极多力，十余人挽之始能动。

中国古籍描绘的神兽狻猊、白泽，应该说是取自狮子。

虎为兽中王，而古人却说狮子食虎豹。明代杨慎《升庵外集》讲龙生九子，其中"金猊，形似狮"，又为狮涂抹上神龙的油彩。

在民间，还有狮子尝百草的传说。那是讲獐狮玻璃肚，当初神农氏采来百草，先由獐狮吃下，看是否有毒。因此，旧时中药店常在柜台上摆一只石狮子。

古人说狮子论狮子，使狮子妇孺皆知的传播形式，主要表现为二：门前石狮，节日舞狮。前者凝定，静态自有静态的魅力；后者欢快，能舞出喜庆和祝福。有趣的是，人们的想象力竟能使石头狮子"舞"起来。旧时北京的民间花会，有狮子会全名叫"太狮老会"，花会上耍狮子，传说扮的是娘娘庙前守门的石狮子。

守大门的石狮，通常雕雄狮居左，雌狮居右。雄狮的右爪下雕绣球，所谓"狮子滚绣球"，玩耍于掌握之中，那球是权力的象征；雌狮左爪下雕幼狮，叫作"太师少师"，意思是子嗣昌盛，世代高官。北京故宫太和门前的铜狮、乾清门前的鎏金铜狮，尽管铸铜代替刻石，甚至饰以鎏金，造型仍然是雄左雌右，或踩绣球，或戏幼狮。

大门前石狮子成双，民间情歌借此比兴，明代冯梦龙所辑《挂枝儿》里一段："石狮子，我与你空成一对。我看你，你看我，好不孤凄。我两人都是石心石意，远又不多远，怎能勾做一堆。分隔在东西也，空自看上你。"将一对石狮子唱得相视传情、缠绵悱恻，拟人化了。其依据，是石狮一左一右守大门的设置方式。

门前雕狮，不论左右，狮头均似雄狮状。头上毛发卷做疙瘩，称为"螺髻"。"螺髻"的数量据说大有讲究，在古代不是可以随意雕凿的。关于"螺髻"与等级制度，《文史知识》1987年第9期载文说，一品官员府第门前石狮头上可以有十三个疙瘩，称为"十三太保"。一品之下，每低一级，狮头疙瘩要减少一个。七品以下，门前摆石狮即为僭越了。石狮头上的"螺髻"，也在大门之前陈列着等级的标志。

民宅门口通常不摆这种石狮。山西祁县的乔家大院，我国民居的代表作之一。宅院的主人，乾隆年间在包头经商发迹，商号远达俄蒙，传"先有夏大盛公，后有包头城"之说，以状乔家的富有。乔家大院的宅门，显示着富——起楼高高，门道为城门洞式。然而，却非显贵——大门前，没有官府人家常见的旗杆和石狮。

反映官府门前的石狮，请读下面故事。清代王应奎《柳南随笔》记官场上的是是非非，官员相互讥讽，借衙前石狮来挖苦嘲笑：

> 章中丞律，字鸣凤，邑人也。尝以副都御史出抚云南。时巡按其地者为何御史某，其父昔以卖笠为业。章故性倨少礼，而尤以是轻何。会何入谒，请讲钧敌礼，章亦怒，寺门有两石狮，命笠其首，盖以御史本豸冠，豸为狮类，所以戏之也。何既入谒，章送之出，直至仪门外，谓何曰："君不见狮头上戴笠乎？"何即云："狮子回头便吃獐。"以"獐"与"章"同音也，由是构怨益深。

石狮扣斗笠，以示奚落，实属无聊。这条材料，反映了当时云南官府大门前设置狮子石雕的情况。

清代姚元之《竹叶亭杂记》，描绘古代一对铸铁狮子：

> 南苑新宫门外二铁狮，极有神致，上有"除邪辟恶镇宅大吉"，后有一花押不可识。前有皇祐十年月日，又前有彰德安阳县铜冶镇及冶工姓名四五人，古气磅礴。座之四面，一面即字，其三面皆阳文荷花水草，亦极有致，疑是金辇宋物也。

所铸"除邪辟恶镇宅大吉"字样，也是石狮所具有的民俗意义。石狮辟邪，摸一摸也沾光。正月十五，"孩儿则摩总镇衙前两旁石狮，以祈平安"，海南民俗，载于清咸丰年间《琼山县志》。

石狮置门前，本缘辟邪之说。然而，在宋代志怪小说《夷坚志》中，石狮竟也作祟，使人中邪。这样的故事有两则。作祟者，一则为秀才家院门口的石狮，一则为知县家南门的石狮。其一说，金华陈秀才之女为妖祟所迷，不复识人，凡可以禳治者都请过了，经年不痊。后来，邻居张生看出了病因：

> 其邻张生，亦士人也。夜闻女歌呼笑语，密往窥之，门外一石狮子，高而且大，乃蹑其背而立。女忽怒，言曰："元不干张秀才事，何为苦我。"张生愕然，知必此物为怪……因语陈曰："吾见君家石兽，形模狞恶，此妖所由兴也。宜亟去之。"陈即呼匠凿碎，辇而投诸水，女遂平安。

邻居张生踩石狮背上，被祟迷的陈家女立刻做出言语反应。于是，张生判断就是脚下的石狮作怪。凿碎石狮，陈家女子告平安。

在另一则故事里，石狮未被敲碎，而是自己飞走了。故事讲，张知县家婢女被祟附体。梁绲来治，冲着那婢发大声呵斥："汝是什么精魅？分明告我。若不直说，当拘系北酆无间狱中。"过了一会儿，回答说："是南门外石狮子，愿慈悲恕罪，自当屏迹。"到后来，婢女清醒。书中写石狮："石狮者，不记何年所立，形模狞恶，两目睁睁然，近临官路。是夜其处风雷欻起，明旦遂失之，不知所在。"石狮飞走了事。

石狮厉相，具有威慑意义，借以辟邪。然而，可怖的形象并不总是可爱的，如《夷坚志》中的两个故事。同时，需要说明的是，石錾下的狮子造型逐渐温和起来，主要倒不是因为石狮作祟的传说。

石狮变得喜庆，活泼有余，凶猛威严不足，是民众的审美趣味使然。把门的石狮，似乎同蹈了门神由辟邪走向兼管祈福的路子。美学理论家王朝闻，又是卓有成就的雕塑家。他注意到民间石狮的造型风格，有别于"清宫石狮的一般化"，在《东方既白》一书中评论浙江海宁海神庙石狮说：庙门外那对石狮，可能是雍正年间的民间艺术制品。其头部造型近似狮子灯的神态，活泼多于凶猛，体现了民间艺人的审美观念。特征形体避免了清宫石狮的一般化，装饰趣味并不削弱想象中的狮子的人情味。公狮、母狮，都以卷曲的尾巴掩住有性别特征的那一局部，雕刻者有意削弱了不必引起关注的细节。这些，都是民间工匠的高明所在。

（九）上马石·拴马桩

唐代张鷟的《朝野金载》嘲讽无耻谄臣，计三名：侍御史郭霸尝来俊臣粪秽，宋之问捧张易之溺器；另一个叫张岌，也有"非凡"表现——"于马傍伏地，承薛师马镫"，甘当上马石。谄事以至于此，人格全无。

元代马祖常《过故相宅》诗："瓦坠当檐燕不来，白头老妾卖花栽。旧时小吏今身贵，羞近门西上马台。"世态炎凉，如唐诗所说"旧时王谢堂前燕，飞入寻常百姓家"。《过故相宅》前两句写昔日达官人家，后两句当年这里门下的小吏却已显贵，有意回避故相旧宅。上马台，故相门前的上马石。清代福格《听雨丛谈·马台石》：

> 京师阀阅之家，门外置石二块，形如叠几，谓之马台石，又曰上马石。按《周礼·夏官司马·隶仆》："王行，洗乘石。"注云："王所登上车之石。"是此物由来久矣。

在骑马代步的时代，大门前设上马石，既有实用性，又具装饰性——显示气派的门前点缀。《吉林民居》一书介绍上马石，就说二品以上官员门口方可设置。上马石也叫下马石，为拐角形或阶状石块，置于大门两侧，上马、下马，踩踏方便。石上雕以云纹图案，或涂以彩色，与大门和影壁相呼应，增加门前空间的富丽。河南巩县宋神宗陵上马石，斜坡三阶，立面为云龙浮雕，体现着皇家气派。宋代张泽端《清明上河图》绘有上马石。其置于大门前一侧，斜梯面侧向大门口，石上有人坐。

上马、下马之外要拴马，木桩、石桩就加入了门前景观。相声《夸住宅》说，门口有四棵门槐，有上马石、下马石，拴马的桩子。夸过上马石，再夸拴马桩。

木桩与石桩，较为讲究的是石头拴马桩。石桩顶端雕刻狮子，四面浮雕图案，可以称为艺术品。拴马石桩通常立在大门外两旁，有的采取对称形式。拴马石可分为桩顶、桩颈、桩身、桩根四个部分。桩根为粗坯，埋入地下。桩身表面以横格或席纹排凿，有的还浮雕串枝莲、卷草、云水纹图案。桩颈，就像格扇门分为三段，下段的裙板、上段的隔心之间，以绦环板为过渡一样，拴马石的桩身与桩顶之间，有桩颈作为连接部分。桩颈的雕饰比较讲究，鹿、马、花、鸟、云水、博古，是常见的浮雕图案。桩顶部分为人物、动物造型，是拴马石雕刻的精彩所在。使人们惊叹不已的，正是拴马石桩顶富有汉代遗风的、拙朴而诙谐的雕刻。

渭北拴马石的造像，据统计，狮的形象占70%，人物形象占20%，猴的形象占10%。狮之多，其实是府第衙门门前石狮的缩微。百姓人家，小院门口，土坯墙前，自然摆不得高高须弥座上大石狮。人们来他个缩龙成寸，将狮雕在拴马石上。这，在格局上得体；又是平民大众的生活幽默——你官老爷门外石狮把门，我家门口也立着石狮。

拴马石上的人物造型多样。踞坐童子、腆肚汉子、长须老翁、戏狮人、骑麟人、驭兽人、架鹰人，露齿笑者、叼烟斗者、托腮者、嗯哨者，以及背着行李表情愁苦的孩童。世象百态，应有尽有。

拴马桩头刻石猴，且成为一类，具有民俗文化学的含蕴。就数量而言，大约不止10%这个比例。因为，归入他类的一些拴马石，如露齿笑口背猴人、负猴架鹰人等，是有猴的；一件人骑人造型，那人上之人的肩头，也坐着只小猴。单独雕为拴马石桩顶的猴，或顾盼扭转不失猴气，或正襟危坐近于滑稽，或大猴小猴亲热戏耍，或坐鼓吃桃跷着腿，一派猴态可掬。然而，就在这看似随意之中，却隐含着古老的说法：猴辟马瘟。

猴子能辟马瘟。写《西游记》的吴承恩采撷民间此说，于是，让受招安的齐天大圣在天宫当了一回弼马温。弼马温者，辟马瘟也。《晋书·郭璞传》载有神猴医马的奇谈，赵将军的马死了，按郭璞的指点寻得神猴，猴子嘘吸马鼻，死马医成活马。宋代朱翌《猗觉寮杂记》引述《晋书》故事，并说："养马家多畜猴，为无马疫。"这一说法，源出自古代的阴阳五行之说。《淮南子·天文训》提出，五行之气均有萌生、旺盛、消亡的过程——"水生于申，壮于子，死于辰"，十二地支的申、子、辰"皆水也"；"火生于寅，壮于午，死于戌"，寅、午和戌三支与五行之火有了关联。地支配属相，申属猴，午属马；水胜火，猴同马之间也就具有了一种神秘关系。当然，这神秘是由古人推想出来的。

马棚贴猴子图画的民俗，不仅流行于我国不少地方，还传到日本，那里民俗将"猴子拉马图"当作马棚的护符。猴辟马瘟的古说又有其他表现形式，这里且不论，而只是要说：拴马石桩上刻猴，显然与此有涉。

《吉林民居》录有嵌于宅墙上的拴马石（图37）。这样的拴马石，石头掏通，留石梁系缰绳。南北方传统民居，均有此类形式的拴马设施。

图 37　门前嵌墙拴马石

（十）椓梐·行马·挡众

在门前，提示限止通行或下轿、下马的设置，有石的、木的、铁的。

石刻的，是下马碑，立在那里，告诉文官至此落轿，武官到此下马。

比下马碑来得久远的，是木头架子（图 38），置于官府门前，遮挡人马。其年代既久，名称也多。它叫梐枑（bì hù），《周礼·天官·掌舍》："掌王之会同之舍，设梐枑再重。"东汉郑玄注释说："梐枑谓行马，行马再重者，以周围，有外内别。"据宋代《营造法式》卷二：梐枑即行马，又叫拒马叉子。

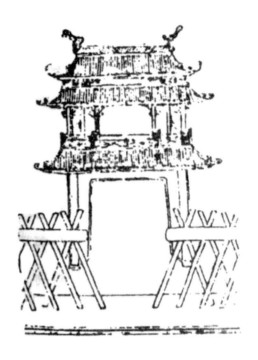

图38 《三才图会》行马图

关于这行马，《晋书·曹摅传》有段故事，表现洛阳令曹摅的判断力，颇有趣：

> 时天大雨雪，宫门夜失行马，群官检察，莫知所在。摅使收门士，众官咸谓不然。摅曰："宫掖禁严，非外人所敢盗，必是门士以燎寒耳。"诘之，果服。

曹摅能做出正确判断，依据是设置行马的处所在宫门。清代褚人获编写的《坚瓠集·行马》谈到行马之名物，认为"行马者，即郡邑门前之阑马也"，指出有人解释为"列马骑于门以备行遣"是错误的，并引述了曹摅的故事。一日，大雪天寒，宫门夜失行马，官员们查不出个结果来。曹摅认定，宫掖禁地，外人不敢前来偷盗，一定是守门士兵为了驱寒，烧掉了。将守门士兵拘来盘问，果然是"门士以燎寒"，烧了那行马。

《晋马·傅咸传》中讲到行马，事由官员的权限而起。先是傅咸奏免王戎、李重等官员，又有人以傅咸"越局侵官，干非其分"，奏免傅咸。傅咸的反驳，以行马为说辞：

> 咸上事以为"按令，御史中丞督司百僚。皇太子以下，其在行马之内，有违法宪者皆弹纠之。虽在行马外，而监司不纠，亦得奏之。如令之文，行马之内有违法宪，谓禁防之事耳。宫内禁防，外司不得而行，故专施中丞。今道路桥梁不修，斗讼屠沽不绝，如此之比，中丞推责州坐，即今所谓行马之内语施于禁防。既云中丞督司僚矣，何复说行马之内乎！既云百僚，而不得复说行马之内者，内外众官谓之百僚，则通内外矣。司隶所以不复说行马内外者，禁防之事已于中丞说之故也。中丞、司隶俱纠皇子以下，则共对司内外矣，不为中丞专司内百僚，司隶专司外百僚……皇太子为在行马之内邪，皇太子为在行马之内而得纠之，尚书在行马之内而不得纠，无此道理……"

行马在这里不仅是宫禁的界线，而且，还被引申为这一群人与那一群人的分界线了。

梐枑、行马，又叫闲。《周礼·夏官·虎贲氏》"舍，则守王闲"，郑玄注：闲，梐枑。"门"前设"木"，这"闲"好不形象。

梐枑的另一名称叉（权）子。元代李翀《日闻录》：

> 晋魏之后，官至贵品者，其门得施行马。行马者，即今官府前叉子是也。《周礼》谓之梐枑行马。枑，木也，互其木，遮阑于门。

府第前的行马，自然也是显贵的一种标志。恰如唐代李商隐的《九日》诗："郎君官贵施行马，东阁无因再得窥。"

权子是宋代以来的叫法。这名称，表现了结构方式——两木交叉而成四角，所谓"互其木"；两组或多组这样的交叉，再加一横木，立在门前就是梐枑。

明代典籍中又称它为鹿角叉，见于周祈《名义考》。清代伊秉绶《谈徵·名部·鹿角叉》：

> 今制朝门及公府以衡木为斜好别以木交错穿之，树于门外，俗谓鹿角叉，即古之所谓行马。

到了清代，着眼于其功能，还叫它挡众。清代方以智《通雅·宫室》：

行马，楗柅也，宋谓之权。宫府门设之，古赐第，
亦施行马。今曰挡众，宫阙用朱，官寺用黑。

山西解州关帝庙，中轴线上依次排列着端门、雉门、午门，端
门两旁置铁狮一对，门前三根铁柱交叉组成遮拦物，称为挡众。在旧
时，坐轿的官、骑马的将，到这挡众之前，便该步行了。

（十一）"门海"和"元宝石"

北京故宫里有一些鎏金大铜缸，是当年用来储水的消防缸。这
种缸被称为"门海"，意思是门前大海。宫中倘若失火，祝融照样肆
虐，并不管什么宫禁皇居，同样烧起来。故宫现存建筑中，有不少
即是火毁后重建的。古人用鸱吻装饰房脊，所谓"海有鱼，虬尾似
鸱，用以喷则降雨。汉柏梁台灾，越巫上厌胜之法"，见于宋代高承
编撰的《事物纪原》，这是借鸱吻为厌胜，企望以水制火。古人又想
出"门海"这个名目，呼缸为"海"，不仅是一种夸张，更表现为近
似于厌胜的联想。这"门海"的名称，将防火避灾的祈求在缸里注得
满满的。

《吉林民居》一书，报道宅院二门阶前檐下置元宝石（图39）。
俗话说"百年檐水滴旧窝"。常言又道："滴水穿石。"雨水由檐下，
那作用力，日积月累，以专注的韧性，在地面敲打出凹窝。门前的元
宝石是用来承接檐水的。做成元宝状，凹面迎水，既有实用价值，又
具有装饰趣味——门前元宝，还是口彩。

图39 门前元宝石

"门海"的妙趣在名称,"元宝石"的妙趣在造型,摆在门前的,是物件也是奇思妙想的结晶。

五、门对空间的标志及分割

(一)显示领域感的标志

门是标志,给人以领域之感。请读以下两段民间故事。

岱宗坊是泰山的门户,有关风物传说讲,当初碧霞元君嫌姜子牙封给她的地盘小,吵吵闹闹;姜子牙用计整治她,让她从峰顶扔下一只绣花鞋,以鞋落处划定势力范围。绣鞋轻飘飘,掷不远,所落之处建了座石坊门,门内为碧霞元君管辖的地方。这门便是岱宗坊,登山的起点。

《西湖民间故事》说，杭州仙林寺有大殿而无山门。当年唐太宗差尉迟恭监造这寺，仙林和尚要圈地五里，尉迟恭坚持只占地五十丈。寺建成，尉迟恭骑马回京，仙林和尚追到海宁地界，说是还没建山门呢。尉迟恭就答应在寺前再划出十丈地皮，补建山门。仙林和尚偏要在五里外建山门，说山门造得远些，大唐江山就长久。尉迟恭听后，就地画了个圈子："山门建在这里！"仙林和尚要在寺外五里建山门，是想把山门以内的田地都据为己有。山门修在海宁，与杭州隔着一府一县，哪能管得这么宽，仙林和尚的如意算盘落空了。

北京的妙应寺白塔，本为元大都的大圣寿万安寺塔，寺毁于元末，塔存至今。大圣寿万安寺是元世祖忽必烈敕令建造的，规模宏大。关于这座庙宇有传说讲：射箭划寺界，跑马关山门。忽必烈向四面各射一箭，划出寺院的范围。相传其山门不在城里，而是永定门外的大红门。因为远在外城，每天有人跑马摇铃去关山门。这虽然是为了极言大圣寿万安寺之大而编的故事，但它却反映了大门作为出入口之外的一种功能。

立个牌坊，修个门楼，作为表示疆界的符号，这在山西乡间较为普遍。请看梁思成、林徽因写于1934年的《晋汾古建筑预查纪略》：

> 山西的村落无论大小，很少没有一个门楼的。村落的四周，并不一定都有围墙，但是在大道入村处，必须建一座这种纪念性建筑物，提醒旅客，告诉他又到一处村镇了。河北境内虽也有这种布局，但究竟不如山西普遍。

门分割空间，造成门内、门外的空间转换和心理转换。这能够很大，大至"国门"，连同疆界概念；也能够很小，像一个单体建筑的房门。但是，不管多大或多小，它们都带来了领域感。国门之大，它区别了海内、域外。家门之小，它区别了主人和客人。这区别，使得一部分人获得属于自己的领域感，另一部分人获得不属于自己的领域感。

标示领域的门，可立于形诸墙体的界线之上，也可以处于并无明显界线的分界处。那门可如牌楼，并无门扇，甚至两根立柱架一根横竿。第二次中国民居学术会议论文之一，严明的《西双版纳村寨聚落分析》说，当地布朗族建立村寨要举行仪式，确定村寨范围，确定寨门的位置，东南西北各建一道寨门。寨门是聚落象征性的出入口，一般做得比较简陋。寨门和村寨的象征性范围线，共同组成了聚落的边界。同时，当地的寨门又具有民俗信仰的象征性意义。傣族村寨祭神时，要先修整寨门，用草绳将四道寨门团团围住，以强调本寨与邻寨的界线。在祭祀期间，"关闭"寨门，不许外人介入。

吉林乡村民居的简陋院门，俗称"光棍大门"，无门扇。它立在院子的出入口，照样向庄稼院的主人和外人显示领域分界。

因门而形成的领域感，在特定的情况下，甚至可以不依赖于具体的门而存在。请读清代褚人获编写的《坚瓠集》的这一条材料：

> 《孤树裒谈》：南京孝陵城西孙权墓在焉。当筑城时，有司奏欲去之。高皇曰："孙权也是一好汉，且留他来把门。"遂得不毁。

好汉孙权来把门，那地方有没有大门呢？没有的。然而，经此一说，那孙权墓所在地方似乎成了大门——三国的君王来替明朝的皇帝守卫陵门。领域感从一种博大的襟怀中"凭空"生出。

就如同"山门造得远些，大唐江山就长久"之说一样，这种领域感，在人们的心目里甚至能够实现空间与时间的转换。周广良《鄄城民间房舍》，大门设在配房南端，离正房较远，取"长远"之意。门所划出空间领域，经神奇的"时""空"转换，被巧妙地赋予了时间上的意义。

（二）建筑群中的黄金分割

这里所说的门，不是指房门、屋门，而是点缀于规模较大的建筑群落间被称为门的建筑物。

四川成都出土的汉画像砖（图40），表现住宅院落的情形。院墙之内，回廊将空间分隔为四块。院门为栅栏门，开在院墙一侧。进入院门，这一侧既被分隔又相互通连，隔在前后院之间。院子左右两侧的分隔与通连也采用回廊和穿堂门形式。画像砖显示的这一宅院，非一般平民所能居。其面积宽绰，居室宽大，院内有水井，有厨房，还建有供储物和瞭望的高楼。这样的大院，由于回廊和穿堂门的分割，形成四个空间单元，各具功用，使得院内井然有序。院门一侧为居住部分，若不分隔为前后院，庭院会显得过于空旷。从居住心理来说，庭院面积同居室体量相谐调，居住者会感到舒适惬意并有安全感；而庭院的局促或空旷，都会削弱乃至剥夺这种美好的心理体验。在画像砖图案上，还可见其宅院分隔大小有异，前院进深浅些，后院庭除大些。其间之妙，于对比求异之中，避免了等面积的呆板，并且在实用性方面也是佳构的。

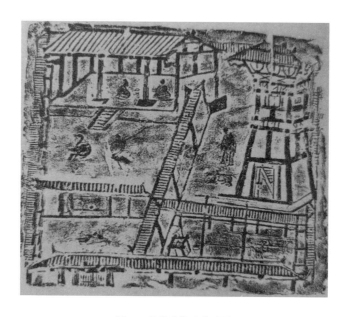

图40　汉代画像砖庭院图

如画像砖所示，院门和居室之间隔以回廊和穿堂门，还具有遮掩居室的作用。它横隔在那里，不管有无门扇的遮挡，都为宅院增添一个层次。因这一层次的存在，由大门处向内望，便不再一览无余了。常言道："侯门深似海。"这"深"，并不仅仅依靠面积进深，侯门之内繁多的建筑层次，是重要因素。大门里一个层次接着一个层次，对于窥视者或初涉者，自然能造成"深似海"的感觉。否则，院墙里的面积再大，却并无层次的序列，由大门口一眼可见后围墙，便难给人以"深"的感受，倒好像应了"鱼翔浅底"那个"浅"字——无阻隔的透，再深也浅。门类建筑的价值，这也是一个表现方面。

　　上述汉代画像砖图案，毕竟只是一户宅院的情状。中国古代皇帝、王府、庙宇等建筑，蔚然壮观，若干院落组成建筑群，门建筑的价值在其间得到充分的展示。

　　以北京故宫为例。明、清两朝的北京城，由外城正门永定门，经内城正门正阳门、天安门至皇城北门地安门，及稍微偏西的鼓楼钟楼，形成一条中轴线。这条中轴线上坐落着皇宫建筑群。

　　皇宫中轴线上，从天安门起，由南向北依次为：端门、午门、太和门、太和殿、中和殿、保和殿、乾清门、乾清宫、交泰殿、坤宁宫、坤宁门、天一门、钦安殿、承光门、顺贞门、神武门。十六座建筑物，称"门"者占了十座；除天一门、承光门、顺贞门规模较小外，尚有天安门等七座门。天安门之南，皇城南端还有大明（大清）门。而六座宫殿，又有开在中轴线上的殿门。

　　中国古代皇家建筑，历来讲究对称，讲究中轴线，这讲究的含义远远超出建筑布局形式本身。皇宫是封建时代的政治性建筑，故宫的中轴线，是这一政治性建筑的主线。恰恰在这么一条主线上，"门"充当了重要的结构元件。诚然，故宫有三大殿，其中俗称金銮殿的太和殿，修建得富丽堂皇，殿内有象征皇权的龙椅，是中轴线上最有分量的宝玉。然而，天安门的巍峨庄严，午门的威猛森严，太和门的殿宇气派，神武门的高大宏伟等，却也不失为串在中轴主线上的宝珠。紫禁城如若失去这些"门"，其气势磅礴的空间组合会要减色多少呢？

　　故宫中轴线上"门"的设置，含有空间上的阶段意义。天安门为皇城正门。午门是献俘、受俘的场所。宫城内分外朝和内廷两大部分。在中轴线上，外朝包括太和殿、中和殿、保和殿，内廷包括乾清宫、交泰殿、坤宁宫等。自太和门开始，廊庑将外朝三殿围起。进入太和门，前面就是雄踞于汉白玉台基上的太和殿。内廷区域，以乾清门为界，乾清门对着乾清宫，这里已是帝王生活区。

故宫中轴线的众多的门，也使"侯门深似海"的视觉效果达到了极致。著名作家汪曾祺20世纪40年代末曾在午门的历史博物馆工作，对此有所体会。他写道，午门是真正的"宫门"。进了天安门、端门，那只是宫廷的"前奏"，进了午门，才算是进了宫。有午门和没有午门是大不一样的。没有午门，进了天安门、端门，直接看到三大殿，就太敞了，好像一件衣裳没有领子。有午门当中一隔，后面是什么，都瞧不见，这才显得宫里神秘庄严，深不可测。

俯瞰紫禁城，中轴线上"门"及其他宫殿建筑的排列并不等距，疏密不同的间隔，可以产生出韵律感。从天安门至午门，一道狭长的空间，中间以端门相隔。端门的位置近天安门而远午门，并不取中。两段距离之比，大约为4∶9，其比值0.692，接近于黄金分割律的0.618。

端门至午门，午门至太和门的距离比，大约为17∶8，比值也接近黄金分割点。再向前，午门、太和门、太和殿三点排列，太和门约略处于前后等距的位置上。然而，太和门前，五座内金水桥并列于中轴线上，起到分割线的作用。内金水桥的位置偏近于午门，在午门与太和门之间形成黄金分割。同时，以这五座桥与太和门的距离，来比较太和门至太和殿的距离，也会获得一个接近于黄金分割律的数值。

参观故宫的人，沿中轴线向纵深走，如细心体味，各个建筑物之间距离长短不一的对比，会产生张弛相间的感觉。一种区别于平分秋色的抑扬顿挫，不仅避免了建筑物布局方面的呆板，而且通过感官，加强了"进宫人"对于宫殿气氛的感受。走过天安门至端门间相对短的距离，刚步入端门的人会得到一种心理提示，午门前狭长的视觉空间，仿佛是那座威严楼阙的延展，远远的距离是空间的，也是心理的。进午门不远即是内金水桥，且视觉开阔，这反衬了午门外那段狭而长的路。内金水桥至太和门较短的距离，衬托太和殿前开阔的空间。走完近距离之后，面对远距离，人们往往会停顿张望，进入太和门的人正该驻足远观金銮宝殿的帝王气派。

（三）"门泊东吴万里船"

在春色绚丽的成都，草堂之中杜甫写下一首脍炙人口的《绝句》："两个黄鹂鸣翠柳，一行白鹭上青天。窗含西岭千秋雪，门泊东吴万里船。"一句一个画面，全诗如同四个镜头的集锦。

问题就来了："窗含""门泊"，自是屋内景观；前两句，视点在门里还是门外呢？四个画面，诗人先于蓝天下赏得两个，再进屋远眺"千秋雪""万里船"，还是全为屋内所见？细细咂摸，该是后者。就是说，并非"景随步移"的"散点透视"，并非先户外、后室内的两步观景。诗人未出门，便观天下春，黄鹂和白鹭的画面，也得之于屋内。草堂的门和窗，成了杜甫的取景框，诗情画意由此取得。

门扇一开景色见，佳句随出。唐时王维《春日与裴迪过新昌里访吕逸人不遇》有"城上青山如屋里，东家流水入西邻"的佳句，明代杨慎《艺林伐山》引作"门外青山如屋里，东家流水入西邻"。青山如屋里，开门即得见。

五代时王定保编撰的《唐摭言》载："李涛，长沙人也，篇咏甚著，如'水声长在耳，山色不离门'……皆脍炙人口。"为人传诵的句子，透过门框得之：水流屋内听，山翠门里看。

宋王安石的名句，《书湖阴先生壁》："一水护田将绿绕，两山排闼送青来。"诗为金陵邻居而作。迎面青山翠岭是那样的富有植物色，山仿佛前来推开门，将葱绿呈进。

清人梁章钜为兰州清泉寺题联，上联"佛地本无边，看排闼层层，紫塞千峰凭槛立"，将王安石诗意化用其间。凭槛立，该是门内观景的视觉效果。

中国古典园林追求含蓄、幽远的意趣，一个重要手法就是以门窗为景框，扩展观赏空间，制造景深感。明代崇祯年间吴江人计成总结造园经验，写出园林艺术名著《园冶》。该书分为相地、墙垣、掇山、造石、借景等十篇，专有一篇讲借景。

江南的园林，常在白墙上开洞门，门的边框以青砖镶嵌，形成色彩素雅的画框，使纳入画框的景物，不论蓝天、青山，还是红花、绿树，因景框而增色。扬州何园，门额刻"寄啸山庄"，洞门框取山石玲珑、老藤垂绿为画面。这景致与门额相得益彰，门洞取景如诗意画，门额则若图画的题款，游人尚在园门外已入佳构中了。

在门建筑与主体建筑之间，选择适当的距离，使门框成景框，获取一种视觉效果，这样的例子并不鲜见。站在天坛中轴线上，透过祈年门北望天坛主体建筑，祈年门柱额如若取景框，恰好将祈年殿镶于画面间。在蓟县独乐寺，也可以见到这方面成功的范例。

在建筑物之间，在门与景物之间，靠着巧妙的距离选择，使得门框、门洞如同在对近景或远景进行了剪裁、镶框处理。这被称为"窥管效应"的空间序列效果，是中国古代建筑所追求的。为此，专有"过白"一说。

所谓过白，何建祺《潮汕民居研究》一文说，潮汕地区传统建筑的间距要求，是站在后厅神龛前，能在后厅封檐板以下的视野里，望见前座建筑的完整画面。并且，前面那座建筑屋脊上，还要有一线天空被纳入画面。

"过白"要求留有一线蓝天，对于房屋殿堂建筑是有实用价值的。那一线天，关系着房间内的采光纳阳。同时，纳取一线蓝天白云，更有舒展画面的重要作用，使得画面中的景物不仅是完整的，而且是舒展的。在建筑群轴线上，诸如牌坊门、门楼等，形成"过白"景框的举目点，并不在室内。留天也就不是为了采光，而全出于对景框画面的考虑。画面所取，如果形缺，犯忌；即便完整，但过于局促而有压迫感，也不吉。这是旧时风水之说的持论。

抛开风水来看"过白"，它实际上反映了在建筑物空间组合方面，古人审美经验的运用。

门的民俗

第二章

　　建房筑屋辟门户，设出入口，本寻常事。然而，进须由之，出须由之，暑热敞开吹凉风，冬寒紧闭保温暖，关上门抵抗强盗防小偷，掩门扇即是相对隐秘的空间。种种功用产生了神秘感，再加上想象力，结果"万物有灵"，这门、这户被古人奉若神灵，祭之，祀之。

　　又有门神被创造出来。倘要追溯本初，此门神、彼对联竟是同根同源，产生于同一的年俗。岁时的风俗，人生的礼俗，总给门以特别的关注，一代代人将两大主题演绎得五彩斑斓——这便是门前的辟邪，门前的祈福……

一、门之神

（一）《礼记》：祀户祀门

　　古代五祀，其中门、户占了两项。《礼记》载"祭五祀"，东汉郑玄注释为门、井、户、灶、中霤（liù）五种。两相参照，可取东汉《白虎通义》："五祀者，何谓也？谓门、户、井、灶、中霤。"此五祀，为门神户尉、井神、灶神、土神的滥觞。总观五项，有关水、火、土的神灵，慢待不得，要祭；但却又比不上门和户的双双受礼拜。这是对"衣食住行"中第三条格外偏向？其实，门、户之祀的含义，远超出建筑物的范畴。

《礼记》存"孟春之月其祀户""孟秋之月其祀门"之说。郑玄注解："春阳气出，祀之于户内阳也"，"秋阴气出，祀之于门外阴也"。户内门外，与四时阴阳联系起来。先秦典籍《吕氏春秋》讲，孟春之月"其祀户"，仲春之月、季春之月亦然；秋季的三个月则祀门。这是整个季节的祭祀。东汉高诱解释说，孟春"蛰伏之类始动生，出由户，故祀户"，"孟秋始内，由门入，故祀门"。东汉两个学问家，注《礼记》的郑玄和注《吕览》的高诱，讲法虽不尽相同，但着眼点都是时序往复带给天地间万物的变化。在一定程度上说，户和门出入口的意义已被抽象出来，户和门成为符号，古人既祭祀这对符号本身，更是借用户或门的符号意义，与其他符号搭配组合，表达一种顺应自然又引导自然的愿望。

班固《白虎通义》所载，也反映了这样的思路：

> 祭五祀所以岁一遍何？顺五行也。故春即祭户。户者，人所出入，亦春万物始触户而出也……秋祭门。门以闭藏自固也。秋亦万物成熟，内备自守也。

"顺五行"，放眼天地间。门、户被当作一种界面，古人希望通过它来实现与大自然的沟通。

门和户的这类符号意义，在古代祀典中多有运用，如季春之月在城门磔犬羊以毕春气的风俗、伏天城门杀狗以御热毒恶气的风俗等。这方面的内容，本书将在岁时习俗部分谈到。

祭门、祭户，关于物的崇拜；门神户尉，则为神祇。两者之间，不能说没有联系。最先将"门""神"二字连用，是为《礼记·丧服大记》注解的郑玄，他写道："君释菜，礼门神也。"

祭祀门户的古风，后来融入关于门神的信仰习俗。例如，清代宫廷仍循五祀旧制，《清史稿·礼志三》记，岁孟春宫门外祭司户神，孟秋午门西祭司门神，但这司户神、司门神，总似乎有神荼郁垒、秦叔宝尉迟恭的影子。皇家遵古制，这是清宫保留五祀的原因。可是其五祀中的祭户、祭门，已同祭神相混合。

民间似乎是另样情景。南朝梁代宗懔《荆楚岁时记》载："今州里风俗，望日祭门，先以杨枝插门，随杨枝所指，乃以酒脯饮食及豆粥插箸而祭之。"春祀户秋祀门，演变为每岁一次，逢正月十五作一番表示。祭门户的风俗虽有流传，然而，不仅祭祀时间和频率有变，而且，其着眼点限于一门一户，已远逊于先秦时代那种驰思天地间的大视野了。

（二）守鬼门的神荼郁垒成门神

天地之间有没有门神？对此设问，"无神论"提供的答案自然是无懈可击的。可是，从古到今，世上却有削木造像的门神、印纸绘形的门神，林林总总，显示着人类造神的奇观。神荼和郁垒就是其中"资深"的一对。

清代陈彝《握兰轩随笔》说：

> 岁旦绘二神贴于门之左右，俗说门神，通名也。盖在左曰神荼，右曰郁垒。

清代尤侗《艮斋续说》卷八讲郁垒居右为上："人家门符，左神荼，右郁垒。张衡赋云，守以郁垒，神荼副焉。"引了东汉张衡的话。

关于神荼和郁垒，较早的记载见于东汉初年王充《论衡·订鬼篇》所引《山海经》：

> 沧海之中，有度朔之山，上有大桃木，其屈蟠三千里，其枝间东北曰鬼门，万鬼所出入也。上有二神人，一曰神荼，一曰郁垒，主阅领万鬼。恶害之鬼，执以苇索，而以食虎。于是黄帝乃作礼以时驱之。立大桃人，门户画神荼、郁垒与虎，悬苇索以御。

《山海经》的成书，大约经历了从春秋末年到汉代初年的漫长时期。上引一段文字，今本《山海经》不存，其行文特点也与今日所见《山海经》有所不同。神话学家袁珂认为，或许当年《论衡》作者误记为《山海经》，其所引当是汉代或汉代以前的书。

《论衡·乱龙篇》也谈及这两个门神：

　　上古之人，有神荼、郁垒者，昆弟二人，性能执鬼，居东海度朔山上，立桃树下，简阅百鬼。鬼无道理，妄为人祸，荼与郁垒缚以卢索，执以食虎。故今县官斩桃为人，立之户侧，画虎之形，著之门阑。

不吝篇幅引录以上两段文字，为了借二者相互补充，以观全貌。

　　首先，神荼、郁垒兄弟俩本是守鬼门的。度朔山有棵繁枝三千里的大桃树，树枝遮盖的东北角，为万鬼出入之处，叫鬼门。神荼、郁垒在那里监察和统领众鬼。他们手里拿着芦苇制成的绳索，将妄为人祸的作恶之鬼捆绑了，去喂虎。

　　其次，上古神话人物黄帝将神荼、郁垒从鬼门请到人间，制成一种典礼，以驱恶鬼。什么时候派用场呢？东汉末年应劭《风俗通义·祭典》说："于是县官常以腊除夕，饰桃人，垂苇茭，画虎于门，皆追效于前事，冀以卫凶也。"用桃木刻成神荼、郁垒像，除夕时置于门旁。

　　再次，黄帝云云，不过神异其事而已。"今县官斩桃为人，立之户侧"，"县官常以腊除夕，饰桃人"，说明热衷于神荼、郁垒守门御凶的，其实不是黄帝是皇帝——县官，古代称都城京畿之地为县，称皇帝为县官。

　　神荼、郁垒是度朔山鬼门的守卫神，东汉蔡邕《独断》直言之：

　　卑枝东北有鬼门，万鬼所出入也，神荼与郁垒居其门，主阅领诸鬼。其恶害之鬼，执以苇索，食虎。故十二月竟，画荼垒并悬苇索于门户，以御凶也。

神荼、郁垒守门，当初是削刻桃木，雕成门神的。这桃人也叫"桃梗"，《战国策·齐策》写到它：

> 孟尝君将入秦，止者千数而弗听。苏秦欲止之。孟尝曰："人事者，吾已尽知之矣；吾所未闻者，独鬼事耳。"苏秦曰："臣之来也，固不敢言人事也，固且以鬼事见君。"孟尝君见之。谓孟尝君曰："今者臣来，过于淄上，有土偶人与桃梗相与语。桃梗谓土偶人曰：'子，西岸之土也，挺子以为人，至岁八月，降雨下，淄水至，则汝残矣。'土偶曰：'不然。吾西岸之土也，土则复西岸耳。今子，东国之桃梗也，刻削子以为人，降雨下，淄水至，流子而去，则子漂漂者将如何耳？'今秦四塞之国，譬若虎口，而君入之，则臣不知君所出矣。"孟尝君乃止。

劝阻的话听多了，孟尝君已厌烦。就有来人不说人事说鬼事，讲了个寓言故事，内容是土捏的泥人与桃木削的木人之间的对话。为什么称此为"鬼事"呢？土偶又叫俑，始作俑者为何？为殉葬。土偶人自然属于鬼事。削桃木为人叫桃梗，这桃木人的身世，神荼、郁垒神话已有解说，它来自"鬼门"前的大桃木，又专能治鬼，也算是"鬼事"范畴，或者说简直就是以"鬼"治鬼。《战国策》的这段文字说明，战国时代已有削刻桃梗、饰为门神的风俗。

在神话的世界里，度朔山奇大无比的桃树，营构出神奇的氛围。

古人画神荼、郁垒图，不忘以桃树为景（图41）。门神习俗，不仅以度朔山故事为说辞，还从神话故事中借取"道具"——桃木。立在门户的神灵象征，叫桃人也好，桃梗也罢，它们均是削刻桃木的制品。在创造了门神的古人那里，桃木既被用为载体材料，又被当作符号材料。《太平御览》引《典术》：

> 桃者，五木之精也，故压伏邪气者也。桃木之精生在鬼门，制百鬼，故今作桃人、梗著门以压邪，此仙木也。

图41　桃树下的神荼、郁垒

桃木本身即有制百鬼的神功，取它来削刻桃人，象征门神，料质的含义复加造型的意义，可谓双加料。

桃木治鬼的传说也是丰富多彩的。《淮南子·诠言》说，"羿死于桃棓"。东汉许慎注："棓，大杖，以桃木为之，以击杀羿，由是以来鬼畏桃也。"这讲的是《孟子》中"逢蒙学射于羿"的传说。羿以善射闻名，逢蒙拜师学艺，学成后恩将仇报，从老师身后下毒手，举起桃木大棒向羿的后脑勺猛砸。羿死后，做了阅领万鬼的官。古人关于桃木辟邪的联想，与这一神话故事有关。试想，桃木棒连统领众鬼的羿都能击杀，用来制鬼就更不在话下了。此外，在古代神话里，夸父逐日，干渴而死，化为桃林。将桃树说成追赶太阳的英雄所化，这大概也是相信桃木能制鬼辟邪的一个原因吧。

天下树种万千，桃树枝干色若紫铜，富有光泽。桃木棒结实而有弹性，用来击打或防身，自是良器。这些特点，或许便是桃木神异传说的初始依据。正是在此意义上，清代俞正燮的《癸巳存稿》将桃木棒视为神荼、郁垒神话的源头，认为审究其义，神荼、郁垒由桃椎辗转而生故事。

神荼、郁垒的早期造型，汉代画像石留下图案（图42）。看上去，相貌怪异，表情凶狠，虽似乎更接近于度朔山神话的风格，但其手中已执斧钺。南北朝时，石门线刻的门神身着铠甲。以后，神荼、郁垒成为古代木版年画的题材，至宋代已演变为镇殿将军模样。福建漳州的传统门神画，神荼、郁垒常以大红纸印制，还让这两个门神骑上了马。山东潍县传统年画神荼和郁垒（图43），满身盔甲，相对而立，虽然威风，却也和善。

图42 汉画像石神荼、郁垒　　　　图43 山东潍县传统门神画

（三）门上画虎画鸡

门扇上画虎辟邪风俗的神话解释，连着神荼和郁垒。神话中守鬼门的这二位，捉住恶鬼，捆绑了，就喂虎。东汉末年应劭《风俗通义》说："县官常以腊除夕饰桃人，垂苇茭，画虎于门。"由于朝廷的提倡，这种岁时风俗在汉代已形成。画虎于门，那当是两扇门板各一虎，形成二虎把门的阵势。

大约到了魏晋，鸡开始成为守门辟邪的门上神物。南朝《荆楚岁时记》载正月初一风俗：

帖画鸡户上，悬苇索于其上，插桃符其傍，百鬼畏之。

119

所记新年习俗，同东汉《风俗通义》相比，门上桃符（桃人）、苇索依旧，唯独画鸡取代了画虎。相应的传说故事也编出来。有趣的是，故事的场景未变、情节未变，道具还是苇索，角色仍有两个捉鬼之神，只是以金鸡替换老虎上场。晋代郭璞《玄中记》讲：

> 东南有桃都山，上有大树，名曰"桃都"，枝相去三千里，上有一天鸡。日初出，光照此木，天鸡即鸣，群鸡皆随之鸣。下有二神，左名隆，右名突，并执苇索，伺不祥之鬼，得而煞之。

相传是隋代杜公瞻为《荆楚岁时记》所加的注解引《括地图》，也讲桃都山上有金鸡，"下有二神，一名郁，一名垒，并执苇索，以伺不祥之鬼，得则杀之"。

显而易见，这故事是《论衡》所存《山海经》度朔山神话的翻版。鸡取代了虎，并且，比虎站得高，鸡被想象为高踞于大树之上，神荼和郁垒居其之下。

门上画虎，也并未因为画鸡的后起而绝迹。唐代段成式《酉阳杂俎》记：

> 俗好于门上画虎头，书聻字，谓阴刀鬼名，可息疫疠也。予读《汉旧仪》，说傩（nuó）逐疫鬼，又立桃人、苇索、沧耳、虎等。为合沧耳也。

这当是唐代风俗的写照。不仅画虎守门，还要写上个具有神秘意味的字。那个字，源自沧耳——与桃人、苇索、虎图并列为汉时岁末大傩驱疫鬼的神物。

至于金鸡食鬼守门户，其解说也并不是仅仅挂靠于神荼、郁垒故事。晋代王嘉《拾遗记》载录重明鸟的神话，并言这是以鸡驱鬼风俗的本源：

> 尧在位七十年，有祗支之国，献重明之鸟，一名双睛，言双睛在目，状如鸡，鸣似凤，时解落毛羽，肉翮而飞。能搏逐猛兽虎狼，使妖灾群恶不能为害。贻以琼膏，或一岁数来，或数岁不至。国人莫不洒扫门户，以望重明之集。其未至之时，国人或刻木，或铸金，为此鸟之状，置于门户之间，则魑魅丑类，自然退伏。今人每岁元旦，或刻木铸金，或图画为鸡于牖上，此其遗象也。

画鸡，原是重明鸟。此神鸟双瞳，能降服妖灾群恶，成为众望所归。有时几年不至，人们就刻木铸金为此鸟，守卫门户，驱除魑魅。这据说是古帝尧舜时代的事。传至晋时，径以鸡代之。董勋《问礼俗》："正月一日为鸡，二日为狗，三日为猪，四日为羊，五日为牛，六日为马，七日为人。正旦画鸡于门。"正月初一为鸡日，门上画鸡，新一年就是这样开始的。

利用谐音，在辟邪的原意之上，复加吉祥的意义，体现了随着社会的进步，民众对于生活质量的关注。清代周亮工《书影》：

正月初一，贴画鸡。今都门剪以插首，中州画以悬堂。中州贵人尤好画大鸡于石，元旦张之。盖北地类呼吉为鸡，俗云室上大吉也。

陕西神木的传统门画《大吉有余》（图44），突出的是吉祥，大吉——大鸡两相对，驮来摇钱树。

图44　陕西神木传统年画《大吉有余》（局部）

（四）打鬼的钟馗

有句名言："为了打鬼，借助钟馗。"钟馗打鬼、捉鬼，且又置身众鬼中间，役使小鬼为他抬轿举伞，随他出游、嫁妹，使得钟馗的故事多了几分趣味，在民间广为流传。

　　唐宋以来，钟馗年画一年一度悬于门。宋代孟元老《东京梦华录》记"近岁节，市井皆印卖门神、钟馗、桃板、桃符"，这些都是新年悬于门上，用来辟邪的。

　　到了清代，钟馗画在端午节派用场，如富察敦崇《燕京岁时记》："每至端阳，市肆间用尺幅黄纸，盖以朱印，或绘画天师钟馗之像……悬而售之，都人士争相购买，粘之中门，以辟祟恶。"

　　新年也仍用钟馗图像。康熙五十八年（**公元1719年**）刻本《汾阳县志》记吕梁一带年俗："图钟馗像悬门，以除虚耗。"这位捉鬼驱祟的门神，于岁暮迎新之际"上岗"。近代河南朱仙镇年画《馗头》，画面是钟馗头部的特写，形象威厉而不恐怖，一手握毛笔，一手持纸卷，上有"大吉大利"字样（**图45**）。

图45　河南朱仙镇年画《馗头》

123

钟馗传说的缘起，见于宋代沈括《梦溪笔谈》之《补笔谈》。据沈括讲，宋朝皇宫里曾收藏有唐代著名画家吴道子画的一幅钟馗图，画卷上有唐代人的题记，似写于开元年间。题记的内容是：

明皇开元讲武骊山，岁□〔暮〕，翠华还宫，上不怿，因痁作，将逾月，巫医殚伎，不能致良。忽一夕，梦二鬼，一大，一小。其小者衣绛犊鼻，屦一足，跣一足，悬一屦，搢一大筊纸扇，窃太真紫香囊及上玉笛，绕殿而奔。其大者戴帽，衣蓝裳，袒一臂，鞹双足，乃捉其小者，刳其目，然后擘而啖之。上问大者曰："尔何人也？"奏云："臣钟馗氏，即武举不捷之进士也。誓与陛下除天下之妖孽。"梦觉，痁苦顿瘳，而体益壮。乃诏画工吴道子，告之以梦曰："试为朕如梦图之。"道子奉旨，恍若有睹，立笔图讫以进。上瞠视久之，抚几曰："是卿与朕同梦耳，何肖若此哉！"道子进曰："陛下忧劳宵旰，以衡石妨膳，而痁得犯之。果有蠲邪之物，以卫圣德。"因舞蹈上千万岁寿。上大悦，劳之百金。批曰："灵祇应梦，厥疾全瘳。烈士除妖，实须称奖，因图异状，颁显有司。岁暮驱除，可宜遍识，以祛邪魅，兼静妖氛。乃告天下，悉令知委。"

唐玄宗久病之中梦见了小鬼，小鬼偷了贵妃的香囊和明皇的玉笛，围着宫殿跑；梦中又有一穿蓝衣者捉住小鬼，挖其眼珠，将它掰着吃。经问，回答说是武举不捷的进士，叫钟馗，发誓尽除天下妖孽。经此一梦醒来，唐玄宗的病倒好了。丹青高手吴道子依照玄宗的讲述，画出钟馗像，大得好评。唐玄宗颁有司，告天下，岁暮张挂，用一纸钟馗图祛邪魅、静妖氛。

唐玄宗是个为后世老百姓留下许多话题的帝王，附在他名下的这个钟馗捉鬼故事，自然也为一代代人所津津乐道。

最早提及钟馗的史料，大约是唐玄宗时期大臣张说的《谢赐钟馗及历日表》，其中写道："中使至，奉宣圣旨，赐画钟馗一及新历日轴……屏祛群厉，缋神像以无邪。"绘神像用来驱邪，指的就是钟馗。唐代刘禹锡也曾做过类似文章。可见，唐时岁末以钟馗图和历书赐给大臣，形成惯例。

辞旧迎新之际，一幅钟馗图，曾成为帝王更迭的导火索。据《新五代史》，吴越王的王位，由钱镠传子，子传孙，至钱佐，传位给弟弟——钱倧。钱倧年不满二十，少心计，宝座还未坐稳，就对旧臣宿将胡进思要帝王威风，厉色斥责，卑侮有加。除夕时，画工献《钟馗击鬼图》，钱倧又借题发挥，在画卷上题了诗。胡进思看后大悟，知钱倧有意除掉自己，便抢先下手，囚禁钱倧，迎立钱俶为新的吴越王。这段材料，关联着帝王政治史，也是珍贵的风俗史料。钟馗既然是年画的题材，画工除夕献画，可谓应时到节。

到了宋代，沈括有记："熙宁五年（公元1072年），禁中旧有吴道子画钟馗，上令画工摹拓镌板，印赐两府辅臣各一本。是岁除夜，遣入内供奉官梁楷就东、西府给赐钟馗之像。"由手工绘制发展到刻版印制，钟馗画需求量的增大，当是一个原因。

讲钟馗，沈括《梦溪笔谈》唐明皇之梦常被引用。该书卷六，北宋庆历年间木刻钟馗的一条材料却往往被忽略：

> 木刻一"舞钟馗"，高二三尺，右手持铁简，以香饵置钟馗左手中，鼠缘手取食，则左手扼鼠，右手用简毙之。

且不说这木刻钟馗的精巧工艺。钟馗捕鼠，可见这位捉鬼的门神在当时所赢得的世俗性。

元代杂剧之中保留着丰富的民俗、民风史料，《盆儿鬼》写到新年贴门神。故事讲，汴梁扁担货郎杨国用外出做买卖，住店被店主杀害。凶手焚尸捣骨，和泥制陶，烧成尿盆，送给邻居张老汉。张老汉夜里频频使用，盆体内的鬼魂不堪其苦，吵闹鸣冤，引得老汉同其对话。张老汉得知盆儿鬼是躲在自己衣襟底下进屋的，就骂门神："好门神户尉也，你怎生把鬼放进来了，俺要你做甚么？"接着有唱词：

> 俺大年日将你帖起，供养了馓子茶食，指望你驱邪断祟，指望你看家守计。呸，俺将你，画的这恶支杀样势，莫不是眈睡了门神也户尉，两下里桃符定甚大腿？〔做扯碎钟馗科〕手搘了这应梦的钟馗！

这从一个侧面反映元代习俗，贴钟馗，供门神，新年家家户户的门前景观。

《盆儿鬼》的故事，接下来是张老汉带上那盆，去包公衙门为盆儿鬼叫屈，故事编得有趣。老汉陈述，包公问盆，盆儿无声，弄得张老汉挺被动，被送出大堂。再喊冤屈，包公又问，盆仍不应声。出来后，盆儿鬼对老汉说："不是我不过去，只被那门神户尉当着，不放过去那。"张老汉第三次喊冤，向包公道明："只为你那门神户尉一似狠哪吒将巨斧频频掐，他是一个鬼魂儿怎教他不就活惊杀。"包公听后道："是是是，大家小户有个门神户尉。那屈死的冤魂，被他挡住，所以进来不得。张千，你去取将金钱银纸来……"烧了一通纸，并念"邪魔外道当拦住，单把屈死冤魂放过来"。结果，曾经探阴山、勘蝴蝶梦的包龙图，面对陶盆，又一次实现了人鬼通话，凶手也就恶有恶报了。

门神像，民居住宅贴，官府衙门贴。元代人有时也要为门神户尉烧纸钱的。这应视为有关门神信仰习俗的材料。

还要补充说明的是，元杂剧《盆儿鬼》这段有趣的细节描写，当是有所借鉴。请看宋代洪迈的志怪小说《夷坚志》中"五郎鬼"故事：

> 钱塘有女巫曰四娘者，鬼凭之，目为五郎。有问休咎者，鬼作人语酬之。或问先世，验其真伪，虽千里外，酬对如响，莫不谐合。故咸安王韩公兄世良尤信昵，导王令召之。巫至韩府，而五郎者不至。巫踧踖不自安，乃出。后数日，偶至灵隐寺，鬼辄呼之。巫诘其曩日不应命，曰："门神御我于外，不能达也。"

故事讲，巫婆四娘能使五郎鬼附体，为别人言说命运，预言吉凶。四娘的灵验，全靠五郎鬼暗中代她出声应对。四娘名气大起来，有王府请她去。她去了，可五郎鬼却没跟进去。四娘心里无底，一副恭敬而不安的样子，自然无神通可显。几天后，四娘到灵隐寺，五郎鬼同她打招呼。四娘诘问韩府的事，五郎鬼说："韩府门上的门神把我挡在大门之外，我进不去。"

不需赘言，《盆儿鬼》剧情中可见"五郎鬼"故事的影子。

仍来说钟馗。

将钟馗奉为门神的古人，讲着唐玄宗的梦，传说着梦出钟馗。然而，捉鬼吃鬼，那色彩瑰丽的梦又是如何编织的呢？明末清初的顾炎武说，此梦由椎出——钟馗即终葵；《礼记·玉藻》"终葵，椎也"，《方言》"齐人谓椎为终葵"。椎就是大棒槌。顾炎武生活的时代，"今人于户上画钟馗像"。对此，他的《日知录》考证，"古人以椎逐鬼，若大傩之为耳"，如马融《广成颂》所描绘的挥终葵、扬玉斧的场面。在驱疫逐鬼的大傩仪式上，以挥舞棒槌来表示象征性意义。久而久之，挥舞棒槌为大傩仪式所营构的那种气氛、所宣示的那种意义，积淀于大棒，使得大傩仪式的个体符号——椎，即终葵，具有了大傩仪式的整体意义，驱邪逐鬼有神通。顾炎武还举《魏书》的例子："尧暄本名终葵，字辟邪。"此一例子的说明力在于，古人的名、字往往是相呼应的。

顾炎武所未言及的是，《礼记·玉藻》的一段原文还提到了"荼"——神荼、郁垒四字之一。这是《礼记》讲笏的一段话："诸侯荼，前诎后直，让于天子也。"郑玄注解：笏分等级，天子为珽，义为挺然无所屈，或者也叫它大圭，"杼上终葵首。终葵首者，于杼上又广其首，方如椎头，是谓无所屈，后则恒直"。诸侯为荼，荼含有所畏在前的意思，以示对天子的敬畏。笏的形状还是如椎头，"诸侯唯天子谄焉，是以谓笏为荼"。这说明，荼的形状也是笏或棒一类。

北齐《颜氏家训·名实》记，有博学者考问诗友："玉珽杼上终葵首，当作何形？"答："势如葵叶。"博学者讥笑之。郑注《礼记》说得明白，"方如椎头"。

可以想象，玉圭的顶端"方如椎头"，其整体不正像人形吗？天子手中的玉圭本就不同凡响，又有此"终葵首"的形状，演变为驱邪的神物，再人格化而成为神，不是很可能的吗？

诸侯的等级低于天子，笏的形状也要有别于天子，称为"荼"，比起"方如椎头"有了变化，变恒直为稍有屈，但那形状同"终葵首"也差不了许多。这"荼"也没有被浪费，神而"荼"，它成了门神之一 ——神荼。钟馗是大棒，神荼、郁垒也是大棒。中国人造神，就是这般有章法。

应该说，"钟馗""终葵"的谐音，只是呈于表面的联系纽带。"以椎逐鬼"，使椎成了灵物，这才是钟馗传说的根。

灵物崇拜进而产生对神灵的崇拜，是古人造神的方式之一。比如，原始崇拜视石为圣物，就有了后来的石敢当之说。棒槌成为钟馗，也是灵物变神灵的结果。

钟馗故事的创作，大约同古时的俳谐文体思路相似。唐代文人写俳谐体，代表作品当称韩愈的《毛颖传》。文中将兔子拟人化，多方描写，且有情节。唐玄宗梦里的钟馗故事，不妨说是对于"终葵"大棒的一种拟人化敷衍。

逐鬼之外，又讲驱魅，于是钟馗故事便添嫁妹内容，仍然借助音同。旧时舞台上搬演这一出，说是终南进士钟馗进京赴试，误入鬼窟，而被众鬼弄得面容丑陋，因此落第。愤愤不平的钟馗触阶而死，同乡杜平掩埋了他。钟馗有这番经历，天帝封他为驱邪斩祟将军。钟馗感念杜平埋骨之义，以妹嫁之。

嫁妹，还成为钟馗画的传统题材。清代拓本《钟馗嫁妹》，钟馗妹乘辇，钟馗率众鬼送妹出嫁。小鬼或拉辇、推辇，或提灯引路，或捧一瓶插三戟表示平升三级，或为钟馗擎伞。

钟馗画的常用构图元件之一，是蝙蝠。清代《历代神仙通鉴》说，道士叶法善对唐玄宗讲，混沌初分，有黑白二蝙蝠，黑蝙蝠化为钟馗，白蝙蝠化为八仙之一张果老。这就硬是把钟馗故事挂靠到开天辟地的神话时代。不过，人们似乎并不在意蝙蝠化钟馗，所乐道的是"蝠"即福。画面一只蝙蝠，那画即可叫"福自天来"，可叫"降福消灾"。杨柳青传统版画的钟馗图，如《福在眼前》《恨福来迟》等，皆绘大红蝙蝠，取意在于"洪福"。陕西凤翔传统门画《钟馗》（图46），执剑钟馗单足立地，身旁蝙蝠飞。

钟馗故事的枝枝蔓蔓，嫁妹、迎蝠，如出一辙。请看《斩鬼传》的故事：钟馗被封为驱魔之神，在奈何桥遇到一小鬼，自称本是鼹鼠，饮奈何水生翅化为蝙蝠，最晓恶鬼藏身处，情愿当向导。《平鬼传》则说，钟馗本与神荼、郁垒一起捉鬼，后来，神荼化为蝙蝠，郁垒化为宝剑。这类续编的故事，虽可资谈助，但古人讲得更多的是嫁走了魅，迎来了福。

图46 陕西凤翔传统年画《钟馗》

（五）白脸秦琼和黑脸尉迟恭

明代以来，民间流传最广的一对门神是秦琼、尉迟恭。这是两位确有其人的隋唐人物。有趣的是，《旧唐书》卷六十八只载二人传记，恰是他俩比肩——秦叔宝、尉迟敬德。在《新唐书》中，他二人的传记同在第八十九卷里。到了明代，这两位历史人物一并被吴承恩写入神魔小说《西游记》，并随着小说的家喻户晓，成为妇孺皆知的守门神，一居左一居右，双双画在门扇上。

《西游记》第十回回目"二将军宫门镇鬼，唐太宗地府还魂"。书中说，唐太宗患病，夜梦见鬼，只觉寝宫门外鬼魅呼号，抛砖弄瓦，不得安宁。秦琼自告奋勇，与尉迟恭夜晚把守宫门，使得唐太宗睡了一夜安稳觉。一而再，再而三，两将军连站三夜岗，太宗念及他们彻夜辛苦，吩咐道："召巧手丹青，传二将军真容，贴于门上……"书中写，以画代人，倒也顶事。

吴承恩描述秦琼、尉迟恭执金瓜钺斧，介胄整齐，写了段赞词，对后世的门神画无疑是有影响的：

> 头戴金盔光烁烁，身披铠甲龙鳞。护心宝镜幌祥云，狮蛮收紧扣，绣带彩霞新。这一个凤眼朝天星斗怕，那一个环睛映电月光浮。他本是英雄豪杰旧勋臣，只落得千年称户尉，万年作门神。

《说唐演义》中有秦琼、尉迟恭救驾故事，在民间广为流传，还被京剧及许多地方剧种搬演。不过，秦琼救的是李世民之父、后来的唐高祖李渊，尉迟恭救的才是唐太宗。并且，均在两位未坐龙椅时。

京剧《临潼山》剧情，隋炀帝杨广拟夺李渊之妻，愤怒的李渊掷杯击落杨广的牙齿，辞官回太原。杨广亲自出马，装扮成强盗，在临潼山伏击李渊。危急时刻，秦琼经过此地，帮助李渊杀退杨广。这出戏又叫《秦琼救驾》。另一出《尉迟恭救驾》，又名《御果园》：李世民班师，高祖李渊封赏功臣。要封赏尉迟恭时，预谋杀害秦王李世民，以夺太子地位的建成、元吉，硬说尉迟恭救驾之功是假冒，提出在御果园重演救驾过程，并派心腹黄壮扮演对手，阴谋乘机对李世民下毒手。重新演示时，尉迟恭见黄壮心怀歹意，欲加害李世民，唱道："黄壮假扮单雄信，真杀我主为何情？钢鞭一举追尔的命……"
了结了那黄壮，再一次救护了李世民。

昔时，这两出救驾戏很受欢迎，是因为唤作秦琼、尉迟恭的门神
像就贴在家家户户门板上。这两出戏，于那一对门神，是一种诠释，
却又不尽然——由护帝王之驾，到守百姓之家，其间不是包含着古代
的大众幽默吗？

这一对门神，传统年画分别绘为黑脸、白脸。东北黑龙江的双
城，1926年印行的《双城县志》记门神：

> 俗谓为秦琼、敬德（尉迟恭），有分绘其像于两门
> 上者。过年时家家购画像分贴之两门上，白面者为秦
> 琼，黑面者为敬德，皆御盔甲、执武器，若守门者然。
> 谓妖魔见之，则却走不敢入门云。

门神黑白脸，清代洪昇《长生殿》将他们写得挺和善，有通行证
便放行，并不难缠。第三十七出，杨玉环鬼魂，持着土地给的路引，
来到唐宫：

> 呀，原来就是西宫门首了。不免进去一看。［作欲
> 进，二门神黑白面，金甲，执鞭、简上］［立高处介］
> "生前英勇安天下，死后威灵护殿门。"［举鞭、简拦旦
> 介］何方女鬼，不得擅入。［旦出路引介］奴家杨玉
> 环，有路引在此。［门神］原来是杨娘娘。目今禄山被

刺，庆绪奔逃，郭元帅扫清宫禁，只太上皇远在蜀中，新天子尚留灵武，因此大内寂无一人，宫门尽扃锁钥。娘娘请自进去，吾神回避。

这可视为清初民间门神画的写照，面色、装束、武器都写到了。秦琼持锏，敬德握鞭，这样一对门神画，有些地方就径称"抱鞭锏"。

（六）守后门的魏徵

钟馗当门神，有时是要去做"后门将军"的。为什么？因为前门通常是双扇，贴配对成双的门神，神荼、郁垒，或秦叔宝和尉迟敬德；后门往往单扉，钟馗画是单幅，贴上正好。旧时北京、开封的年画印制品小幅《钟馗》，即是供贴后门的。

在后门独当一面的门神，还有一位魏徵。这位名臣守后门，再让秦琼、尉迟恭守前门，唐朝的文臣武将凑成了个"门卫班"。当年，北京民间木刻《镇宅福神》，为贴单扇后门的门画，画面是魏徵持剑坐像。

门神魏徵被称为"独坐"。《双城县志》所载门神就是唐朝三大臣，说魏徵：

> 后门别有一神为魏徵，俗称为独坐。祀门神时，即门前焚香楮焉。

魏徵当上守门神，西游记故事是始作俑者。《西游记》第十回书，魏徵与唐太宗下棋，盹睡中梦斩泾河龙王。这可惹了祸，老龙号泣纠缠，鬼祟门外抛砖，弄得太宗皇帝夜不安枕，大病一场。秦琼、尉迟恭守宫门，后又画像贴门上。前门绝了鬼祟，后宰门又来事。太宗称，夜里后门乒乒乓乓，砖瓦乱响，有人便进奏："前门不安，是敬德、叔宝护卫；后门不安，该着魏徵护卫。"魏徵奉旨，手提宝剑，侍卫后门，一夜无事。《西游记》描写魏徵守门时的打扮：

> 熟绢青巾抹额，锦袍玉带垂腰。兜风氅袖采霜飘，压赛垒、荼神貌。脚踏乌靴坐折，手持利刃凶骁。圆睁两眼四边瞧，那个邪神敢到？

将魏徵比作神荼、郁垒，说成令邪祟望而生畏的守门神了。

（七）门神名单一长串

门神名单长长一串，或者确切地说，被古人选为守门之神的名字可以排成串。其中有神荼和郁垒、秦琼和尉迟恭，有钟馗、魏徵，还有赵公明与燃灯道人、孙膑与庞涓、伍子胥与赵云、萧何与韩信、马武与铫期、关羽与关平及周仓、裴元庆与李元霸、孟良与焦赞、岳鄂王与温元帅、徐延昭与杨博，有成庆，有穆桂英……

清末四川绵竹年画，以其取材的地方特色，为这串名单增阵容。据王树村《绵竹年画见闻记》，那里门神除秦琼、尉迟敬德外，尚有唐朝名将郭子仪，有82岁作状元（民间讹传）的梁灏，有三国故事中偷渡阴平攻下绵竹的邓艾，以及《征西》里的秦英和尉迟松。

门神名单长长一串，历史人物、传说或小说人物兼而有之。他们的"门缘"，各有说法。总括观之，可见古人造神的各种思路。

燃灯道人和赵公明，《封神演义》人物。武王伐纣，姜子牙帐下有个燃灯道人。峨眉山道仙赵公明则站在对立面，助商作战。山东潍县传统年画的这一对门神，依封神故事的描写，燃灯道人骑鹿，两手分别持如意、乾坤尺；赵公明骑虎，一手举钢鞭，一手托元宝。燃灯道人头上双凤戏日，赵公明头上双凤戏月，他二人斗法时所用定海珠、金蛟剪也表现在门神画上。当初选这对人物作门神，使冤家聚首，同守门户，真可谓超脱于恩怨纠缠之上，体现了造神者的胸怀：不论哪方神灵，尽可为我所用。孙膑与庞涓等门神"搭档"，也有此种情况。

有些人物当门神，靠原本的"知名度"，妇孺皆知是良将忠臣，是英雄好汉，画像悬门就成了门神。汉高祖刘邦打江山，萧何月下追韩信的故事万代传，这二位当了门神。马武、铫期为东汉人物，他们反对篡汉的王莽，是追随刘秀的勇猛之将。裴元庆、李元霸均为《说唐演义》中人物，勇武好汉，当了守门神。孟良和焦赞则是忠义杨家将演义故事的人物，成为一对门神。孟良、焦赞勇猛，曾去穆柯寨会穆桂英，败阵而归，可见穆桂英武艺之高强；穆桂英有心做杨家的媳妇，这才有《穆桂英大破天门阵》。穆桂英门神画，一像两图，分贴左右。四川夹江传统门神画（图47），穆桂英英姿飒爽。

三国蜀将关羽，演义小说为其远播忠勇神武之名，经宋、明、清历代的提倡，渐成同文圣孔子比肩的武圣，被奉为关圣帝君。在旧时，关公既是忠义的楷模，又是驱邪避恶的神灵。这样一个关帝，被

图47 四川夹江穆桂英门神画

我国客家人奉为门神。客家人住宅，大门二门贴门神像——关羽端坐正位，关平和周仓分立两旁。按照古代的民间信仰习俗，关羽是人神之首，是帝。让关公屈尊门神之列，不是对关帝的轻视，而是对门神的看重。

东周列国一对名人，孙膑和庞涓，同从一师学兵法，后共事魏王，庞涓嫉妒孙膑才能过己，诬告陷害，使得孙膑惨遭膑刑。"孙子膑脚，《兵法》修列"，便有了写在竹简上的《孙膑兵法》。孙膑逃至齐国，为军师。马陵道冤家相会，孙膑复了仇。这段史事，经《孙庞演义》添枝加叶，敷演出孙膑和庞涓斗法的故事。比试高低之时，孙膑摇身变作门闩。门闩系锁门闭户的关键，也就成了孙膑与门神之间的纽带。汉中地区的门神画，孙膑骑牛，一手举令旗，一手抱拐杖，形残而神威在。而与孙膑配对的，则是骑马舞刀的庞涓。

能有令邪恶望而却步的威风，是为门神的条件；倘若再和门户有些瓜葛、渊源，则充当门神话头也就更多。孙膑变门闩，是例；徐延昭抢锤打门也是例子。

徐延昭与杨博，鼓词《香莲帕》讲述明代故事：万历帝年幼，外戚李良阴谋篡位，封锁昭阳宫，众臣同皇帝隔绝。定国公徐延昭以祖传御赐铜锤击开宫门，打破隔绝。兵部侍郎杨博率兵诛李良。这一对力保大明皇帝的忠臣，双双当门神，人们看中了他们疾恶如仇的英雄气概，也看中了徐延昭锤击宫门的壮举。

岳鄂王和温元帅。清代黄伯禄《集说诠真》载："门神或又作温、岳二神，想即温元帅、岳鄂王。"岳飞精忠报国，南宋抗金名将，被秦桧以"莫须有"的罪名杀害，后谥武穆，追封鄂王。同岳飞配对贴门的温元帅，名叫温琼，明代宋濂写过《温忠靖公庙碑》，说其26岁举进士不第，有言："吾生不能致君泽民，死当为泰山神，以除天下恶厉耳。"《三教源流搜神大全》讲，温元帅左手执玉环，右手执秩简，玉帝赐金牌一面，篆刻"无拘霄汉"字样，特准他可以出入天门朝奏。

温州民间称温元帅为"东岳爷"，也称"温忠靖王"。当地传说，唐代穷秀才温琼几经落第不灰心，寄居温州一座庙中苦读。一天，他读书至深夜，听到窗外两个疫鬼的低语，一个说："到这口井汲水的人多，就投在这口井里。"温琼得知疫鬼投毒，便守在庙门外那口井前，把头天夜里的事讲给前来挑水的人。人们不信，还笑话他："这秀才，读书读糊涂了。"温琼见众人仍要取水，喊了声"我来以身试水！"纵身跳到井里。人们捞起时，他全身发蓝，中毒而亡。此一传说，讲到了这个东岳神为何能够驱瘟疫，以及其为何常被画为蓝面神像。在温州，一年一度的东岳庙会，"拦街福""迎东岳"，主题是祈福、禳灾和驱疫。

岳鹏举正气凛然当门神，自不必赘言；以温元帅为搭档，却有些意思。传说温琼有着同钟馗相似的落第经历，发誓"除天下恶厉"，又有井前舍命破疫鬼的壮举，传说他身上还带着"无拘霄汉"的金牌，凭此出入天门无阻拦，所有这些算是具备了守门神的"素质"。然而，他能与岳飞一左一右，似应归结于他的身份——泰山之神。泰山为五岳之首。民间传说，温琼奉玉帝旨令巡察五岳，是"岳府猛将、众神之宗、岳班之首"。东岳之"岳"，五岳之"岳"，由岳神而及岳姓，使得温元帅和岳飞发生联系，形成双"岳"门神的景观，尽管此一"岳"并非彼一"岳"。同时，岳飞报国以精忠，温琼被封忠靖王，"精忠""忠靖"也真可为一对伯仲。

中国门神风俗史的重要一页，是唐代前后寺庙门扇画神。这对世俗的门神信仰产生了很大的影响。需要捎带提及的是，佛寺门前的哼哈二将、天王殿里的四大金刚，也都具有门神般的意义，因为他们均为护法神。

寺庙类建筑门扇上的这类绘画，至今仍存。例如，台湾鹿港龙山寺寺门彩绘一对比例巨大的门神。在台南，还有庙宇在大红色门扇上彩绘三十六神，这也属于门神画。在甘肃张掖卧佛寺，清乾隆年间重修的大佛殿，其面积高大的殿门上，龙飞凤舞的彩绘，虽已褪色模糊，但气韵犹在。如同汉代的门上画虎，这殿门画龙画凤，绝非只用作装饰。

我国少数民族也有门神信仰，体现了不同的特点。

云南纳西族的立石为门神。宅门口竖立两块半米多高的石头，门左的叫"陆男神"，门右的叫"瑟女神"，这是一对门神。据东巴经典的说法，陆男神和瑟女神为夫妻，他们到人间充当门神，是受善神美利东阿普的派遣。他们的使命是人与神鬼之间的信息沟通，把神旨或鬼旨传达给人，把人意报知神鬼。这对门神，同神荼、郁垒等相比，差别有三：第一，立石于门侧，而非画像或贴像于门扇；第二，一男一女，夫妻门神；第三，充当人、神两世界的中介，以信息的传递为职责，而不是守门拒鬼邪于户外——同是置于建筑物的出入口，石门神的侧重点在于实现通联，画门神的侧重点则是阻隔。

哈尼族村落设寨门，并有在寨门口立木偶的风俗习惯。据宋恩常的《云南少数民族社会调查研究》：

> 哈尼族村落通常有两个门（勒坑），一个是前门或叫大门，是人们通行的门。一个是后门或叫小门，是抬死人的。哈尼族一年由纠玛主持立两次寨门，一次是3月，一次是9月。寨门是木头结构，在两根木柱上置横梁，横梁上画斜花纹和圆圈，并装置小鸟一对。在右侧木柱旁立木质男女裸体雕像，叫"迈古张"。木雕像用带两枝桠的木干制成。木干刻头部，两支枝桠作为腿，并在两枝桠的交叉处刻男女生殖器官。大门左侧放铁匠使用的风箱、锤子和钳子等。
>
> 在寨门的横梁上悬挂木刀，村中十岁以上的男性

成员，都要悬挂一把木刀，象征驱鬼，木刀具有辟邪的意思。

没有围墙的寨门是象征性的，右门柱的"迈古张"雕像具有象征意义，门左侧的铁匠工具具有象征意义，门的横梁上挂木刀也含象征意味。

（八）造神又役神：中国人的幽默

天官赐福，麻姑献寿，龙王治水，妈祖护航，古人的造神，往往含有明显的功用目的。由此，敬一方城隍、九天玉帝，礼拜财神赵公明；逢腊月二十三祭灶，请他"上天言好事"；至正月初八顺星，祈求一年的吉祥。造神、礼神也役神，堪称典型的例证，是有关门神的信仰习俗。

神荼、郁垒被虚构出来，他们在瑰奇的神话故事中，在奇大无比的桃树下，充当鬼怪出入口的守卫者。创造幻想世界的守门神，动机是人的现实生活需要守门之神的慰藉——前者是对后者的一种回应：帝王的宫门前，平民的宅门上，那一对桃人能降鬼魅，只因被视为神荼、郁垒的化身；以至削刻之工减免，仅悬两块桃板，仍靠着这种认同，保持神灵，功能不减。诚然，这种造神活动，又有对于桃木的崇拜掺杂其间。晋代司马彪《续汉书·礼仪志》一句"大傩讫，设桃梗郁儡"，透露了其中消息。后世创造钟馗，所采用的仍是此一思路。

当初的神荼、郁垒，从汉画像石的图案看，如河南新郑汉画像砖，人物造型圆目瘦面，双耳竖立，头生一角，长衣束腰，肩斧，应为神荼、郁垒的画像。门神表情厉害，形象可怖，这折射了人们对于大自然、对于生存环境的感受，当灾害、瘟疫以及尚不能给以科学解释的风雨雷电等带来巨大的恐怖时，礼奉较为凶猛的神祇，可以给人带来一种心理的平衡。古代大傩仪式狰狞的面具，提供了这方面的说服力。

门神信仰习俗的演变，逐渐形成两大支系：武士门神和祈福门神。

武士门神，《汉书·景十三王传》："殿门有成庆画，短衣大裤长剑。"与这条文字史料相印证，汉代墓葬将持械人像画在门上，无疑具有象征威慑的意义。北魏宁懋石室门画的武士，已周身盔甲，十足的骁将气派。可与此图相印证的文字史料，有《南齐书·魏虏传》中一则记载：

> 万民禅位后……宫门稍覆以屋，犹不知为重楼。并设削泥采，画金刚力士。胡俗尚水，又规画黑龙盘绕，以为厌胜。

唐代时，据佛经《根本说》寺院"大门扇画神，舒颜喜含笑，或为药叉像，执仗为防非"。这是关于门神风俗的重要材料。至北宋，请看《枫窗小牍》所记：

> 靖康以前，汴中家户门神多番样，戴虎头盔，而王公之门至以浑金饰之。识者谓：虎头男子是虏字；金饰更是金虏在门也。不三数年而家户被虏，王公被其酷尤甚。

靖康二年（公元1127年），北方金国的军队南侵，俘宋二帝，导致北宋的灭亡。《枫窗小牍》将此前汴京城里流行的门神图样视为征兆，所谓"金虏在门"云云。其所记门神样式本身，是一条珍贵的史料。

宋代孟元老《东京梦华录》记，宋朝宫中，除夕由镇殿将军衣甲胄，扮门神，参加宫禁中的驱傩仪式。由人装扮的角色还有判官、钟馗、小妹、土地、灶神等。门神同浩浩荡荡的驱祟大军，将祟驱到南薰门外去。

南宋《西湖老人繁胜录》记有"等身门神"。而清嘉庆年间高六尺的巨幅门神画，有实物保留下来。

"吉日来到贵府门，贵府门上有门神，头戴金盔身披甲，金铜神钺斩邪恶。"旧时甘肃天水一带，正月里艺人走街串巷的唱词。近世的武士门神，包括题为神荼、郁垒的画像，大多以甲胄兵器显示威武，构图追求"可悦性"，而非"可惧性"，或为镇殿将军造型，或如戏出人物模样：即使画为横眉立目，也憨态莽气可人。

传为南宋画家李嵩所绘《岁朝吉庆》以元旦贺岁为题材，在一幅图画中表现了一户人家门外有人下马投刺，院子里主客相拜，正房内饮屠苏酒的情形。值得注意的是，其宅院大门上贴武士门神，院内房屋的两扇隔扇门上贴有一对双手持笏的文官门神。这为研究门神的演变与沿革，提供了宝贵的史料。文官门神，当是后世的祈福门神的先声。

至于祈福门神画，更以喜气吉祥为风格。诸如：天官赐福、如意状元、五子登科、和合二仙、招财童子、福寿童子、刘海戏蟾……严格地讲，已非原本意义上的门神，所以有些也称为门童画。

以守门驱邪为"本职"者，有些也担负起祈福的"兼职"。山东平度"恨福来迟"门神画，持剑的守门神左右相对，分别指着一只蝙蝠，蝠即福，让它进门来。清光绪八年（公元1882年）《孝感县志》记春节习俗：

> 贴门神，或冠冕，或将军，或钟馗，其像皆有寓意，如"事事如意"，"必定如意"，"加官进禄"，"喜上眉稍（梢）"，"恨福来迟"。不画像者，以红纸书"神荼""郁垒"代之。

北方的商家，新年门上贴利市仙官像，这是生意获利之神。利市，《周易·说卦》巽"为近利，市三倍"。利市仙官像贴门，大约是专管开市大吉，不司驱邪逐鬼的。

门神祈福，同样是社会心理的折射。文明的发展，对于生存环境恐惧感的减少，生存的渴望已不是头等重要的命题，人们的关注点移向生活的质量，即对幸福的期望。于是，门神画上叠加了祈福、祝吉的符号。

请神来守门也好，来祈福也罢，人们回报以何？

元杂剧《盆儿鬼》描写，张老汉埋怨门神不尽职，说道："俺大年日将你贴起，供养了馓子茶食。"官衙里，为了让门神通融通融，包公吩咐"金纸银钱"一通烧。此剧故事以宋代为背景，所反映的礼奉门神的习俗，虽难断定就是宋时民俗，但将其视为元代民俗的反映，当是不错的。

烧门神纸的风俗延续至近代，敬神的气氛渐淡。清代道光年间《黄安县志》：正月"初三日，祭门焚楮，谓之'烧门神纸'"。这难说是严格意义上的祭神，倒更像年俗的落幕典礼——老话讲"初三烧了门神纸，各人寻生理"，从此商开市，士入学，人们开始由浓浓的年味儿里走出，走入新一年的奔忙。

清代袁枚的志怪小说《子不语·误学武松》说，"古礼：门为五祀之一，今此礼久不行"，以至见杭州一户姓马的人家"祭门神甚敬"，竟要问："君家独行之，何也？"原来，马家主人看《水浒》入迷，学武松，杀了犯淫的嫂子。女鬼找上门来理论："吾夫杀我可也，汝为小叔，不当杀我。"只是被"门神呵禁"，进不得大门，只得在门前对醉归的奴仆言明缘由，发泄了一通。这段故事，由"祭门神甚敬"的个别例子，反衬出清代时民间的门神之祀已普遍淡化。

清代《燕京岁时记》也提醒人们注意这一情况："门神皆甲胄执戈，悬弧佩剑，或谓为神荼、郁垒，或谓为秦琼、敬德，其实皆非也。但谓门神可矣，夫门为五祭之首，并非邪神，都人神之而不祀之，失其旨矣。"虽称为神，却不郑重其事地祭之，因此才有人为门神鸣不平。

有时，那"神之"也要打折扣的。清代石成金撰《笑得好》有则小故事讽刺"心毒貌慈"者：

一人买门神，误买道人画，贴在门上，妻问曰："门神原是持刀

145

执斧，鬼才惧怕，这忠厚相貌，贴他何用？"夫曰："再莫说起，如今外貌忠厚的，他行出事来，更毒更狠。"

虽只是笑话一段，但在那买门神画的随意性中，却透露着一种轻慢。乾隆年间《笑林广记》中笑话《白伺候》，从正面反映了这种心态：

> 夜游神见门神夜立，怜而问之曰："汝长大乃尔，如何做人门客，早晚伺候，受此辛苦？"门神曰："出于无奈耳。"曰："然则有饭吃否？"答："若要他饭吃时，又不要我上门了。"

造神又役神，门神可说是廉价的门户守卫者。明代冯梦龙辑集刊刻的《山歌》中有一首《门神》，系"君心忒忍，恋新人浑望旧人"的怨词，却围绕新旧门神画做文章，全用门神口气。摘录如下：

> 记得去年大年三十夜，捉我千刷万刷，刷得我心悦诚服。千嘱万嘱，嘱得我一板个正经。我虽然图你糊口之计，你也敬得我介如神。我只望替你同家日活，撑立个门庭……并弗容介个闲神野鬼，上你搭个大门……间贴得筋疲力尽，磨得我头鬓蓬尘，弗上一年个光景，只思量别恋个新人……遇着介个残冬腊月，一刻也弗容我留停。你拿个冷水来泼我个身上，我还道是你取笑；拿个笤帚来支我，我也只弗做声……我吃你刮又刮得介测赖，铲又铲得介尽情。

除夕贴门神，如何贴，说到了；如何清除贴了一年的旧画，也说到了。除旧布新，过年的节目，换门神是一项。喜新弃旧的哀怨，那是关于爱情的借题发挥，不必管它。贴上对门神画，撑立门庭，闲神野鬼难进门，获得一年的心理慰藉，这能说不值得吗？

《淮阳乡村风土记》载民间歇后语："门神里边卷灶爷——话（画）中有话（画）"。侯宝林的相声说，老太太过年买灶王爷神马，讳言"买"，要叫"请"；可是问价时，老太太嫌贵，竟连声说不值！和灶神像一起，门神画花几个铜子即可买来，连"糖瓜"也不必供奉，贴在门板上，四季把门。这，难道不是表现出造神者的一种幽默吗？

诚然，门闩不可废，门锁还要用；但是，如歌剧《白毛女》所唱："门神门神骑红马，贴在门上守住家；门神门神扛大刀，大鬼小鬼进不来。"门神带来心理的慰藉，烘托新年喜气，美化门户，一幅门神画从内容到形式，奉献给人们的还少吗？

山东潍坊杨家埠，为我国清代著名的木版年画产地之一。旧时，那里有专营门神画的门神店。民谣唱："专做门神店，当了颜色贩，年年刻新版，必定客来办。"品种专营、年年刻版，可见印量销量之大；"当了颜色贩"的自嘲，反映了门神画设色浓艳，用以点缀新年的特点。

与艳彩门神形成对照，四川绵竹传统木版年画有种"素门神"，即只勾墨线不加敷彩的门神画。偷工减料吗？否。这是为服丧人家预备的。

门神又是随葬品。《明史·礼志》载："洪武二年（公元1369

年）敕葬开平王常遇春于钟山之阴，给明器九十事，纳之墓中……青龙、白虎、朱雀、玄武神四，门神二，武士十，并以木造，各高一尺。"门神一对，不是绘画是木雕。

门神不仅把门，不仅驱邪纳福，民间还编出门神解危救难的故事。河北获鹿一带贴关羽门神，伴以传说，一户人家孤儿寡母，欠地主债，儿子外出打工，准备腊月时回家还债，好过年关。年三十，债主逼得紧，儿子却因迷路，迟迟不归，老大娘被逼要上吊。儿子迷失方向正着急，一红脸将军骑大红马自天而降，把他拉上马，腾云驾雾转瞬到家。敲开门，回头再看时，将军和马都不见。儿对娘讲了自己的经历，老大娘对着门神就拜。拜过再看，门神画上，关羽骑的那匹大红马还在淌汗珠呢。这门神，为助人，一时"脱岗"，做了本职以外的事。当然，救人危难，也是保人平安。

造神又役神，中国老百姓的幽默，还表现在对门神的"分工"。

赵公明与燃灯道人一对，因赵公明是财神，二门神去守库房，取意自然在于财宝盈库。孟良和焦赞，根据杨家将的故事，"孟不离焦，焦不离孟"，二人形影不离，京剧则有《孟良盗马》剧目，由此这对门神常贴于牛棚马厩。山东潍县的《打猪鬼》，又称"栏门判"，是贴于猪圈门上的。你道画的是谁？民间钟馗、判官不分，"栏门判"即大名鼎鼎的钟馗，他被派去为猪消灾驱瘟。

马圈门上贴《庇马瘟》（图48），见于陕西凤翔一带。这令人想到《西游记》孙悟空，他被玉帝封为弼马温，为天宫饲养天马。古代民间传说，猴子能避马瘟。"庇马瘟""弼马温"皆取此意。按照阴阳五行之说，十二地支中，午为阳的极盛，为火；申、子、辰依次表示

水发生、旺盛和衰微的过程。因此，申可以制约午，申属猴，午属
马，猴子可以避马瘟。贴上一幅猴子图，不妨说是请"齐天大圣"来
守马厩。

图48 陕西凤翔传统版画《庇马瘟》

就说门神的"主力阵容"——秦琼和尉迟恭，作为历史人物，他
们是唐朝的开国功臣，英姿勃勃，绘像挂在凌烟阁；做了门神，也
是因为传说他们曾为皇帝站门岗。一身镇殿将军的盔甲披挂，却来给
平民百姓把门，是二位将军屈尊了，还是老百姓升格了？封建时代等
级森严，僭越是罪过。然而，在有关门神的民俗信仰之中，子民们却
同皇帝来了一回小小的"平等"。你使得，我也使得，可算是一种幽
默吧。

149

（九）门神诗文戏曲

有关门神的文学故事，前文已多有涉及。文学是一面镜子，它的折射，使门神这一文化现象越发绚丽多彩。

明代博学才子祝允明，号枝山，曾赞门神。据清代《坚瓠癸集》，祝枝山去拜客，茶罢叙礼而退。人家送到门口，祝枝山见门神画得精彩，一个劲地称赞，并应主人的请求，留下一首《门神赞》：

　　手持板斧面朝天，随你新鲜中一年。
　　厉鬼邪魔俱敛迹，岂容小丑倚门边。

"新鲜中一年"，于清翰林院编修蒋士铨《门神》"面目随年改"，都是一年一度贴门神的风俗写照。蒋士铨诗如下：

　　倚傍谁何宅，张施将相形。
　　尊疑封户牖，贵比列丹表。
　　面目随年改，精魂入夜灵。
　　穿窬岂公惧，聊托壮门庭。

清代不少文人写有门神诗。清代戴璐《藤阴杂记》说："新年例贴门神，查他山、唐实君全传诵已久。近赵瓯北翼作，更欲突过前人。"赵翼有一组门神诗，其中一首：

> 漫嗤两脚踏空虚，身已离尘迹自疏。
>
> 甘守仓琅监锁钥，肯随朱履上堂除。
>
> 无言似厌人投刺，含笑应羞客曳裙。
>
> 暮夜金来君莫受，防他冷眼伺门闾。

"甘守仓琅"，仓琅即《汉书》"木门仓琅根"所说的门上铺首。诗中说，门神与金铺为伴，司"监锁钥"之职，掌管门禁出入。另一首写辟邪：

> 剑笏森森谨护呵，东西相向俨谁何？
>
> 满身锦绣形空好，一纸功名价几多。
>
> 辟鬼漫同钟进士，序神还让寇阎罗。
>
> 欲稽故实惭荒陋，或仿黄金四目傩。

剑笏森森，把剑武门神，持笏文门神。东西相向，人家门户多坐南朝北，门扇上相向而立两门神，一向东，一向西。满身锦绣，另外还该有铠甲，为什么说是"形空好"呢？因为说到底，不过"一纸功名"——纸上画像而已。至于门神的典故，末一句"或仿黄金四目傩"，赵翼假设：门神大约是模仿汉代岁末宫中逐疫大傩仪式里的首要角色——方相氏。《后汉书》记："方相氏黄金四目。"

古代小说中以门神为主角的篇什，见于蒲松龄《聊斋志异》，篇名《鹰虎神》。篇中描写，济南府东岳庙"大门左右，神高丈余，俗名'鹰虎神'，狰狞可畏"。故事讲，一个小偷潜入道士寝室，盗钱三百，逃出城。刚要上山，"见一巨丈夫，自山上来，左臂苍鹰"，面铜青色，依稀似庙门中所见者。这正是东岳庙鹰虎神之一。小偷先自蹲伏战栗了，神喝问："盗钱安往？"故事的结尾，小偷乖乖地把三百钱送回东岳庙，跪在那里认错。蒲松龄笔下的鹰虎神，就是东岳庙的门神。其形象，具有威慑力。他离开"门岗"，去堵截偷盗者。天下做贼的人读此，该三思吧。

舞台上表演门神故事，元杂剧《盆儿鬼》不仅表现"大年日将你（门神）贴起"的风俗，还编出包公让手下人给门神烧纸，以换取门神通融合作的情节。清代《长生殿》描写唐宫里一对黑白门神，同情杨贵妃的鬼魂，为其放行。这些前已述及。

明代文人茅维，字孝若，曾写过一出短剧《闹门神》。清代焦循《剧说》载，"《闹门神》杂剧，为茅僧坛孝若撰，谓除夕夜新门神到任，旧门神不让，相争也"。此剧开场，扮新门神者与扮桃符神者一同上场："自家是太平巷第一家新门神，明年该轮俺把门管事。只今小年夜，满巷灯火爆竹，好不热闹，桃符神，你跟咱到任去来。"新门神扬扬得意："谁将俺画张纸装的五彩？冷面皮意气雄赳，竖剑眉阔口鬏；手擎著加冠进爵，刀斧彭排。奇哉，刚买就遍街人惊骇。尽道俺，庞儿古怪，满腹精神，偬侥胸怀。桃符神，你去瞧来，怎那旧门神见俺，只伴不睬，并不见他抬身哩。"踌躇满志的新门神上任来了，却不见旧门神挪动。于是，描写新门神眼里的旧门神："那戴头盔将军式呆呆，你几年上都剥落了颜色，甚滋味全无退悔？"旧门神出场了："俺把门管事六七年，这门内人那个不威惧我。他是何等人物，怎便一朝思抢夺俺座头？他不见俺雪白髭须，都为数年把门辛苦……"相持不下，新门神令桃符去请宅内的钟馗出来评判。钟馗出来劝旧门神："小年夜，少不得新旧交代，只俺把守门内，也早晚望着替身哩。"随后，宅内的紫姑神、灶神，门外的和合神，都劝不动旧门神。九天门监察使来此："这太平巷怎的秽气薰蒸？呀，元来是那第一家旧门神作祟这方，又不肯让那新门神管事，且不究他贪位慕禄的心肠，只看他吃粮不管事，怎弄得那家门面，直恁破。"旧门神被贬沙门岛。

另有《庆丰年五鬼闹钟馗》，似为明初宫廷教坊剧，收入《孤本元明杂剧》，作者阙名。此剧第四折，钟馗被封为"天下都判官领袖"，福、禄、寿神，土地、灶、井、厨、门、户神，三阳真君，青、黄、赤、白、黑五方小鬼，有一番同台热闹的场面。门神的台词："俺门神户尉，职掌左右门庭，年年喜遇正旦，岁岁庆贺新正。今日太平之年，俺见三阳真君去来。"此剧主角是钟馗。

以钟馗为主角的门神戏，还有《钟馗嫁妹》。后者更见性格。钟馗降鬼是高手，却偏好役小鬼为奴仆。朝夕相处，很难总是正气凛然的模样。小鬼也就敢灌醉他，戏弄他，与他没大没小。或许正因如此，人家门旁一左一右的"岗位"，让秦琼和尉迟恭占据了，钟馗被派去守后门。

明传奇《钵中莲》，存万历年间抄本。该剧第九出《神哄》，小生扮门丞，执单鞭；老旦扮户尉，执单锏；净扮"后门钟馗"，执宝剑象笏。这三个门神角色，同井泉童子、东厨司命、瓦将军、土地爷同台，演出了一场闹剧。门丞户尉的台词是："从来启闭招仁惠。"钟馗台上说："论起来，拿捉僵尸，是俺的本等；中是还有一讲，我职守后门，不管你园中之事。不瞒你说，我自从端午消受了他几个粽子，直到如今，饿得来有气无力，干不得什么事来。另求高明！"明代时钟馗的角色定位，由这一番表白和盘托出。作为门神，钟馗守的是后门；同时，至迟宋代始，钟馗又成为端午节的岁时之神。

比起门神来，古今文人画钟馗者更多。这些钟馗形象要比神荼、郁垒丰富，并不只是在那里持械站岗。画幅上的题诗因此丰富多样，胜出题咏神荼、郁垒的诗篇。明代朱见深画钟馗手持如意，携一小鬼，小鬼双手举盘子，盘内有柏叶与柿子，以寓百事如意。其上题诗："一脉春回暖气随，风云万里值明时。画图今日来佳兆，如意年年百事宜。"辟邪似已让位于祈祥。

清代罗聘画醉钟馗，题诗："一梦荒唐事有无，吴生粉本几临摹，纷纷画手多新样，又道先生是酒徒。一醉何缘竟若斯，妄言姑亦妄听之。多应忽忆开元事，罷罷还如未第时。艾绿榴红五月天，沉酣正好卧花前……"宋代起，钟馗成为端午节的应时门神。而这位画家偏要调侃一番，说此时正是钟馗醉酒不醒的时节。清代另一位画家高其佩，指画钟馗的题诗也开玩笑："花妍野豕中，草鸣昏月下，若但醒眼看，非善除妖者。"对钟馗能否捉鬼，甚至提出了质疑。这大约是借题发挥，意在言外。

钟馗成了各种漫想的载体。清代钱慧安画钟馗骑驴图，题诗："终南进士学宏深，呼鬼随行担剑琴，因是无人听古调，跨驴何处觅知音。"醉酒的钟馗此次换了形象，一副儒雅模样。清任伯年朱色钟馗，题诗："少小名惊翰墨场，读书无用且佯狂。我今欲借先生剑，地黑天昏一吐光。"则是画家在直抒胸臆了。

二、对联和匾额

（一）从桃符到春联

"千家万户曈曈日，总把新桃换旧符。"王安石为宋代诗歌添此名句之时，桃符已在向春联过渡。

桃符，顾名思义，以桃木为材料。在古代，桃木有"鬼怖木"之称，桃木驱鬼辟邪的信仰由来已久，并且从来都关乎于门户。《艺文类聚》卷八十六引《庄子》佚文："插桃枝于户，连灰其下，童子入而不畏，而鬼畏之。"近年考古发现了证明这一古俗的宝贵史料，长沙马王堆汉墓出土的医书《五十二病方》有一条："魃：禹步三，取桃东枝，中别为□□□之倡而门户上各一。"魃，小鬼。药方的内容是驱鬼，门上插桃枝。桃木驱鬼，也见于湖北云梦睡虎地秦简。

为今人熟知的神荼和郁垒这一对门神，同桃木有着割不断的联系。门神的本源神话，说他们"性能执鬼，度朔山上立桃树下"。这桃树，别把它只看作是环境或衬景。清代俞正燮汇编的《癸巳存稿》审究其义，指出神荼、郁垒是"由桃椎展转生故事"。人们所以能够创造出神荼、郁垒的神话，其生活依据，是汉代《风俗通义》所说"腊除夕饰桃人……冀以卫凶"的风俗。这就是说，神荼、郁垒神话故事，其实是对于门户前立桃木人风俗的解说。

削刻桃木人以驱鬼辟邪的风俗，发生了两个方面的转化。一是直接在门上画门神户尉；另一则是桃符。用桃木板代替桃木人，桃板之上可画神荼、郁垒，也可径写门神神名，悬于门左的一块写"神荼"，右边一块写"郁垒"。这桃板，就叫桃符又称门符——清代尤侗《艮斋续说》："人家门符，左神荼，右郁垒。张衡赋云，守以郁垒，神荼副焉。"

总之，这是辟鬼祛邪的"符"。

唐代《朝野佥载》卷三说，正谏大夫明崇俨有法术，他曾"书二桃符，于其上钉之，其声寂然"，在地窖上钉桃符，止住了地窖下乐伎的演奏。钉上桃符真会有这种法力吗？不会的。所以特别说明一个前提，书桃符的人"有法术"。敦煌遗书中唐代通俗诗人王梵志的《父子相怜爱》："东家打桃符，西家悬赤索。"桃符与赤索都是置于门前的辟邪物。

宋代洪迈《夷坚乙志》"司命真君"条写福州人余嗣的梦，涉及以桃符厌胜之说：

> 辄有压禳之术，公到家日，取门上桃符，亲用利刃斫碎，以净篮贮之。至夕二更，令人去家一里外，于东南方穴地三尺埋之。此人出，公即静坐，冥心咒曰："天皇地皇，三纲五常。急急如律令。"俟其还，乃止。

以上材料都反映了当时人们对桃符的迷信心理。

元杂剧《后庭花》，包公智断杀人案的故事，破案的重要线索就是一片桃符。剧情讲，汴梁城里，开"狮子店"的小二哥，一天晚上要对独自投宿的年轻女子翠鸾施无礼，女子不从，小二哥举斧威胁，吓死了翠鸾。小二哥道："这暴死的必定作怪。我门首定的桃符，拿一片来插在他鬓角头，将一个口袋装了，丢在这井里。""门首定的"，定即钉。桃符钉在门上，可取下，可以簪在鬓发上，这桃符当是木制。"暴死的必定作怪"，因此要拿一片桃符镇住冤魂，所借助的正是桃符的神秘符号意义。

接下来，《后庭花》以浪漫主义的写作手法，表现殒命翠鸾的魂魄来会住店的秀才刘天义，后来又将那片桃符给了刘秀才。桃符上写着"长命富贵"。包拯看到后，有唱词："他们定（钉）桃符辟邪祟，增福禄，画钟馗，知他甚娘报门神户尉。"桃符、钟馗、门神户尉相提并论，可见它仍具有浓厚的辟邪驱祟的意义。

然而，元代人的桃符毕竟不同于汉代人的桃板了。请听包拯的唱词："你排门儿则寻那'长命富贵'，我手里现放着'宜入新年'。"桃符双双成对，一片写"宜入新年"，而断定另一必写"长命富贵"，当是以那时的惯例为依据。剧中包公吩咐寻找门上单钉"宜入新年"一片桃符的人家。再看杂剧的描写："我出的这门来，转过隅头，抹过里角，来到这饭店门首，桃符都有。来的狮子店门首，我试看咱，可怎生则有'宜入新年'一个，无那'长命富贵'？我将这一根比则，正是一对儿。"

杂剧保留的这一条民俗材料很珍贵，它记录了由桃符到春联的演变过程。这是演变的中间环节，很典型：一方面，仍为木质，是桃符；另一方面，四字相对，已近对联；重要的是，处于转变中的桃符虽存"辟邪祟"的古义，但"宜入新年"和"长命富贵"已是更具节日喜气的春联内容了。

（二）最早的春联

元杂剧《后庭花》里，那一对"宜入新年""长命富贵"，从内容上说，是春联。杂剧称它是桃符也无错，因为它写在桃板上。如果抛开书写材料，仅就文句内容而言，可以说，在很长的时间里，古人以"桃符"称谓春联。

春联之始的题目，颇使五代时的后蜀主孟昶出了点小风头。只因《宋史·蜀世家》有记，孟昶命学士为题桃符，以其非工，自命笔题云："新年纳余庆，嘉节号长春。"清代人认为这是最早的春联。此说影响很广。

近年人们论证先于孟昶的春联，有的甚至找出《尚书》里的对偶句，找到古器物上题为"书户"的六字铭文。在众多文章中，1994年第4期《文史知识》所载谭蝉雪《我国最早的楹联》一文，引敦煌遗书斯坦因0610卷联句，以证唐代春联，值得重视。敦煌遗书所录如下：

岁日：三阳始布，四序初开。

福庆初新，寿禄延长。

又：三阳□始，四序来祥，

福延新日，庆寿无疆。

立春日：铜浑初庆垫，玉律始调阳。

五福除三祸，万古□（殓）百殃。

宝鸡能僻（辟）邪，瑞燕解呈祥。

立春□（著）户上，富贵子孙昌。

又：三阳始布，四猛（孟）初开。

□□故往，逐吉新来。

年年多庆，月月无灾。

鸡□辟恶，燕复宜财。

门神护卫，厉鬼藏埋。

书门左右，吾傥康哉！

敦煌卷子的这些联句分为两束，分别录于"岁日"和"立春日"下。这恰合于春联的岁时特点。一句"书门左右，吾傥康哉"，更是点明要旨——录这些联句为哪般？它是书写桃符即春联的稿本。联句里又多有至今仍为春联所习用的词句，如"三阳""四秋""始调阳"，在新春新岁到来之际，人们愿意表达对于岁月四季的关注；"五福""富贵""庆寿""呈祥"，如今仍不乏民俗生命力。历来的春联体现古代年俗的主题，可概括为两方面：驱邪与纳祥。敦煌遗书所录联句，也正是辟邪除祸和福庆呈祥。

敦煌遗书斯坦因0610卷为《启颜录》抄本，抄于唐开元十一年（公元732年）。我们称为桃符即春联稿本的联句，抄于录在卷子背面。其抄录年代无疑早于后蜀孟昶，证明最迟到唐代时已开始在桃板上书写春联了。

从桃符到春联，不只是名称问题，也不单单是写上个"春"字的问题。这实际上表现了变革桃符旧有内容的一种革新。旧的桃符，脱胎于木刻神荼、郁垒像，那桃木板上也曾画门神，也曾题写"神荼""郁垒"字样，总之，就如同桃木本身的符号意义一样，桃符的意义全在于驱鬼辟邪。这是对于保护自身、求得生存的渴望，它比起对于生活质量的追求来，是更基本的，然而又是低一个层次的。随着社会物质文明和精神文明的进步，人们对于生活质量的追求越来越强烈，表现为年俗意识，就是：不但求辟邪，还求纳祥。桃符旧有的内容再也不能满足这新的心理需求。于是，桃符写门神名的老章程就被打破了，让位给"福庆初新""寿禄延长"之类祈福纳祥的字样。

经此一番革新，桃符原有的符号意义没有丢——桃木辟邪，并不在于写上门神名；而新的意义，随着祈福纳吉的字句，叠加了上去。这叠加，其实标志着一种质的飞跃。它已区别于旧桃符。同时桃符辟邪的功用，也没有被遗忘。

至于名称，唐自不必说，宋王安石的诗句、元杂剧的台词，仍都称桃符。宋代张邦基《墨庄漫录》："东坡在黄州，而王文甫家在东湖，公每乘兴必访之。一日逼岁除，至其家，见方治桃符，公戏书一联于其上云：'门大要容千骑入，堂深不觉百男欢。'"请看，"治桃符""书一联"相照应；苏东坡所为，确是除夕写春联——可是，宋代人说这是"治桃符"。

南宋人周密《癸辛杂识》一书，"桃符获罪"条：

> 盐官县学教谕黄谦之，永嘉人，甲午岁题桃符云："宜入新年怎生呵，百事大吉那般者。"为人告之官，遂罢去。

这位黄谦之兴致所至，戏题桃符，大概是将"宜入新年""百事大吉"的通常句子续了几个字，不料却有人打"小报告"，害得他丢了饭碗。从这条材料看，南宋之时"桃符"之称仍流行，题于"桃符"之上的文字，早已是"春联"了。

春联之名，据说出自明初。《簪云楼杂说》记朱元璋故事：

> 春联之设，自明孝陵昉也。帝都金陵，于除夕前，忽传旨公卿士庶家，门上须加春联一副。帝亲微行出观，以为笑乐。偶见一家独无，询知为腌（阉）豕苗者，尚未倩（请）人耳。帝为大书曰："双手劈开生死路，一刀割断是非根。"投笔径出，校尉等一拥而去。嗣帝复出，不见悬挂。因问故，云："知是御书，高悬中堂，燃香祝圣为献岁之瑞。"帝大喜，赉银五十两，俾迁业焉。

从这条材料看，朱元璋不仅提倡除夕挂春联，还微服出宫，去看户户门上有对联的盛况；当他见到阉猪户门上无联，竟能即兴创作，一副具有行业特色的联语，对仗工稳，落墨成对。

明代开国皇帝的提倡，无疑推动了春联的普及。然而，旧的称谓——桃符这名称，还是保持了相当长的一段时期。明末遗民李中馥《原李耳载》中奇闻一段：迁安郭金溪好扶鸾之术，因此中了邪，只得求助于"姜、蒜、犬胆、鹰脯药之，桃符、鬼箭、雄黄、朱砂镇之，且针灸鬼眼穴诸络"。桃符被从门上取下，用来镇魔驱邪。不仅旧的名称仍在用，原本的神秘意义也没丢。

值得一提的是，早在宋时，对于写有联语的桃符，已经开始有了别种叫法。宋代《名臣言行录》载：宋仁宗一日见御春帖子，读而爱之。问左右，说是欧阳修措辞。于是，悉取宫中诸帖阅之，见篇篇有立意，宋仁宗说："举笔不忘规谏，真侍从之臣也。"宫里门多，春联也多。宋人叫它什么？叫它"御春帖子"。不言而喻，在"桃符"与"春联"之间，"御春帖子"是一种过渡。

带着新的内容，春联由桃符的形式中生发出来。从桃符到春联，民风民俗的演变经历了漫长的岁月。

（三）楹联：春联演化为四季对联

《红楼梦》第五十三回，写宁荣二府辞旧迎新过大年的景象，门饰一一点到："已到了腊月二十九日了，各色齐备，两府中都换了门神、联对、挂牌，新油了桃符，焕然一新。"还写到从大门、仪门，一路正门大开，两边阶下朱红大高烛，点的两条金龙一般。

这里要特别着墨的是，曹雪芹笔下，联对、桃符并用。

联对即对联。如《儒林外史》第七回，"堂屋中间墙上还是周先生写的联对，红纸都久已贴白了"。所言是红纸已褪色的对联。曹雪芹描写，贾府大门在"换了门神"的同时换了联对。可是，何以又道"新油了桃符"？联对——对联，写在纸上，同门神画一样，以新换旧；桃符——写木质材料上联语，它不必年年换新的，只需油一下，便焕然如新了。

桃符到了清代时，其使命已经完结，因为对联代替桃符已成风气——既然前人已发现可以在桃板上多写几个字，表达一些意思，后人自然不会拒绝这一形式。特别是诗书风雅之家，谁会放弃借桃板显示文思才气的机会？只是"桃符"的名称未泯。人们还没有完全忘记挂在门首的桃木板，并且由彼及此，写在木板上的对联，仍叫"桃符"，以区别写在纸张上的"联对"。

纸上的联语，辞岁时贴到门上，语句可以岁岁出新，为新年应景；木上写的或刻的对联，一油即新，语句呢，年年不变，大约已超越除旧迎新的内容——严格地讲，它是楹联而非春联。它既适于迎春的喜庆，又是面向四季的。

且将春联之外的对联称为楹联或门联。明代万历年间《长安客话》记，永乐年间，营建北京城，"大明门与正阳门相峙"，曾有门联：

> 既成，成祖命学士解缙题门联。缙书古诗以进曰："日月光天德，山河壮帝居。"成祖大喜，赐赉甚厚。

解缙所书，上句歌颂大明王朝的功德，下句描绘皇城巍峨。制成门联挂出去，正合于特定场合，烘托气氛。

这副对联不是春联。它与如今人们游名胜古迹所见的对联同属一类，通常称其为楹联，以避开春联之名。当然，这也不够严谨，因为"楹联"的概念，往往是包含着"春联"的。

桃符演变为春联，两者间至少还保持着一种脱胎而来的痕迹。那痕迹印在时间上，就是说，腊月里迎年贴对子的时节，依旧是"总把新桃换旧符"的时节。由春联发展为超越了春的楹联，这种岁时的痕迹也被模糊了。

楹联走出桃符辟邪、春联纳吉的题材局限，赢得异常广阔的发展空间，成为中华门文化的绚烂花簇。中国传统文化的内容和形式，从道德理想、审美情趣，到方块汉字、骈文偶句的书写效果、朗读效果……一并来为门户之饰增色彩添趣味，无限的情调、绵长的韵味，于左右门楹、上下联句间沁溢着芳馨。楹联还走进门户，登堂入室，装点于屋壁殿柱，从而彻底摆脱了门首桃板的影子。

安徽霍山县韩信祠联，"成败一知己，存亡两妇人"。上联讲"成也萧何，败也萧何"；下联两典故，漂母救命，吕后索命。寥寥十字，生动地概括了韩信的一生，也展示了汉语言文字技巧的奥妙。

扬州史可法祠联，"数点梅花亡国泪，二分明月故臣心"。史可法不降清兵，舍生取义，衣冠葬于梅花岭。联语情景交融，既悼故人品格也写来者情怀，兼借唐诗《忆扬州》"天下三分明月夜，二分无赖是扬州"名句，表现出古典诗歌的修辞美和意境美。

成都武侯祠联，"能攻心，则反侧处消，从古知兵非好战；不审势，即宽严皆误，后来治蜀要深思"，浓缩了一部蜀地政治史，一副对子如一篇论文。

北京潭柘寺弥勒殿联，"大肚能容，容天下难容之事；开口便笑，笑世间可笑之人"。亦庄亦谐，令人回味，也就广为流传。

山海关孟姜女庙正殿门联，"海水朝，朝朝朝，朝朝朝落；浮云长，长长长，长长长消"，巧用多音字，其妙天成。读此联，"朝"字有的可读为早晨之朝，有的则读为朝拜之朝；"长"字有的读为长年累月之长，有的读为生长之长。据清代《浪迹续谈》，浙江温州江心寺外门旧有对联："云朝朝朝朝朝朝朝散，潮长长长长长长长长消。"该书作者还亲见福建罗星塔对联："朝朝朝朝朝朝夕，长长长长长长消。"它们可归入同一类型。

仅从以上几副名胜楹联，就可得见那种与桃符迥异的风貌。由为了辟邪的门前饰物，桃人、桃梗、桃符，经兼为迎吉纳祥的桃符（**增写了吉语**）、春联（**其喜庆气氛不断地挤掉辟邪气氛，后来变得充满了新春之禧**），直至同辟邪已无必然联系的楹联，这一漫长的过程，反映了文明的进步、社会的发展，带给人类心理的巨大变化：先民放眼四望，看到的是恐怖的世界，天灾人祸，到处是对自身生存的威胁，门前的桃人寄托着太多的生存渴望。后来，生存环境不那么险恶了，人们便本能地追求生活的质量，辟邪的桃符不肯丢，却已有吉语书写其上。再后来，对天地人之间关系的认识更为理智的人们，更多地将目光投向自身的发展、生活的幸福，他们终于扔掉驱邪的桃符，运用联语的形式，来为自己祝福。

门前饰物的变革，不仅是一部风俗史，也是一部社会文化发展史。

（四）"偷红"

春节少不了贴春联，大红对子火爆热烈，点缀着节日气氛。台湾《彰化县志稿》讲到在红色纸条写上"文字吉祥，尤富诗情雅意，最能象征新春气象"的春联，同时又记："丧家未满三年，旧俗丧男者须贴青纸联，死女者须贴黄纸联示之。"这与人们习见大红对联形成强烈的反差。而办丧事的人家，门户上贴丧联，白纸黑字，如"终日唯有思亲泪，寸草痛无慈母心"。这区别于大红的纸色，具有浓烈的感情色彩。

这些关于纸色的讲究，从正反两个方面强调了一项民俗，即春联必须用红纸。于是民俗中也就有了一个名目，叫"偷红"。这"红"，指春联。1925年广东肇庆《四会县志》记载这一民俗：

> "元夜"，妇女步月至人家，撷菜少许，曰"偷青"；或撕取人家门前春联，曰"偷红"；或到神庙摘灯带，怀归置床簀下，云"宜男"。

正月十五夜晚，妇女踩着月光，至人家摘采一点蔬菜，叫"偷青"。偷偷到别人家的大门前，撕下一些春联，带回家，称为"偷红"。这一青一红，都称为偷，并不是做贼的事，所以人们不必以此为耻。但还是要以"偷"称之，因为做这些事时是不希望被别人看到的。为什么不光明正大地干？只因这是妇女希望"宜男"的事，婚后不育的媳妇盼娃娃，心事无可非议，但总不好大事张扬。

月圆之夜，是妇女的好时光。比如八月十五，"男不拜月"，妇女便有了专享的权利。正月十五为上元节，一年中第一个月圆之夜，妇女们出门来，也是为了"宜男"，去偷偷地摸城门上的门钉，摸钉即摸丁——丁，男子。摸钉，并无损于那铜皮门钉，但也得偷偷地去摸。这有助于理解"偷青""偷红"的那个"偷"字，其主要是指女人们做这事时的情态，至于"偷"——盗窃意义上的偷，则被风俗的调色板涂上了别种色彩。

上元节夜晚，妇女出门的"偷"俗，是各地较为普遍的风俗。清乾隆年间台湾《澎湖纪略》载，未字之女是夜出游，必偷他人葱菜，谚云："偷得葱，嫁好公；偷得菜，嫁好婿。"妇人窃得别人家喂猪盆，被人咒骂，则为生男之兆。清嘉庆年间《重修扬州府志》："更阑人静，女伴相携出行，曰'走桥'，有乞子者取砖密藏以归。"所有这些，涉及物品虽不尽相同，但实质内容是相同的——"偷"，其实是"乞"，是一种偷偷的"乞"。

"偷红"也是如此。

（五）门匾：建筑物的文字点缀

中国古典建筑与文化珠联璧合的范例之一，是匾额。从形式上讲，匾额既是书法美的载体，又是辞章美的载体。匾额所标志的名称，言简而意赅地浓缩了蔚为大观文化内容，使建筑物大增光彩，甚至成为社会政治、文化的符号。有关匾额的内在容量，本书专设"门名的文化含蕴"一节。

这里只说匾额这一独特的门饰形式。《邵氏闻见录》说，赵匡胤登明德门，指着匾额问："明德之门，安用之字？"赵普应答："语助。"同为宋代，文莹《湘山野录》则将此事的场景记为朱雀门：

> 太祖皇帝将展外城，幸朱雀门，亲自规画，独赵韩王普时从幸。上指门额问普："何不只书'朱雀门'，须著'之'字安用？"普对曰："语助。"太祖大笑曰："之乎者也，助得甚事。"

　　赵匡胤是个马上得天下的君王。他大约不喜欢文绉绉的习气，所以有对门额"之"字那一番评论。

　　门匾上"之"并没有因此而绝迹。若不然，便不会有元代李翀《日闻录》的再谈"之"字：

> 　　匾题字数奇而不偶者，古今往往皆增一"之"字，如大成殿则曰"大成之殿"，不知起于何时。

　　"之"字以外，匾额上的"门"字的说法也颇有趣。清代《坚瓠壬集》引马愈《马氏日抄》：

> 　　门字两户相向，本地勾踢。宋都临安，玉牒殿灾，延及殿门，宰臣以门字有勾脚带火笔，故招火厄，遂撤额投火中乃息。后书门额者，多不勾脚。我朝南京宫城门额皆朱孔易所书，门字俱无勾脚。

　　南宋宫殿发生火灾，有人将此归咎于门匾上"门"字最末一笔挑了钩，"门字有勾脚带火笔，故招火厄"云云。把门匾摘下扔到火里，火被扑灭了。于是，门匾上的门字再不敢信笔落墨，末一笔只可直直地竖在那儿。

　　除火厄之说外，"门"字挑钩另有一说。据《骨董琐记》，明初年，詹希原写太学集贤门匾，门字有钩。朱元璋见后大怒："吾方欲集贤，乃欲闭门塞贤路耶？"这位明太祖读字，充分调动想象力，

"门"一挑钩，如同大门关闭，堵塞了进贤之路。其实，有此"集贤"之心，还愁网罗人才无门路？倒不在门字笔画如何。

北京前门的匾额"正阳门"，"门"字最末一笔为竖，不挑钩。民间就此编出故事，说是皇帝不让写匾的人挑钩，为什么呢？说是皇帝想：我去天坛祭天，要走正阳门，门若带钩，不是把我剐了吗？

天津市蓟州区独乐寺观音阁檐下有块蓝底鎏金字匾，匾为立形，上题"观音之阁"，落款"太白"。学者史树青认为此匾应是大诗人李白所题，其论据是唐代建筑匾额多为立形，现存唐代匾额如山西五台山佛光寺大殿的"佛光真容禅寺"是立额，日本奈良唐招提寺门额也是立形。

其实，唐以后也仍有竖写的匾额。如宋代庄绰《鸡肋编》记，有人喜欢苏轼"亭下殿余春"诗句，以名亭，"榜曰'殿春亭'，作横牌书之。同列有恶之者，乃谓其家有'亭春殿'"。《鸡肋编》特意表出"作横牌书之"，可见宋时匾额并非一律为横匾。

匾额的形状，状如书卷者叫手卷额，形似册页者叫册页额。园林匾额为避免呆板，还用秋叶匾，形状如飘落的叶子。

匾额的字体，真草隶篆，丰富多彩。匾额的色彩也丰富。在甘肃武威的文庙，大殿门前和回廊上挂满了清代牌匾，蔚成景观。这些匾分别为蓝底、紫底、黄底、绿底、黑底，匾上铭字分别涂金色、银色、蓝色、绿色，每匾上四大字，如"经天纬地""斡旋文运""天下文明""为斯文宰""孝友文章""文以载道""化峻天枢""人文化成""贵相太常""德盛化神""书城不夜"等，以壮观的形式渲染着文庙的气氛。

台南三大名匾之一的"一"字匾，匾额很宽，蓝底，通匾书硕大的"一"字，字金色，若碧海蓝天一金龙。匾四周围以楷书，所书为："世人枉费用心机，天理昭彰不可欺……"共77字，形如花边。

一块横书"立雪堂"的游姓人家的匾额，四边框浮雕四个历史故事，下方为"程门立雪"，道出取"立雪"为堂名的缘由；左方为"载道南来"，宋代人游酢与杨时为程门弟子，学成后到福建传播理学；上方为"惠政于民"，表现游酢的政绩；右方"兴学授业"，游酢收徒讲学。匾额上既铭字，又雕图，其文化内涵也就益发丰富（图49）。

图49　山西贞节木牌坊匾额

（六）姓氏的匾额——堂号

上一节刚刚说过"立雪堂"匾额。游姓铭以"立雪堂"，出于立雪程门的宋代故事。游酢与杨时一起拜师理学大儒程颐，程颐瞑目而坐，游酢和杨时侍立等待，等到程颐醒来，门外降雪盈尺。游姓人家以"立雪"为堂号，表示要世代弘扬尊师好学的传统美德。

民居门楣上方嵌挂匾额，其匾往往为堂号。堂号是用来表示姓氏、发扬祖风的匾额，通常选用与自家姓氏相关的成语或典故，镌刻在匾上。例如，"忠厚传家""三槐毓秀""香山遗派""百忍遗风""槐荫启秀"等，并且"约定俗成"，各姓人家不会混用的。

有时直接名"堂"，像游姓"立雪堂"、周姓"爱莲堂"、张姓"百忍堂"、王姓"三槐堂"等。

一姓几支，各有堂号的例子也是有的。山东章丘的孟家是经商的巨贾。孟氏兄弟分立门户后，各建本支堂号，于是绸缎布料店，便有了开"瑞增祥"的"容恕堂"，开"瑞蚨祥"的"矜恕堂"，开"瑞林祥"的"慎思堂"。孟姓的这些堂号给人的感觉是，均选自孟子言论。

堂号通常都取诸同本姓有关的典故。王姓书"三槐堂"，或匾以"槐荫启秀"。其故事出自《宋史·王旦传》：

> 王旦字子明，大名莘人……父祐，尚书兵部侍郎，以文章显于汉、周之际，事太祖、太宗为名臣。尝谕杜重威使无反汉，拒卢多逊害赵普之谋，以百口明符彦卿无罪，世多称其阴德。祐手植三槐于庭，曰："吾之后世，必有为三公者，此其所以志也。"

北宋初年，尚书兵部侍郎王祐文章写得好，做官有政绩。他相信王家后代必出公相，并在院子里种下三棵槐树，作为标志。后来，他的儿子王旦果然做了宰相，当时人称"三槐王氏"，在开封建有王家的三槐堂。

王祐植三槐，是借用三槐喻三公典故。《周礼·秋官·朝士》有"面三槐，三公位焉"的记载，说是周朝宫廷外种三棵槐树，三公朝见天子。而三公，朝廷中三种最高官衔的合称，周代时以太师、太傅、太保为三公。文学家苏轼，同王旦之孙王巩是朋友，曾应王巩的请求写了一篇《三槐堂铭》。此文被编入《古文观止》书中，广为流传。

张姓门前夸耀的，是"百忍遗风"，他们常以"百忍"为堂号。有言道"百忍成金"，这中间包含着累世同居的故事。《旧唐书·孝友传·张公艺》：

> 郓州寿张人张公艺，九代同居。北齐时，东安王高永乐诣宅慰抚旌表焉。隋开皇中，大使、邵阳公梁子恭亲慰抚，重表其门。贞观中，特敕吏加旌表。麟德中，高宗有事泰山，路过郓州，亲幸其宅，问其义由。其人请纸笔，但书百余"忍"字。高宗为之流涕，赐以缣帛。

张公艺九代同堂，出了名，几次得到旌表门闾的荣誉。此事《新唐书》也载，唐高宗祀泰山，路过郓州，到张家，"问本末，书'忍'

以对，天子为之流涕"。

"百忍"之中虽有几分辛酸在，但能感动穿龙袍的万岁，也是值得荣耀的事。中国古代推崇累世同居，几代同爨（cuàn）、长幼有序大家庭，历来被视为宜加褒显的好风尚。于是，张姓人家以"百忍"为堂号，铭门额，因循成为惯例。

周姓人家常名"爱莲堂"，是因名篇《爱莲说》出自宋代名儒周敦颐手笔。情真意长，说莲喻人，可以说达到了一种极致。周敦颐以后，爱莲者众。周姓人家以"爱莲"为堂号，不仅引《爱莲说》为自豪，还旨在以"花之君子"来自励。

门匾几个字，蕴含着如此丰富的文化内容。

由堂号匾额，再来说说姓氏楹联。就以王姓人家为例，其常用的传统楹联是："黄槐绿竹宜新植，紫燕红鹅说旧家。"上下联分别用了两个典故。黄槐，与"三槐毓秀"匾额用典相同。绿竹，王徽之爱竹，《晋书·王徽之传》："尝寄居空宅中，便令种竹。或问其故，徽之但啸咏，指竹曰：'何可一日无此君邪！'"紫燕，宋代刘斧《青琐高议》载，金陵人王谢，泛海至鸟国，一翁一媪皆穿黑衣，将女儿嫁他。既久，王谢乘云轩归金陵。有燕子飞到王谢家屋梁上。王谢召时，燕子飞到王谢臂上，燕尾系着字条，上写："误到华胥国里来，玉人终日重怜才。云轩飘去无消息，泪洒临风几百回。"第二年燕子又来，尾上系诗："昔日相逢真数合，而今暌隔是生离。来春纵有相思字，三月天南无燕飞。"红鹅，用王羲之爱鹅的典故。《晋书·王羲之传》说他"性爱鹅……山阴有一道士，养好鹅，羲之往观焉，意甚悦，固求市之。道士云：'为写《道德经》，当奉群相赠耳。'羲之欣然写毕，笼鹅而归，甚以为乐"。

这副对联，选择王姓名人四事，种槐喻门楣光耀，植竹寓品行节操，抚燕表和美，爱鹅见雅趣。

（七）光耀门楣挂匾额

旧时，陕北民间俗语"文魁武魁，不如锅盔"。《中部县志》解释，"文魁武魁"是匾上字，"科举时代家有文武举人，于门上悬此匾额"，而"锅盔"即面制大厚饼。本分庄稼汉绝不好高骛远的务实心态，一句"文魁武魁，不如锅盔"表现得淋漓尽致，平头百姓的幽默感充溢其间。

然而，功名、荣誉毕竟不是坏东西。门额上的匾，题写着表彰字眼的匾，到底能让主人荣耀，令旁人艳羡。乡下城里，均是如此。20世纪30年代初所修辽宁《义县志》有段话，言及匾额对于地方民风方面的影响：

乡间之大门，或以柳条为之，或以木板为之。城中大门多以木为之，上盖板，有脊，曰"门楼"，两边闪屏，小门一，曰"角门"；不盖板者，曰"光亮大门"。世宦或富贵者多以砖为之，上盖瓦，圆脊，俗称"滚脊门楼"。复有建二门、砌花墙，隔院为二者，二门皆用砖瓦，号曰"垂珠"。乡间多柴门，只富者有砖、木所为之门楼。吾邑世家，大门、二门概挂匾额，科第者或题拔贡，或题父子进士、父子乡魁、兄弟拔贡、兄弟同榜，武魁出仕者或题大夫第，影壁则用三台，俱置吻兽，房脊亦置之。门两旁竖单斗或双斗旗杆，视功名而用之（举人单斗，进士双斗）。民国贵或富家门额，或大总统题曰"孝义之门"，或邑令题曰"热心公益"。其节妇门额，或大总统题曰"节励松筠"，与清朝节妇门额题曰"节孝可见"及孝子门额题曰"纯孝格天"者，后先辉映，吾邑重公益及孝、节、义，亦可概见于所居矣。

城、乡人家的大门有所不同，世家与平民的宅门区别很大。关涉到门面的事情，人们挺在意（图50）。这其中，匾额的因素，并不被

图50　云南建水文庙西侧门石坊，建于清康熙年间。匾额意谓"步于仕途的门径"

175

小觑。尽管那匾额不能当饭吃——"不如锅盔"，但许多人还是推崇它。门匾所张扬的，是向脸面上贴金。在过去的时代里，社会以那么一种方式，来宣扬，来提倡，来表彰，来奖励，形成社会价值取向，造成民众荣誉归属，大多数人对此不会冷漠相视，就如同社会永远不会缺乏进取心。世代与土地打交道的庄稼汉，当机会摆在眼前、荣耀不再遥远的时候，他们也不免会为那"文魁武魁"而动心，觉得它比果腹的"锅盔"另具一番滋味。

当然，"文魁武魁，不如锅盔"自有它的道理。被实实在在的庄稼汉投以轻视，这同匾的虚荣有关。请看1937年东北《海城县志》：

> 至新宅落成，或其他喜寿诸事，戚友亦多赠匾额，或称官阶，或论齿德，然声闻过情者居多，系一种粉饰门面之具，能否名副其实，则在所不计也。

这是功名匾的贬值，光荣匾的掉价。言过其实，溢美浮夸，甚至阿谀奉承，对这样的门匾，人们嗤之以鼻，说一句"不如锅盔"，又有什么奇怪的呢？

就说那有皇上的时代，御赐匾额该是件很荣耀的事吧。可是，大奸臣秦桧偏偏获此殊荣。这就使得赐匾的价值大打折扣。《宋史·奸臣传》记：绍兴十五年（公元1145年），"十月，帝亲书'一德格天'扁其阁"。秦桧的劣迹，主和不主战，投降不抵抗，以至构冤狱，害忠良，"莫须有"，这一切难说不是秉承南宋皇帝之意，赐匾"一德格天"就是明证。秦桧不得人心，据清代《坚瓠甲集》，秦桧死后，开浚运河时，取泥堆积其府第墙外及门，有人在其门扇上题诗："格天阁在人何在，偃月堂深恨已深。"可见"一德格天"的御匾并没能为秦桧洗刷骂名。

清代《啸亭杂记》记骄横一时的年羹尧：

> 年大将军赐第在宣武门内右隅，其额书"邦家之光"。及年骄汰日甚，有识之士过其第哂曰："可改书'败家之先'。"盖以字形相似也。未逾时，年果偾事。

雍正能登皇帝位，有年羹尧之功。然而，年羹尧得志猖狂，目空一切，也就埋下了毁灭的种子。"邦"与繁体"败"字笔画相近，"光""先"字形也相似，有人故意将年羹尧的门匾读成"败家之先"，正反映了一种民心向背。雍正改元才第三个年头，年羹尧便倒霉了。当然，他的下场，祸由自身出，也与当时的朝廷政治有关，倒不在门匾之字。

在门匾上涂涂改改，以作讽刺挖苦，明代笑话集《喷饭录》里有这类故事：

> 有孝廉为京官，颜以"文献世家"于门。一夕，人以纸糊其两头字，曰："献世。"孝廉怒，命仆骂于世。又一夕，糊其"文"字上一点，曰："又献世。"孝廉怒骂如前。则再糊其"家"字上一点，曰："献世家。"

笑话里的那个京官，门上挂着"文献世家"匾。大约因为人品欠佳，人缘也差，屡屡被人取笑耍弄。那自吹自擂的匾额，还是摘掉为好。

悬匾额以明志向，题字寓意往往见性格。那些具有文化容量和韵味的匾额，为人们所乐道。宋代岳珂《桯史·见一堂》：

> 孝宗朝尚书郎鹿（何）年四十余，一日，上章乞致其事。上惊谕宰相，使问其繇，何对曰："臣无他，顾德不称位，欲稍矫世之不知分者耳。"遂以其语奏，上曰："姑遂其欲。"……何归，筑堂匾曰"见一"，盖取"人人尽道休官去，林下何尝见一人"之句而反之也。

"林下何尝见一人"的诗句，世俗相传之广，以至被认为是俚谚。它讽刺做官者的虚伪，相逢常说要辞官归隐，但大都口是心非，山林间并未见到辞官者的影子。尚书郎鹿何年纪刚过40岁便请求致仕，他自言顾虑不称职，希望以自己的行动来纠正只盯着高官厚禄的风气。鹿何如愿后，悬挂出"见一堂"匾额，意思是：林下何尝见一人？我就来做那"一人"。明志之外，刺世疾俗之意，铭于匾上。

"见一堂"的修辞之妙，在于从广为传诵的诗句中化出，反其意而用之。元代初年画家郑思肖以"本穴世界"名匾，则利用汉字笔画结构，拆卸拼装，以诉心曲。

明代《宋遗民录》载，南宋灭亡后，郑思肖不买元朝的账，他画兰有根无土，有人问时，他说："地为番人夺去，汝不知耶？"他字忆翁，号所南，以寓对于南宋王朝的思念。又将发愤之作命名为《大无工十空经》，"空"字去"工"加"十"，为"宋"。他还以相同的思路名匾，居所门匾书为"本穴世界"——"本"字取出"十"而留"大"，将"十"置于"穴"下，组成"宋"。郑思肖的门匾所隐的是"大宋世界"。这被传为遗民守志、不事新朝的佳话。

清代王应奎《柳南续笔》说，狂士归元恭"家贫甚，扉破至不可合，椅败至不可坐，则俱以纬萧缚之，遂书其匾曰'结绳而治'"。如此"结绳而治"，门匾上的四个字，不是活脱脱地将主人的性格凸显于门户之前了吗？

（八）店家老字号

老字号是宝贵的财富。商界讲："创出金字招牌，买卖找上门来。"老字号可以具有如此的吸引力，形成一种营销优势。

旧时好面子的北京人，讲究出门有身好"行头"，所谓"头顶'马聚源'，脚踩'内联升'，身穿'八大祥'，腰里别'西天成'"，分别讲的是帽子、鞋子、衣服和烟袋。马聚源、内联升、西天成都是有名气的老字号，八大祥则指卖绸布的瑞蚨祥、瑞林祥等八家字号。

商家的字号，本来说的是门上的牌匾，匾上的字写的是商店的称号。这字号太能代表商店的形象了，以至于字号竟成了商店的代称，比如讲"京城老字号""津门老字号"，便不是单指那么几块店匾，而是对整个商店的称谓。

北京有句老话"丸散膏丹同仁堂，汤剂饮片鹤年堂"，称赞了两家老字号药店。鹤年堂匾今仍存，据说为明代奸相严嵩手书。严嵩字写得很好。有段传说故事讲，权倾一时的严嵩写了"鹤年堂"牌匾，字又不俗，一经挂出，众人皆言佳，却有一个老举子横看竖瞧，说道："字是好字，只是笔锋转折处，时不时透出一股奸气。"严嵩所作所为，即便朝无评，野也会有议。因此那一番论字，该视为借字说人，如果把它当作确有其事的话。严嵩写的店匾，在北京还有"六必居"酱菜园，名人写匾，也是一种名人效应。天津的老字号正兴德茶庄，不仅有书法家华世奎书写的牌匾，还有军阀吴佩孚、下野总统徐世昌写的店匾。

当然，字号本身的含义也是重要的。以天津的一些老字号可为例，建于20世纪20年代的劝业场，牌匾为书法家华世奎所书，商场内悬匾"劝吾胞舆，业精于勤，商务发达，场地增新"，是在为自家的字号注解。"正阳春鸭子楼"，取意大门朝东阳光冲照。山东人在津开的登瀛楼饭庄，字号"登瀛"典出《史记·秦始皇本纪》"海中有三神山，名为蓬莱、方丈、瀛洲，仙人居之"，同时又兼顾了山东特点。

牌匾是面向大众的招牌，因此用典应忌生僻，避免晦涩难懂。清代钱泳《履园丛话》记，济南有家酒店牌匾"者者居"，外地人不解其意，当地人说此语出自《论语》"近者悦，远者来"。虽须解释，尚能弄懂，也就罢了。

还有更令人费解的牌匾。清代朱彭寿《安乐康平室随笔》说：京城某酒肆，所悬匾额很是古旧，上面题"推潭仆远"四字。有一次，朱彭寿与在座诸人议论此匾，不知所谓。朱彭寿一心要弄个明白，曾多次询问友人，没有知晓者。偶遇某翁，告诉他说，曾听老辈人讲到那字号，四字大约出于《汉书》。朱彭寿检阅《汉书》数遍，未见其语。复推而及于《后汉书》，得之于《西南夷莋都夷传》的《乐德歌》内，是为甘美酒食注文。原来那本是夷语，当时在异域听到的，音译为此四字，并无意义可言。如果只就文字求其义，自然虽百思而不得其解。这样的店匾，就有失于艰涩了。

清代文人钱泳游历七八个省，所到之处很注意匾额楹联之类，他的《履园丛话》记载，酒店匾额曰"二两居"，楹联曰"刘伶问道谁家好？李白回言此处高"，各处皆有。此地"二两居"，彼地"二两居"，匾虽雷同，但它通俗平易，能赢得平民大众，开店的人最实际，愿意把它挂在店门上。

牌匾与对联相呼应，是常见的形式。例如，天津达仁堂药店在门前悬店匾，两侧配对联"自选川广云贵道地药材"，"蜜制丸散膏丹汤剂饮片"。20世纪初天津八大家之一卞家开办的海货店，门旁对联一边是"隆业有基珍罗山海"，一边是"昌期即遇利取鱼盐"，门楣有"隆昌号"横匾。对联藏头，嵌着字号。

店家的招牌常喜欢用吉利字眼，这是容易理解的。朱彭寿《安乐康平室随笔》卷六：

> 市肆字号，除意主典雅或别有取意者不计外，若普通命名，则无论通都僻壤，彼此无不相同。余尝戏为一律以括之云："顺裕兴隆瑞永昌，元亨万利复丰祥；泰和茂盛同乾德，谦吉公仁协鼎光。聚益中通全信义，久恒大美庆安康；新春正合生成广，润发洪

源厚福长。"诗固漫无意义，而吉利字面，大抵尽此
五十六字中，舍此而别立佳名，亦寥寥无几字矣。

所列举的56个字，对于牌匾用字，确实囊括几尽了。然而，这
些字用来交叉组合，两字的，三字甚至四字、五字的，再加上甲前乙
后、乙前甲后的位置变化，是可以组合出成千上万个不同字号的。

三、岁时习俗

（一）除夕："甘蔗宰相""炭将军"

春夏秋冬一岁分四时。春播，夏作，秋收，冬藏，季节时令决定
着农事活动，而农事活动的直接结果是温饱。农业文明在创造耕耧犁
耙、创造深耕细作的同时，还面对迫切的社会需求，创造了精密的时
序刻度——一年四个季节、十二个月，一年二十四节气、七十二候。
这一套时序系统，并不单单是"不误农时"的保障系统。农业的需
要，使它如此完善；它产生出来，不只充当耕作时间表。它为整个社
会生活所遵循，它与民众的消祸祈福心理相结合，在悠悠岁月里生发
出绚烂的文化现象——岁时风俗。

门与户，几千年里在民风熏染之中，变得色彩纷呈。

"一夜连双岁，五更分二年"，除夕以辞旧迎新的独特时段位置，
成为展示年节习俗的重要舞台；民居之门则以建筑物出入口的空间取
位，承载了一幕幕绚丽的场景。挂春联、贴门神是普遍的岁时风俗，

一些地方民俗又在此基础上有所增饰，使得中华年俗益发多彩。

门前"藏鬼秸"。1915年《顺义县志》记：腊月三十"各于门前插芝麻秸，挂五色罗"。古人传说，西方山中有一种叫山魈（xiāo）或叫山臊的怪物，独脚，不怕人，专在过年的时候出来害人。按照传说的解释，年俗中红纸对联、爆竹鞭炮之类，都是用来驱怪逐鬼的。插芝麻秸有个名目，叫"藏鬼秸"。人们想象，其意义似如鱼鳃的功用，经门前"藏鬼秸"一过滤，大鬼小鬼就全被滤在里面了。此俗相当古老，明代《艺林伐山·螺首》引《通典》说，夏、商、周三代分别以苇茭、螺首、桃梗为门饰，具有辟邪意义；并写道："苇茭，今京师人家，岁除插芝麻秸于门，是苇茭之遗。"

葫芦收疫鬼。清代《顺天府志》：除夕"门窗贴红纸葫芦，曰'收疫鬼'"。葫芦具有收降妖魔鬼怪的法力，是流传久远的话题。记录河北民俗的《深州风土记》讲除夕辟瘟："洒扫堂厅，悬葫芦、麻筋于门，烧辟瘟丹。"干脆将葫芦挂在门上。清乾隆年间河南《荥阳县志》也记："焚辟秽丹，放驱魔炮，刻木为匙，悬匏于户，福来灾去。"匏，即可做水瓢的大葫芦。

松柏饰门。清乾隆年间《东湖县志》，除夕"以松柏枝插户楣"。道光年间《安陆县志》记为"束柏枝悬门檐，亦户悬苇索之遗"。此俗在我国已鲜见，其传到日本，至今仍为点缀新年的一大景观。

"喜钱"招财。四川《江津县志》："门楣之上，镂彩纸贴之，谓之'喜钱'。"《汉口小志》："红纸镂花贴于楣上，率以五张为准，名'封门钱'，至正月十八始去之。"在广西柳州，家门贴几片红纸钱，称为"利市",这是旧时贫苦人家点缀新年的门饰。清代《隰州志》载,山西临汾一带民俗,除夕门上贴招财纸,"以朱抹马形,曰财神所乘"。人们盼财神降临,画红马贴门,算是为财神备下的坐骑。广西《灵川县志》记桂林地区除夕贴"岁符":"各户以红纸条横粘钱纸中腰,遍贴门户。"

红橘示吉。清代光绪年间《花县志》记:"除日,扫屋宇,易桃符、门神,悬红橘于门。"南方产橘,广东传此民俗。悬橘,以红色象征喜庆,借谐音表示吉祥。更有几物同谐音者,门楣悬柏枝、柿子和橘子,解为"百(柏)事(柿)大吉(橘)",见《彰化县志稿》。

木炭门前当将军。过去,木炭是日常生活重要的热源材料,可以讲既关系着"温"又关系着"饱"。过年了,人们记着木炭的好处,将它置于门前,并赋予符号般意义。清代《雅州府志》:"拣大炭挂门,曰'黑将军'。山民多以木炭树门外,谓之'有财'。"这是四川民俗。清代《郾城县志》:"置炭门外,谓之'炭将军'。"是为河南年俗。湖北《蕲州县志》则记,树双炭于门,以红纸束之,称为"炭将军"。在陕西高陵一带,春节悬挂木炭于门上,意在借炭的威力炙除疾病,名曰"去瘟疫"。旧时在河南一些地方,用红纸裹木炭两根,立门框两旁,称为"拦门炭";贫穷人家则以木棍一条,放在门槛外,称为"拦门杠",与"拦门炭"的功能是一样的。

甘蔗门前当宰相。除夕夜的年俗一道道,最后该封门了——祭毕门神,关门上闩,两张写"封门大吉"的红纸条相交叉贴在门上。这时,事先备下的两支红皮甘蔗要派用场了。甘蔗裹以红绿纸,插上柏枝,倚靠门上,这叫"盈门甘蔗",取意自然着眼于蔗的甘甜。除夕守门的甘蔗，被称为"甘蔗宰相"，清代吴存楷《江乡节物诗》咏："蔗竿矗立守蓬门，老境须甜直到根。笑杀贫家无菛锁，竟劳宰相作司阍。"司阍即守门人。历史上曾发生过戚继光抗倭的福建沿海一些地方，除夕夜门后放长尾甘蔗的年俗，附有这样的传说：明朝嘉靖年间倭寇来犯，当地家家把武器藏在甘蔗捆里，放在门后。待戚家军到来，拿出武器，配合戚家军扫荡倭寇。

"百无禁忌"贴门。上海市郊风俗，元日前要送各路神仙，就是取下神马，加上冬青、柏枝焚烧。值此之时，留下姜太公那张。因为这张神马上印有"百无禁忌"字样，过年时要用来贴门驱邪避祸的。

类似门趣，仍有花絮可采。1935年河南《武阳县志》载年三十夜"守岁"："家家大门外横一木，曰防银钱外流也。"这是一种想当然。胡朴安《中华全国风俗志·长沙新年纪俗诗》："贫家早早掩财门，债主虽临难进行。恼煞商家收账客，无钱反吃闭门羹。"并注，除夕辞年毕，用红纸条书"衡门衍庆"四字，将大门闭固，无论何人，不许出入，称为封财门。穷人多借此避债。清代《吴郡岁华纪丽》则记一美妙的联想："农家除夕闭门守岁时，竞以石灰画圈于地，圈中大书吉语，以祈丰稔……画弓矢戈矛之形，以禳灾避祟……杨循吉《除夕诗》：'门前尽画弓。'"

旧岁新年，在岁月的出入口，风俗加于门户之上的奇思妙想、怪思异想，不妨视为一年一度的展览会。在这风俗展上，可以一睹对于那些似有又无的东西，敞门相迎的热盼、拒之门外的意愿。一代代中国人，希望以年俗的形式，为生活安装上纳福避祸的门扇。

（二）"福到"与"见喜"

鲁迅有篇小说写了过年，篇名就叫《祝福》。何谓福?《尚书·洪范》:"五福:一曰寿，二曰富，三曰康宁，四曰攸好德，五曰考终命。"一个福字，含着无尽的吉祥。

贴福字，成为重要的年俗。人们对福的渴望太迫切了，以至于门上的"福"要倒着贴——以谐音"福到"。

民间贴福字的风俗，与清朝皇帝新年赐福字的惯例有关。清代爱新觉罗·昭梿《啸亭杂录》写到福字:

> 定制，列圣于嘉平朔谒阐福寺归，御建福宫，开笔书福字笺，以迓新禧，凡内廷王公、大臣皆遍赐之。翌日，上御乾清宫西暖阁，召赐福字之臣入跪御案前，上亲挥宸翰，其人自捧之出，以志宠也。其内廷翰林及乾清门侍卫，皆赐双钩福字，盖御笔勒石者也。其余御笔皆封贮乾清宫，于次岁冬间，特赐军机大臣数人，谓之赐余福。

康熙帝开始书福字赏赐大臣，第一个获此殊荣者是翰林编修查慎行。至乾隆朝，每年举行书福之典，写福字所用的笔上镌着"赐福苍生"四字，含义是御赐福字，福归天下。得到御书福字，是值得荣耀的事。那"福"要供起来，是不会贴门户的。乾隆朝当了三十一年尚书的王际华，积历年所得共二十四幅福字，装裱悬挂，名为"二十四福堂"。

关于福字，还有传说拉上了明太祖朱元璋。清代褚人获《坚瓠集》刊有"门贴福字"条：

> 高皇尝于上元夜微行。时俗，好为隐语相猜以为戏乐。乃画一妇，赤脚怀西瓜。众哗然。高皇就观，心已喻之，曰："是谓淮西妇人好大脚也。"于是，使人以福字私贴守分之门。明日召军士，大戮其无福字者。盖马后淮西人，故云。至今除夕犹以福字贴门。

门上贴福，当作记号，贴福人家得到保护。一些民间风物传说中，可见到这种故事模式，例如有关门悬艾草、门插柳枝等岁时风俗的解说，都有与此相似的故事类型。

民俗把"福"变成星，与"禄""寿"合称三星。吉语"三星在户"，意思是福、禄、寿三星拱照之家。清代时，北京民间年画有《三星图》，画福星、禄星、寿星，尺幅大小正可贴在房门上，以契"三星在户"；天津杨柳青年画《三星在户》，画面上三神仙——福星、禄星、寿星，已然登堂入室，与民同乐了。

清代皇家也受到此俗的影响。在紫禁城里，门上也是有"福"的。比如，养心殿室内墙门，上端加雕饰精美的毗庐帽，两扇大红门各一字，一扇"福"，一扇"寿"，正可谓"在户"。有读者问，咋缺个"禄"？答：封建社会里，皇帝家天下，禄是臣子们企盼的星。

三星之外有喜神。过年要贴红纸条"出门见喜"，不仅仅贴在迎门处。见喜是遇见喜神。旧时年俗，初一清早，要出门向着喜神所在的方向散步，"出门见喜"，一年康宁。这成为一种仪式，在北京叫"走喜神方"，上海叫"兜喜神方"，不同地方还有"出行""出方""出天方"等说法。山西吕梁地区，新年元日出行郊外，谓之迎喜神。1917年《临县志》录有竹枝词一首："粘户红笺墨色新，衣冠揖让蔼然亲。香灯提出明如海，都向村前接喜神。"

喜神的方向，《协纪辩方书》说："喜神甲己日在艮方，乙庚日则居乾方，丙辛日居坤方，丁壬日居离方，戊癸日居巽方。"还有一种大为简便的认定，以公鸡最初啼鸣的方向为喜神可能出现的方向。

（三）立春时节宜春帖

古时浙江人要采春，立春日郊游踏青，采集冬青树枝、松枝、柏枝、竹枝，回家插门上，叫"插春"，以期"四季长春，春福富足"。

立春时节，祝颂新春，宜春帖成为传统习俗。初时用彩绸剪为燕形首饰，贴"宜春"字，以点题。至唐代，孙思邈《千金玉令》："立春日，贴宜春字于门。"即是所谓"春帖"了。

20世纪40年代陕西《宜川县志》载：

> 立春，清晨用朱红点于牛角及小儿额上与门窗户壁等处，曰"打春"，以示庆祝新春之意。（间有用纸书"立新春鸿禧"或"立新春大吉大利，万事亨通"等字者；乡民如不能写字，则画一"十"字代之。）

这条材料，反映了春帖流行于穷乡僻壤间的情形。不识字的庄稼汉，画个"十"字，代替"鸿禧"之类吉语，将自己对于春的祝福贴上门户。

后来，"宜春"也用于辞旧迎新，清代钱大昕的一首《竹枝词》"宵来送岁还迎岁，齐换宜春帖子题"，自注："元日，题'宜春'二字于门。"清乾隆年间湖北《东湖县志》录《迎春即事》诗："'宜春'双字写红霞。"迎接春天的到来，人们总是有一种好心情。

"宜春"不必一定是帖子，也可直接写在门扇上，并且是用土块来写。清光绪年间云南《浪穹县志略》："立春日，争取土牛土，书吉语于门，当宜春字。"

用土牛之土，在门户上书写迎春吉语，这是很有文化内涵的事。《后汉书·礼仪志》记载季冬之月的土牛礼仪："是月也，立土牛六头于国都郡县城外丑地，以送大寒。"对此，《月令章句》解释说："是月之建丑，丑为牛。寒将极，是故出其物类形象，以示送达之，且以升阳也。"出土牛，本出于送冬寒的含义。送冬寒必然联系着迎春暖，风俗的流变使二者融合，到后来，迎春神同出土牛合二为一，时间在立春之际。塑了土牛，涂上五颜六色，在立春日将它鞭碎，称为"鞭春"，以此表达珍惜春光、勤于耕耘的劝农之意。

土牛被鞭碎，又有争抢其土的风俗。唐代元稹《生春》诗："鞭牛县门外，争土盖蚕丛。"宋代《鸡肋编》说："河东之人乃谓土牛之肉宜蚕，兼辟瘟疫，得少许则悬于帐上，调水以饮小儿，故相竞，有致损伤者。"土牛之肉，即是打碎土牛，散落的土。古人相信，土牛之土宜蚕，还能辟瘟疫，甚至调水给小孩服用，以求保平安。

从云南《浪穹县志略》所记来看，"争取土牛土"，那土也是有一番争抢的："书吉语于门，当宜春字。"人们大约是相信土牛之土，沾了神秘之气，具有特殊的法力，用来在自家门户上写吉语，是可以辟邪纳吉的。

（四）初三书帖钉赤口

海南的地方志，屡见钉赤口的记载。《琼台志》，明代正德年间刻本，记正月："初三日早则书帖钉赤口于门。"清咸丰七年（公元1857年）《琼山县志》："初三日，书帖钉赤口，谓之'禁口'。"

关于此俗，元代《岁时广记》："《陈氏手记》：今日端五日多写赤口字贴壁上，以竹钉钉其口中，云断口舌。不知起于何代。"钉赤口，为了禁口舌是非，因此琼山人称此俗为"禁口"。清光绪年间《安定县志》记录较详，且有所发挥：

> 三日祭赤口，题于门前，曰："赤口原是天上星，凡人不识把汝钉，今日送君归天上，一年四季永安宁。"吃芥包菜，生芥菜包饭，杂以鱼肉、辛酸诸味裹之，谓之"芥包饭"，取其银包金，亦以弭口舌之灾也。

赤口依旧要钉，"凡人不识""天上星"云云，软硬兼施，为了远之而先敬之，体现了民间信仰习俗常见的一种思维方式。

为了送赤口上天，求四季安宁，门前书帖钉赤口外，还流行"以弭口舌之灾"的饭食，则是风俗的一种增饰。这增饰，又包括《儋县志》所记："初三日早，书帖钉赤口于门；略叙饮宴，群邀渔猎，谓之'斗口'。"这已不仅限于自家门前的钉和自家饭桌的吃，而是发展为人际交往活动了。

清代《茶香室丛钞》引宋人储泳《祛疑说》，"赤口，小煞耳。人或忤之，率多斗讼"，并说："赤口值寅巳酉戌，则不可用，余皆无害，盖四位所属，皆能以口伤物，其煞乃行，他位值之，不必尽避。"按此迷信的说法，赤口既是一种主口舌争讼的恶煞，人们自然避之唯恐不及，特别是逢寅、巳、酉、戌之日，因为寅属虎、巳属蛇、酉属鸡、戌属狗，"四位所属，皆能以口伤物，其煞乃行"。干支纪日这四天，因为地支生肖的关系，与"赤口"发生了联系。不言而喻，"赤口"本无稽，复加以寅虎巳蛇之类，只不过再添上些想当然而已。

（五）破五：送穷出门

正月初五，民间谓之"破五"。除夕辞旧、初一迎新，纳福庆余之后，到破五之日，该送穷了。

穷，恰似扰人的怪物，贫苦人家盼着摆脱它的纠缠，富贵人家躲它唯恐不及。于是，新年伊始，风俗为人们安排这第五天的日程——送穷。送穷送到哪里去？大门为界，门里不要它，扫地出门，把它送到门外去。"元旦日，家内不令扫地，至初五日五更，方扫地下尘土，送出门外，名曰'送穷'"，清康熙年间山西《徐沟县志》这样说；"五日早，扫堂宇，委土户外，曰'送穷'"，河北《栾城县志》这样说；"五日，扫除秽土置门外，曰'送穷'"，《赵州志》这样说。

也有头一天就开始"筹划"此事的。"初四日晚，扫室内卧席下土，室女剪纸缚秸，作妇人状，手握小帚，肩负纸袋，内盛糠粮，置箕内，曰'扫晴娘'，又曰'五穷娘'。昧爽，有沿门呼者，'送出五穷媳妇来'，则启门送之。"初四制个"五穷娘"，只待初五清早送出门，这是清代人修《怀来县志》记录的送穷。在临潼，剪出纸人，门外抛掉，算是过了送穷节。

甘肃天水旧俗，破五送穷，早上将垃圾装在竹编簸箕里，弯腰端着，为了防止被风吹掉，由房内倒退着走到大门口。如果出大门之前有东西从簸箕里掉出来，就要回到原处，装好了，重新退向大门。到大门后，转过身，一口气跑到倒垃圾的地方，连同簸箕一并扔掉。

送穷出门，一送了之是送，门外另加处理也是送。"正月初五日，俗谓之破五。各家用纸制造妇人，身背纸袋，将屋内秽土扫置袋内，送门外燃炮炸之，俗谓之'送五穷'。亦有儿童高唱歌者。"依《张北县志》所记，送穷已出门，还要燃鞭炮炸它一家伙，算是一种感情的宣泄吧。再加上儿童的歌唱，那气氛不妨说是与"穷"绝交的典礼。

以上送穷，皆为河北民俗，大同而小异。所同者：送穷送到门外去。门——领域感、象征性，此与彼之间的界线，这一风俗的基本形式，就是以家家大门为标志，把"穷"送到自家的生活圈外去。

送穷也是古风。唐代姚合《晦日送穷》诗，"万户千门看，无人不送穷"，可入风俗史。唐代于正月的最后一天送穷。韩愈《送穷文》，结柳作车，缚草为船，送穷鬼去故就新，虽是戏谑之文，却也反映了当时的风俗。穷神又称"穷子"，相传："颛顼高辛时，宫中生一子，不着完衣，宫中号为穷子。"颛顼为传说远古五帝之一，是黄帝之孙。依此说来，穷和送穷，都可算"来历"久远了。

（六）上元节里祭门又张灯

本书关于门神部分，引用了《荆楚岁时记》的一段话：

> 正月十五日，作豆糜，加油膏其上，以祠门户。先以杨枝插门，随杨枝所指，仍以酒脯饮食及豆粥插箸而祭之。

用来祭祀门户的豆粥，要加些油脂在上边。门上插杨柳枝叶，枝条随风飘动的方向，便被选为行祭祀之礼的方向。

古人将祭门之俗，同祭蚕神联系起来。《荆楚岁时记》的注文，据传出于隋代人。注文谈到正月十五祭蚕神，祭品是米粥表面撒上肉。并引《续齐谐记》说，神女曾在蚕农张成家里显形，并对张成说，正月十五用白米粥加些肉脂祭神，"当令君蚕桑百倍"。张成照此祭祀神灵，年年养蚕获丰收。

正月十五上元节，又是灯之节。赏灯的古俗，曾使得门禁"放夜"，如宋代《事物纪原》说：

> 唐睿宗光天二年（公元943年）正月望，初弛门禁。玄宗天宝六年（公元747年）正月十八日，诏重门夜开，以达阳气。朱梁开平中，诏开坊门三夜……《僧史略》曰：太平兴国六年（公元981年），敕燃灯放夜为著令。

新年已过，人们希望尽快走出旧岁留下的冬季，走出严寒，迎来春天。"重门夜开，以达阳气"，即是人们表达这一愿望的方式——城门、里门，一反平日夜晚紧闭的惯例，大门敞开，请"阳气"进得门来，请春暖进得门来。门禁既弛，宵禁暂无，正可欢欢喜喜来个"夜来欢"，过一个彩灯的节。

据旧时方志记载，湖南一些地方"十三夜，各家张灯门外，谓之上灯"，赏灯从正月十三开始。河南信阳一带民俗，上元"挂门灯，前后各三日"，"自十三日为始，市民各于门首悬挂灯球，纤巧不一，至十六、七方止，游者竞观之"。灯节的节期长达五六天。

关于灯节，又有"倒灯"之说。陕西《续修醴泉县志稿》：正月十五家家悬灯结彩，"新嫁娘未逾年者，其母家则于十四日前送灯，婿家是夜悬家门前，名曰'倒灯'"。

张家口地区童谣，载于1934年《万全县志》："正月正，正月正，正月十五挂红灯。红灯挂在大门外，但不知财神来不来。"除夕迎新后，刚刚平复的日子又掀小高潮。同春节相比，上元没有关于"年"那个怪物的传说，省去诸多忌和宜，仿佛是个只有开心没有败兴的节日，大红灯笼门前挂，财神或许要进门的。

灯节之灯，彩灯、花灯、走马灯，灯上又可贴谜，大家猜。湖北《通城县志》记，元宵夜花灯、龙灯，粘诗射谜，士民嬉游达旦，各家"门前供火一炉，四更加薪，以火大为吉，名曰'赛火'"。这是通宵达旦的欢乐。

张灯高高之外，还有另种形式。《宛平县志》记："是夜，各家以小盏点灯，遍散井、灶、门、户、砧石，曰'散灯'。"称为散灯，遍处开花，很是传神。

到了二月初二，门口再张灯，1933年山西《沁源县志》说："二月初二日，俗云'龙抬头'。家家张挂灯笼于门首，谓之'挂龙灯'。"灯笼高高挂，象征龙抬头。

（七）正月金牛保平安

正月十五过后，河南灵宝的人们要剪金牛了。家家黄纸剪金牛，贴在大门上。

金牛贴门之际，也是传说讲述之时：相传，老子骑牛来到函谷关，要出关，函谷关令尹喜请他留下著述，老子便写《道德经》。就在这期间，函谷关一带瘟疫流行。老子的牛吐出个大肉团，当地人把肉团抱回乡里，瘟疫很快止息。原来，老子的坐骑是神牛，驱瘟镇邪不在话下。

贴金牛，为了驱邪除病。请看金牛下面粘着条纸带，上面用朱砂写：

新春正月二十三，太上老君炼仙丹；家家门上贴金牛，一年四季保平安。

与灵宝隔黄河相望的山西夏县一带，也贴金牛。一句民谚流传：

正月二十三，老聃要上天；门上贴金牛，四季保平安。

门扇贴着金牛，人们说这也是在提醒大家，年已经过了，该准备春耕了。这项农耕时代留下的风俗，"一牛"两用，它既驮着驱瘟免灾的祈望，又驮着丰收的期冀。

有些地方门上不贴金牛，贴的是剪纸的人、车轮葫芦等图案，也附有相应的说法。山西解州一带还兴贴葫芦，地方志上说：正月二十三"以葫芦、车轮等形贴门，曰老君炼丹日，贴则四时平安"。

正月二十二日门之饰，也着眼于招财。清代乾隆年间《同州府志》："二十二日剪车轮贴门上，为招财进宝。"

二十三日贴纸人，着眼于避疳。清代《蒲城县新志》记："剪纸人置门上，又令童子食炒豆，云避疳驱虫。"疳，中医也称疳积，营养不良、消化不良、寄生虫引起的小儿贫血症。旧时，这是常见病。

从清代《澄城县志》的记述看，"二十二日，纸剪车轮，又剪纸人，俱贴门上，禁不得食米，或禁三数日，惧疾疳"，原为招财进宝的"纸剪车轮"，也被纳入避疳之俗，反映人们的注目所在，对孩儿健康的祈望，是高于对财源的企盼的。

正是由此，正月二十三风俗兼收并蓄，至1932年的《华阴县续志》，包容有增：

> 二十三日，以谷秸分置门旁，云"散疳"，义取禳疾。用黄纸剪排联佛像，贴于门楣，云作佛事，不得其解。幼子、童女印小粉圈于面，名曰"点月儿"。

谷秸置门旁、孩童脸上圈点，均针对疳积；至于"不得其解"的佛像贴门，《咸阳县志》说"妇女剪纸为佛像饰门首，亦彩胜之遗也"。

风俗的融会是一种强调，其在正月二十三的门前申明：恼人的疳，快快远离人去。

（八）清明时节门插柳

节气二十四，清明排第五。这是"露泄春光有柳条"的时节。时秩带来清净、明洁的风光，故名清明。各地方志关于清明的文字，大都记载了同一节俗——门上插柳。

门上插柳，取义在何？清乾隆三十五年（公元1770年）刻本《光州志》：

> 清明日，男妇各戴柳枝于首，门、檐、匾并插柳枝。
> 《岁时记》云：以是取柳火之义。一说柳枝可禳火也。

清明与火，涉及三项古俗。

其一，古代钻木取火，四季用不同的木，《论语·阳货》"钻燧改火"讲的就是此事。所谓春取榆柳之火，夏取枣杏之火，季夏取桑柘之火，秋取柞楢之火，冬取槐檀之火。改火之典，据说上古时代曾盛行。与春相关的是榆、柳之火。

其二，寒食禁火。春秋时，晋国公子重耳流亡列国，介子推跟随，曾割股肉给重耳充饥。重耳归国为晋文公，介子推隐居绵山。晋文公焚山求之，介子推仍不肯出山，抱木而死。晋文公下令每年这一天禁止用火，为后世留下了寒食节。此节在清明前一两日，随着时间的推移，有与清明合一的趋势。

其三，禁火之说，早见于《周礼·司烜氏》："仲春以木铎修火禁于国中。"对此，《夏小正》的解释是："去冬一百五日为寒食者，乃因龙忌丹阳集云，龙星亢之位，春属东方，心为大火，惧火甚，故禁火。"古人相信天人合一，禁火是因天空星辰的缘故。

折过头来说柳火。随物质文明的发展，钻木取火已非生活必需。然而，改火是写入《周礼》和《论语》的古制，没有被遗忘。到了唐宋，每当寒食禁火后，朝廷用柳火赐近臣、戚里。《宋朝事实类苑》卷三十二：

> 周礼，四时变国火，谓春取榆柳之火，夏取枣杏之火……而唐时惟清明以榆柳之火以赐近臣戚里。本朝因之，惟赐辅臣、戚里、帅臣、节察三司使、知开封府、枢密直学士、中使，皆得厚赐，非常赐例也。

学会用火，在人类进化史上是件具有里程碑意义的事。周代一岁五改火的古俗，反映着用火与天地岁时的神秘联系，很可能是承袭于洪荒远古的风俗遗迹。君王赐火，唐时只限制在极小的圈子里。到了宋代，虽然范围稍有扩大，但赐火仍是恩宠有加的表示，一般人想也不敢想的。受赐者以此点火，之后，将柳条插在门楣上，以示荣耀。后来，未得赐火的人家在此时节也插柳门上，仿佛要分享赐火荣耀似的。渐渐地，清明节门上插柳的风俗便形成了。

在有些地方，民间将此俗全归于纪念介子推，如1936年河南《阳武县志》：

> 清明节，各神位及主前均供柳；并插门上，日为
> 介子推招魂也。

门上插柳为的是辟邪，此亦一说。天一阁藏明代《建昌府志》：

> 清明，是日插柳于门，人簪一嫩柳，谓能辟邪。

柳枝辟邪是古老的说法。贾思勰《齐民要术》说：正月旦，取柳枝著门户上，百鬼不入家。清乾隆年间《曲阜县志》也说："祀清明，插柳于门外，辟不祥。"而清嘉庆年间刻本《峨眉县志》则记，清明时妇女贴胜于鬓，名"柳叶符"。这可作为一条材料，以助解释插柳簪柳辟邪之说。另，浙江《临海县志》讲，清明插柳于门，或簪之，谓之驱"香九娘"，盖指螫虫云。同辟邪相近者，是避蛇虫之说。如河北《怀来县志》："折柳枝插门，谓可避蛇虫。"

插柳"明眼"，宋代吴自牧《梦粱录》说：

> 清明交三月，节前两日谓之"寒食"，京师人从冬
> 至后数起至一百五日，便是此日，家家以柳条插于门
> 上，名曰"明眼"……

此说见于江南、江北地方志。明眼，使目明。关于清明柳的这一说法，大约起于"青盲日"禁忌——如《临晋县志》记："清明是日，妇女不作生活，曰'青盲日'。"就是说，这天是妇女们的休假日，请放下手里的活儿；若不然，于视力会大有不利的。

对于致盲的禁忌，生发了明目的联想，且并不全以插柳为媒介。清嘉庆十六年（公元1811年）《西安县志》说，清明"折柳枝插门或簪之，食青豆令人眼明"；清嘉庆十年（公元1805年）《长兴县志》，清明食螺，谓之"挑青"，可明目；此外，还说清明日采新茶能明目。

清明门上柳，又是迎接春燕的。燕是候鸟，春归北方。所以，迎燕说只见于北方。河北的《乐亭县志》"插柳枝于户，以迎元鸟"，《滦州志》"以面为燕，著于柳枝插户，以迎元鸟"。元鸟就是燕子。对于北方来说，燕归来永远是一件有美感的事。值得说明的是，山西不愧是介子推的故乡，那面做的燕穿在柳条上，插于门户，称为"子推燕"。

《光州志》说"柳枝可以禳火"，《衢县志》却说门插柳"榆柳取火之意，顺阳气也"。这颇有些相左。然而，当我们读到面捏的燕子随柳枝门前轻摆的图景时，便会说一句：门上的绿柳条，为什么不能是春天的旗帜、是春阳的旗帜呢？

历古至今，人们对风俗给出种种解释，实际上是文化的、观念的不断投入的过程。袅袅柳条，将这么多文化信息簪在门楣上、门扇上，给寻访门文化的今人，留下绵绵的韵味。

（九）城门杀狗：季春的磔禳

季春，春季第三个月。磔，古代祭礼的一种形式，分裂祭牲以祭神称为磔。禳，去邪除恶却变异之祭。

春三月城邑之门杀狗磔禳，是一项古老的风俗。《吕氏春秋·季春纪》说："是月也……国人傩，九门磔禳，以毕春气。"傩，"击鼓大呼，驱逐不祥"。九门指城门，磔禳以狗和羊为牲，见汉代高诱所作注释：

> 九门，三方九门也。嫌非王气所在，故磔犬羊以禳。木气尽之，故曰以毕春气也。

此种古俗，《史记》《礼记》《淮南子》等汉代典籍均有记载，解说大同小异。将这些材料参阅互证，古代季春之月上演于城门口的一幕，就较为清晰地勾画出来了。请看东汉应劭《风俗通义·祀典》所述：

> 俗说：狗别宾主，善守御，故著四门，以辟盗贼也。
> 谨按：《月令》："九门磔禳，以毕春气。"盖天子之城，十有二门，东方三门，生气之门也，不欲使死物见于生门，故独于九门杀犬磔禳。犬者金畜，禳者却也，抑金使不害春之时所生，令万物遂成其性，火当受而长之，故曰以毕春气。功成而退，木行终也。

古代礼制，都城四面每面设三门。按照五行之说，东方属木主春而色青，春是发生万物的季节，故言"东方三门，生气之门"。磔禳仪式，在南、西、北三面九门进行。古代有种讲法，"犬，金畜也"。五行生克，金克木。杀狗磔禳，意在象征对金气的抑制，使其不能危害春季所萌生的万物。至于"令万物遂成其性，火当受而长之，故曰以毕春气"，也是根据五行生克之说衍生出来的，那就是：木生火。《淮南子》说，季春之月"生气方盛，阳气发泄，生者毕出，萌者尽达"。春气既毕，木行告终，时序进入了五行属火的夏季。

三要素构成这一古俗，时间：季春；地点：城门前——南北西三方的城门前；形式：磔狗。坐落方向所赋予城门的特殊含义，于此可见一斑。

（十）谷雨贴符禁蝎

谷雨通常在农历三月，已届暮春。谷雨之后便要立夏了。湖北《兴山县志》："每岁三四月，里民……门首各贴符字，又纸糊船焚送于水，谓之'化龙船'，可以收瘟摄毒。"这已是着眼于夏季的风俗。

与此近似，山西临汾一带风俗，"谷雨，画张天师符贴门，名'禁蝎'"，20世纪40年代的《吉县志》有录。旧时，陕西凤翔一带的禁蝎咒符（图51），以木刻印制，可见需求量是很大的。其上印有："谷雨三月中，蝎子逞威风。神鸡鸽一嘴，毒虫化为水……"画面中央雄鸡衔虫，爪下还有一只大蝎子。画上印有咒符。

山东民俗也禁蝎。清乾隆六年（公元1741年）《夏津县志》记："谷雨，朱砂书符禁蝎。"道光年间《商河县志》记：二月二，"煎正月之糕食以祛虫，用杖击梁以避鼠，贴蝎符以辟蝎。谷雨日亦或禁蝎"。虫、鼠、蝎，都是人们要驱除的。

图51　陕西凤翔传统木版画

除虫害，昔时是人们面临的一个重要问题。因此，有关习俗的岁时定位，不一而足。有些地方置于早春二月；有些地方则包含于惊蛰风俗之中，惊蛰一般在农历二月初或一月末；而一些地方，则有四月初八"嫁毛虫"的风俗。

清光绪年间《沅陵县志》："惊蛰先一晚，各家用石灰画弓矢于门后，撒灰于阶除，以驱虫毒。"这是湖南一些地方的风俗。

清咸丰四年（公元1854年）四川《云阳县志》记，四月初八清晨，各家自书纸条："佛生四月八，毛虫今日嫁，嫁往深山去，永远不归家。"人们说，将纸条贴在门窗上，可避毛虫。

在传统年画著名产地苏州桃花坞，有一种彩色版画《逼鼠蚕猫》，是专供蚕忌期间贴门的。画面花猫，口叼一鼠。《天工开物》

说："凡害蚕者有雀、鼠、蚊三种。雀害不及茧，蚊害不及早蚕，鼠害则与之相终始。"《逼鼠蚕猫》之类的画贴在门上，提醒人们养蚕须防鼠，又是在告知外人，蚕禁时节请遵守蚕忌习俗，勿扰养蚕人家的清静。

（十一）四月初一破蚩尤的纪念

晋西南，运城、临汾一带民俗，农历四月以牛图画、皂角叶装点门户。清代《翼城县志》记此俗，言及这是"关壮缪侯破蚩尤之日"。1929年的《翼城县志》记此民俗，较为详尽：

> 初一日，相传为关壮缪侯破蚩尤之日。人多于门旁插皂角叶，粘印牛于门楣，或以色布作三角式，用线串之，间以枯蒜梗令小儿佩带，殆皆避瘟之意欤。

这是富有地域特色的民俗。关壮缪侯即关羽，他为今运城解州人，是这一方人们的骄傲。蚩尤，上古神话人物。神话故事讲，蚩尤战黄帝，双方战得昏天黑地，蚩尤战败，付出了血的代价。《山海经》说，蚩尤弃其浸血的桎梏，化为枫树林；《梦溪笔谈》说，山西"解州盐泽……卤色正赤……俚俗谓之'蚩尤血'"。

两个与这一方大地相关联的人物，还被装入同一传说，如《三教源流搜神大全》所记：宋真宗时，解州盐池灾变。城隍托梦，说是"盐之患乃蚩尤也。往昔蚩尤与轩辕帝争战，帝杀之于此地盐池之侧"。张天师则推荐关羽讨蚩尤。关羽对宋真宗说："先令解州管内户民三百里内，尽闭户不出，三百里外尽告示行人，勿得往来，待七日之期，必成其功，然后开门如往。恐触犯神鬼，多致死亡。"宋真宗从之，诏告解州居民悉知。几天里，大风阴暗，白昼如夜，云空似有铁马金戈之声。到后来，盐池真的水清如初。

清代袁枚的志怪小说《子不语》记此传说，又添枝蔓，续出张飞来：盐池之水熬不出盐，关羽托梦说："盐池为蚩尤所据，故烧不成盐；蚩尤我可制之，蚩尤妻名枭，只有张飞能擒服。"人们依梦，在关公庙里新塑张飞像。次日取水煮盐，成者十倍。

关羽、蚩尤的传说，正可引为对这一带四月初一风俗的诠释。1920年《虞乡县志》也记："俗传宋时蚩尤作祟，盐池水涸。关帝率神兵讨之，令神兵各戴皂叶以为标记。蚩尤亦令妖兵头戴槐叶，意图混乱。及至日午，槐叶尽干，卒为所破，池水如初。"皂叶、槐叶的精彩细节，体现了民间文学的创造功力。关羽由一员武将而公、而帝、而圣，除了统治者的提倡，还赖于民间文学的塑造。这塑造之中，寄托着属于大众的惩恶扬善的社会理想。

（十二）立夏的门饰和忌讳

在步入夏季的时候，云南民俗关注的是厌祟避蛇。清乾隆元年（公元1736年）《云南通志》载，四月立夏之日，"插皂荚枝、红花于户，以厌祟；围灰墙脚以避蛇"。

值四月而言避蛇，与十二生肖巳属蛇有关联，地支纪月，三月为辰，四月为巳。立夏厌祟，门上插皂荚树枝和红花，含有黑、红既济之义。按照古代五行说，黑为水，红为火。这是希望通过两者相互制约，达到一种平衡。同时，古人不仅日常用皂荚去污，还以皂荚入药，认为它具有杀虫功能。将它当作厌祟之物，也着眼于除秽驱邪。旧时五月有门悬皂荚风俗，皂荚状若刀形，称为"悬刀"，相传可以吓跑鬼怪。

清光绪年间云南《腾越州志》也说："立夏日，插皂角枝、红花于户以厌胜，围灰墙脚以避蛇。"清代《浪穹县略志》记云南大理一带风俗："立夏，插白杨于门，以灰洒房屋周围，名曰'灰城'，以避虺毒。"有所不同，门前插白杨。

"四月八，毛虫瞎"，这是立夏前后福建一些地方传唱的民谚。1919年《政和县志》记："人家每户书'四月八，毛虫瞎'六字逢门张贴，以禁毛蛅虫。"门扇贴上这样的字条，以求避虫害。

在步入夏季的时候，安徽、江苏、浙江等地民俗关注的是怎样度夏。清光绪八年《嘉定县志》："夏至日，称人，云不疰夏，戒坐户槛。"疰夏，似可理解为暑期综合征。清代《浪迹续谈》有"杭人谓自立夏多疾者为疰夏"；旧时江苏《吴县志》言"俗以入夏眠食不服曰疰"。夏季炎热，有些人不能适应气候，吃不好，睡不好，一到暑季人就瘦下来，北方有"苦夏"或"枯夏"之说，南方称此为疰夏。

在浙江，清代雍正年间《青田县志》说："立夏日，各做面糍、稻饼，取其坚韧砺齿，谓之'挂夏'。忌坐门限，言能令人脚骭酸软。"立夏这天，吃些硬饼，象征磨砺牙齿，以期在整个夏季里保持正常的消化能力，不厌食。同日，也是为了有一个愉快的夏季，切勿坐在门槛上。

忌坐门槛之说流传很广。在安徽，道光十年（**公元1830年**）

《太湖县志》："立夏日，取笋苋为羹，相戒毋坐门限，毋昼寝，谓愁夏多倦病也。"说是这天坐门槛，夏天里会疲倦多病。20世纪30年代《宁国县志》："立夏，以秤秤人体轻重，免除疾病，所谓不怯夏也。俗传立夏坐门限，则一年精神不振。"确实令人不敢坐——此日坐门槛，全年萎靡。

痄使人瘦。夏季第一天称体重，其意义在于，既然已经注意到了天热使人瘦的问题，人就不会减肥了。这是民俗事项中常见的思维方式。

在江苏，20世纪30年代《吴县志》说：

> 立夏日……是日取去岁撑门炭烹茶以饮，茶叶则索诸左右邻，谓之"七家茶"；又，天虽寒必着纱衣，并戒坐门槛，以免痄夏。

只为远避那个"痄"，立夏当天，除了屁股勿挨门槛，即使气温还不高，也要穿上夏装，取一种象征意义；除夕夜倚在门前的"炭将军"或曰"撑门炭"，也被赋予"以免痄夏"的功用，用它煮水烹茶——茶叶是向邻居讨要的，人们说可以为整个夏季消解暑气。

（十三）端午门饰

端午节名，又称端阳、重午、天中、朱门、五毒日。

在古时，俗传五月多不祥，有"恶五月"之称。正月建寅，排到五月，地支为午。地支十二个，这午，被古代的阴阳学家视为阳之极；端午系午月的第五日，这一天的干支虽不一定是午，但人们还是称其为"重午"——双午重叠，被当作一年里阳气最盛的日子。传统哲学讲阴阳谐调，失衡便不好。双午为火旺之相，过旺则为毒，要禳解。同时，古人还有种揣摩，阳气旺盛时节，也意味着"阴气萌作"。由这种参悟天地的思想，派生出流传久远的门饰风俗。

《后汉书·志·礼仪中》记载：

> 仲夏之月，万物方盛。日夏至，阴气萌作，恐物不楙。其礼：以朱索连荤菜，弥牟〔朴〕蛊钟。以桃印长六寸，方三寸，五色书文如法，以施门户。代以所尚为饰。夏后氏金行，作苇茭，言气交也。殷人水德，以螺首，慎其闭塞，使如螺也。周人木德，以桃为更，言气相更也。汉兼用之，故以五月五日，朱索五色印为门饰，以难止恶气。

夏五月，饰门户以避邪恶，曾历流变。但朱索总是要挂门上的。明代夏完淳《端午赋》："地腊谁传，方舟不渡，今年之朱索空缠，去岁之赤符已破。"门上画符咒，倒是两汉以后风俗的增饰。

端午节俗辟恶去秽、驱邪禳灾的内容，追根寻源，大都由"午为阳极"而来。对此的直观感触，就是随夏季而来的暑热。端午节俗的一些内容，表现了在那一时令里，对于夏季卫生防疫的关注。

端午门饰多取植物，其中草药反映了这种关注，例如悬艾。

宗懔《荆楚岁时记》载端午习俗："采艾以为人，悬门户上，以禳毒气。"隋朝人作注说，南齐的宗测曾在五月五日公鸡啼晨之前采艾草，专采那些像人形的，用来治病很有效。孟元老《东京梦华录》也记，端午"钉艾人于门上"。

宋代《梦粱录》所记周全，门前景象缤纷，围绕着端午节俗的中心题目——求平安：

> 杭都风俗，自初一日至端午日，家家买桃、柳、葵、榴、蒲叶、伏道，又并市茭、粽、五色水团、时果、五色瘟纸，当门供养……以艾与百草缚成天师，悬于门额上，或悬虎头白泽，或士宦等家以生朱于午时书"五月五日天中节，赤口白舌尽消灭"之句。此日采百草或修制药品，以为辟瘟疾等用，藏之果有灵验。

扎成天师形象，无疑加强了悬艾的符号意义，但它的基本取义，仍是门示艾草以辟邪祛秽。艾还被制为虎形，《帝京岁时纪胜》："五月朔，家家悬朱符，插蒲龙艾虎。"清乾隆四年（公元1739年）刻本《湖州府志》记，将蚕茧剪作虎形，以艾编为人形，跨于虎上，民间称为"健人老虎"。海州湾的渔民过端午节，门上贴"虎符"，即朱笔黄纸画虎头，或用红黄纸剪虎贴于门。还以蛋壳羽毛制成老虎造型，挂在门上，称为"挂艾虎。"门上贴红字，也见于台湾《苑里志》：端阳节"各家以黄纸朱书为'午时联'，贴于门，并悬蒲艾，所以招祥而祛灾疠"。

艾是草药，又可用于灸疗，因此被民俗借重。山西民间有一端午传说，另作构思，说是唐朝黄巾起义军打到邓州城下，妇孺老幼往城外逃。黄巢见人群中一妇女怀抱着五六岁的大男孩，手领着三四岁的小男孩，觉得奇怪，就上前询问，回答说："大的是邻居的孩子，他父母已亡，只剩下这根独苗。小的是自己的孩子。万一不能双全，宁可丢掉自家的，保邻居的。"黄巢说："黄巾军杀富济贫，专与官府作对。你爱邻居孩子，我爱天下百姓。"说着，拔下两棵艾草递过去："有艾不杀，请回城告诉百姓，门上插艾，便保平安。"转天黄巢进城，全城穷人家门都插了艾。这"艾""爱"同音的故事，虽续出新的情节、新的境界，但对于了解悬艾的初始意义，已是歧路一段了。

台湾《苗栗县志》说，客家风俗，端午之日，门上并挂葛藤，相传出于黄巢故事。故事情节同上述山西传说基本一致。

旧时端午民俗，尚有其他门饰，简列如下：

《玉烛宝典》引裴玄《新言》说，五月初五用色缯成麦状，"以悬于门，彰收麦也"。门饰取意于农业生产，这在有关端午的传统风俗里是独树一帜的。其年代当是较早的。

《重修台湾府志》记："门楣间艾叶、菖蒲，兼插禾稗一茎，谓可避蚊蚋；榕一枝，谓老而弥健。"门前悬禾苗稗草，着眼于夏日里避蚊虫，而悬榕枝则令人想到老年人的健康。

在陕西，旧时的《延长县志》说，端午日人家用蒲艾纸牛贴门，名曰"镇病"。

敦煌遗书《杂书》："取东南桃枝，悬户上，百鬼不敢入舍。"桃木自古被视为辟邪的神物，端午节里也派用场。

1930年《盖平县志》记辽宁风俗："门悬黄布猴，手执彩麻小帚，取扫除灾孽意。"此俗应是极富文化渊源，同五行生克之说相关联的。地支午属马，申属猴。反映五行生克关系，有猴辟马瘟之说，据此，《西游记》里孙猴子也就做了"弼马温"。重午之日，在门前悬黄布猴，取意正在于借申猴所代表的水气，来限制重午的火旺之相。

清代湖北《蕲州志》记，五月初五"庙巫祝例送朱砂黄楮符，贴之门壁"；20世纪30年代河北《沧县志》记，"五月五日，门插艾枝，剪红纸葫芦粘门楣"。门上贴剪纸葫芦之俗，清代富察敦崇《燕京岁时记》有记："端阳日用彩纸剪成各样葫芦，倒粘于门阑上，以泄毒气。至初五午后，则取而弃之。"以泄毒气，体现的依然是旧时端午节的主题。

（十四）茱萸酒洒重阳门

九九重阳，登高，佩茱萸，饮酒于高阜处。同这一风俗密不可分的，是《续齐谐记》里的神仙故事：费长房学道有成，能施缩地之术，多有神异。一天，他对徒弟桓景说，九月九日你家有灾，你要带全家人登高山，每人臂上扎一个红布袋，袋里装茱萸。靠着这一番泄露天机的指点，桓景全家躲过了危及性命的大灾难。

登高、茱萸和酒，重阳节俗的三要素。唐代诗人咏九月九，王维"遥知兄弟登高处，遍插茱萸少一人"，写到登高和茱萸；杜甫"醉把茱萸仔细看"，言及茱萸和酒。茱萸是味药材，《本草纲目》讲其辛辣芳香，性温热，功能治寒驱毒。晋代《风土记》九月九日"折茱萸以插头，言辟恶气，而御初寒"，说的便是这一层意思。

古人以阴阳论事物，偶数阴、奇数阳，九为最大的阳数。注《易经》的人讲，阳爻为九，阴爻为六。因此又有一说，九为老阳，九而重，阳盛极，阳亢则为灾，需要禳解。并就此以为，茱萸性虽热而能引热下行；菊花得四时之气、金水之精，能息风除热。这是着眼于重九阳亢的一种解说。

翻开《辽史·礼志六》，可以读到关于东北地区重阳节古俗的记述：

> 九月重九日，天子率群臣部族射虎，少者为负，罚重九宴。射毕，择高地卓帐，赐蕃、汉臣僚饮菊花酒。兔肝为臡，鹿舌为酱，又研茱萸酒，洒门户以祓禳。国语谓是日为"必里迟离"，九月九日也。

重阳节俗的三要素登高、茱萸、酒都涉及了，引人注目的是，为了禳，要将茱萸酒洒于门户。为御初寒也好，为禳阳亢也罢，人们把措施落实到自家门前，洒些许祓禳的酒，换得全家平安的心理慰藉。

此俗并非仅存于史籍里。黑龙江省松花江地区1964年修《宾县县志》，也记录了这一风俗。照搬县志里的话，"邑为辽旧，故犹存此俗"。

这是另一种思路，有别于登高躲灾的妙想——门户洒酒，禳灾门前，自守家门。当然，重阳登高乐悠悠，不会那么沉重；门户洒酒，也是岁时风俗里的快活事。因为，桓景故事只不过谈助而已，禳灾早不是重阳的唯一主题了。

（十五）冬至门上糯米圆

冬至为民间八节之一，旧时颇受重视，有"冬至大于年"之谚。在福建等地方，"冬至，粉米为丸，祀祖如仪"。此即所言圆子，又称糍、团圆子。

冬至，一年中昼短夜长的至极之日。冬至过后，便开始昼渐长而夜渐短的过程。因此，古人以冬至为阳生之日。就像出土牛送冬寒一样，人们想象在阳生之日，通过天人的沟通，以达阳气。请看宁波天一阁藏明嘉靖年间刻本《惠安县志》：

> 十一月冬至，阳气始萌，食米丸，仍粘丸于门。凡阳象圆，阴象方。五月阴始生，黍先五谷而熟，则为角黍以象阴。角，方也。冬至阳始生，则为米丸以象阳。丸，圆也。各以其类象之。夏至不为节，抑阴也。

修于清代的几部地方志记录了这一风俗。康熙年间《诏安县志》，"冬至，人家做米团而食，谓之'添岁'。门扉、器物各以一丸粘其上，谓之'饲耗'"；乾隆年间《重修台湾县志》，"冬至，家做米丸，谓之'添岁'，即古所谓'亚岁'也。门扉器物，各粘一丸，谓之'饷耗'"；道光年间《罗源县志》，"冬至先一夕，捣米粉如玉屑泥，少长团聚搓为丸，次早荐之祖先，粘于门槛，取其圆以达阳气"；光绪年间《福清县志》，"以粉米做丸，取团圆之义，又粘门槛间，取其圆以达阳气"。

天人相通，以达阳气，圆是信息符号，门扉做了人与天之间的媒介。

关于冬至，还有一种古老的说法，即所谓"至日闭关"——关闭城门。《周易·复·象辞》：

先王以至日闭关，商旅不行，后不省方。

参看汉代班固《白虎通义·诛伐篇》说："冬至所以休兵，不举事，闭关，商旅不行，何？此日阳气微弱，王者承天理物，故率天下静，不复行役，扶助微气，成万物也。"阳气，太阳之气。承天理物，就是积极、主动地去顺应大自然。《初学记》引《五经通义》："冬至阳气萌生，阴阳交精，始成万物，气微在下，不可动泄。"宜静不宜动，城门要关，行役要止，君王待在城里不出巡。所有这些，都是为了在寒气已极的时候，扶助刚刚萌生、尚显微弱的太阳之气。

谨闭城门，竟有这样一篇天地大道理，不妨归为天人合一、物我相融的神思遐想。这神思遐想也缀在各家各户的门户，那就是粘米圆，达阳气。

（十六）腊月杀鸡：雄著门，雌著户

送走冬寒，迎接春暖，自古是岁时习俗的重要命题。《后汉书·礼仪中》载，季冬之月"立土牛六头于国都郡县城外丑地，以送大寒"，就是著名的例证。在冬季的第三个月份，以土塑牛，立在城外东北方，表示"送大寒"。这风俗，后来演变为立春之日鞭打春牛的习俗。寒冬腊月，除了土牛送大寒，古人还在门户上做文章，杀鸡祭祀门户。东汉应劭《风俗通义》记时俗风尚，录下许多风俗史料。"风俗"一词即源自该书。《风俗通义·祀典》载：

> 俗说：鸡鸣将旦，为人起居；门亦昏闭晨开，扞难守固；礼贵报功，故门户用鸡也。
>
> 《青史子》书说："鸡者，东方之牲也，岁终更始，辨秩东作，万物触户而出，故以鸡祀祭也。"
>
> 太史丞邓平说："腊者，所以迎刑送德也。大寒至，常恐阴胜，故以戌日腊。戌者，温气也，用其气日杀鸡以谢刑德。雄著门，雌著户，以和阴阳，调寒配水，节风雨也。"

以上引文，三条材料各言其说。第一条为东汉时民间的说法。雄鸡啼晨，大门黄昏关闭早晨开启，以这时间方面的相似点作为中介，说明"门户用鸡"。第二条引《青史子》，将鸡归为"东方之牲"，也同雄鸡司晨相关；旧岁的终了，新岁的开始，在于太阳东升，"万物触户而出，故以鸡祀祭"。第三条，录汉代邓平之语。古人以暑为阳、寒为阴。大寒之时，人们不希望阴气过于旺盛，所以先择属戌的日子举行腊祭仪式。地支十二，戌属土。在腊月的戌日杀鸡，意在送走刑杀之气，迎接将至的春气。因为，十二地支中酉属金，金主刑杀，而鸡为酉的属相。古人相信，在这特定的日子里，杀雄鸡悬于大门，杀雌鸡悬于房门，可以"和阴阳，调寒配水，节风雨也"，求得来年风调雨顺。杀鸡悬于门户的风俗，因阴阳五行说的掺入，益显得色彩神秘，并形成不尽相同的解释。但是，归根结底，这一风俗所体现的，是漫长冬日里对于春天的热望。对此，《太平御览》卷二九引裴玄《新语》，讲得较为直白：

> 正朝，县官杀羊，悬其头于门，又磔鸡副之，俗说以厌疠气。玄以问河南任君，任君曰："是月也，土气升，草木萌动，羊吃百草，鸡啄五谷，杀之以助生气也。"

不仅杀鸡还杀羊，羊头也高挂在门上。为的啥？只因大地复苏，草木将萌发。杀一只吃草的羊，再杀一只啄谷的鸡，人们希望以此表示对自然界的一种干预，以此象征对于春天生发之气的扶助。说得再直白一点：帮助春的气息壮大起来，尽快挤掉冬寒。

作为一种风俗，东汉之际磔鸡祭门时在冬季的最后一个月。传至魏晋，这项岁时活动逐渐融入年俗，《晋书·礼志上》记载：

> 岁旦，常设苇茭、桃梗、磔鸡于宫及百寺之门，以禳恶气。

岁旦即新年第一天。新年伊始，门上悬苇索、桃人，还要杀鸡祭门禳恶气。《南齐书·魏虏传》记北方民俗："腊日逐除，岁尽，城门磔雄鸡，苇索桃梗，如汉仪。"这反映了风俗的传播。

明代李时珍《本草纲目》也言及新年时磔鸡祭门的古俗，并特别讲到雄鸡、鸡头、东方在这一风俗中的含义：

古者，正旦，磔雄鸡祭门户，以辟邪鬼。盖鸡乃阳精，雄者阳之体，头者阳之会，东门者阳之方。以纯阳胜纯阴之义也。

鸡啼黎明，使古人感到它是同东升的旭日相关联的动物，因而视它为太阳鸟，为阳精之禽，如《初学记》引《春秋纬》："鸡为积阳南方之象，火阳精物炎上，故阳出鸡鸣，以类感也。"人们说，鬼魅昼伏夜出，害怕太阳，害怕光明，是阴邪之物。故而，古人在新年第一天，"磔鸡祭门户，以辟邪鬼"，相信此举可使新一年避开恶气、邪鬼的搅扰。

（十七）岁末门前风景线

经春历夏，由秋而冬，时序走到岁末的门前，展现年俗的景观。

这是寒冷的日子，"腊七腊八，冻死俩仨"，人们过腊八节。如同闽台等地冬至糯米圆粘门扉，以达阳气的风俗，河北等地风俗，腊八粥煮成，要在门环等处"涂粥少许，以禳不祥"。记录这一风俗的，有1934年河北《万全县志》。

腊月初八，八种米料煮粥，各地风俗皆然。陕北一些地方的腊八习俗，外加门户的文章。《宜川县志》记，腊八节"晚置木炭、冰块于门之左右，谓黑白虎守门，以警鬼魅"。木炭色黑，称为"黑虎"，冰块色白，称为"白虎"。一左一右置于门口，就说有此二"虎"把门，鬼魅不敢靠近。冰、炭本不相容，古人却能将两个极端之物结成对子，安排到门前站岗。这实在可以说是思维的大手笔。

黑虎、白虎，门前的静物；同时还有活剧在门前上演，从一进腊月直演到除夕。清乾隆年间《奉贤县志》说，腊月初一日，"乞人始偶男女傅粉墨妆为钟馗、灶王，持竿剑，望门歌舞以乞，亦傩之遗意"。

傩，古人驱逐瘟疫的仪式。《后汉书·志·礼仪中》已有详细记载，皇宫举行大傩以逐疫，要选一百二十个童子，红布蒙头，身着黑衣，每人手持一个拨浪鼓。还有人戴上熊皮面具扮成方相氏，有人打扮成十二神兽模样。在大傩仪式上，人们手举火炬，狂喊着，狂舞着，做着驱疫出门的动作，"送疫出端门；门外驺骑传炬出宫，司马阙门门外五营骑士传火弃洛水中"。

《论语·乡党》曰："乡人傩。"傩本民间古风。由敦煌遗书可知，唐代民间仍兴此俗。敦煌写卷《儿郎伟》道："圣人福缘重，万古难传匹。剪孽贼不残，驱傩鬼无失。东方有一鬼，不许春时出。西方有一鬼，便使秋天卒。南方有一鬼，两眼赤如日。北方有一鬼，浑身黑如漆。四门皆有鬼，擒之不遗一……"驱傩总是重门户，"四门皆有鬼，擒之不遗一"，就是声言要把鬼怪逐出门去。

到了清代，这些被称为"跳钟馗"或"跳灶王"。清代《清嘉录》："丐者衣怀甲胄，装钟馗，沿门跳舞以逐鬼，亦月朔始，届除夕而止，谓之跳钟馗。"清代《土风录》："腊月丐户装钟馗灶神，到人家乞钱米，自朔日至廿四日止，名曰跳灶王。"不论是标以钟馗还是灶王，同用一个"跳"字。"跳"正概括了傩舞的形态。

而在宋代时，这称为"打夜胡"。宋代吴自牧《梦粱录·十二月》："自入此月，街市有贫丐者三五人为一队，装神鬼判官、钟馗小妹等形，敲锣击鼓，沿门乞钱，俗呼'打夜胡'，亦驱傩之意也。"以此与清代的"跳灶王"相比，驱傩阵容里的灶王，当是后增的。大门小户前的这一通表演，使皇宫里的逐疫大傩普及至千家万户，原先的主角方相氏改为民间所熟悉的钟馗及灶君。值得注意的是，《梦粱录》同时也记载了当年宫中的情况：

> 禁中除夜呈大驱傩仪，并系皇城司诸班直，戴面具，着绣画杂色衣装，手执金枪、银戟、画木刀剑、五色龙凤、五色旗帜，以教乐所伶工装将军符使、判官钟馗、六丁六甲神兵、五方鬼使、灶君土地、门神户尉等神，自禁中动鼓吹，驱祟出东华门外，转龙池湾，谓之"埋祟"而散。

所扮神祇鬼使，比汉宫傩仪角色要多，反映了风俗在传袭过程中的增饰。逐疫的主题也被淡化得似有似无，融在了"埋祟"之中。但是，有一个形式没有改变，这就是驱出门去 —— 一座大门，不仅表示空间领域，而且代表了超空间的意义，即把瘟疫把邪祟从生活中扫除干净。这是在辞旧岁之际，对于新年的祝福。

腊月之后是新春。风俗会沿着岁时的刻度，走向千门万户，开始新一轮的流转。一道又一道门前风景，表现着一代代中国人对旧的因循，对新的希望。

四、五行四象与门的厌胜

（一）四象与门的朝向

门和户都有着朝向问题。透过门的朝向，可以看到华夏文化的许多篇章，那是些绚丽而神奇的篇章。

宫之阙，那立在皇城周围的、具有重要意义的高大阙门，简直是星空四象立在地面的标志牌。《古今注》引《三辅旧事》："仓龙阙画仓龙，白虎阙画白虎，玄武阙画玄武，朱雀阙上有朱雀二枚。"中国古代天文学，将周天的众多星辰划分为二十八星宿，东南西北各七宿，构成四象。汉代张衡《灵宪》，"苍龙连蜷于左，白虎猛据于右，朱雀奋翼于前，灵龟圈首于后"，这是坐北向南来描写四象。东为青龙，西是白虎，北为玄武，南是朱雀。四象的名称，将想象中各自的色彩也标示出来了。北方的玄武，一般认为是龟蛇合体。在古代笔记中，俞琰《席上腐谈》另持一说："玄武即乌龟之异名。龟，水族也。水属北，其色黑，故曰玄。龟有甲，能捍御，故曰武。其实只是乌龟一物耳。北方七宿如龟形，其下有腾蛇星。蛇，火属也。丹家借此以喻身中水火之交，遂绘为龟蛇蟠科之状。世俗不知其故，乃以玄武为龟蛇二物。"但从汉瓦当图案看，玄武已然是龟蛇合体（图52）。

图52　玄武

阙门依四方之色。汉"武帝造赤阙于南，以象方色"，见《三辅黄图》。

阙门之外，古代的城门或宫门，也常取名、取义于方位，这里暂且不表。

乡村人家，向阳的房屋，门右置磨，门左置碓，叫作"左青龙右白虎"，被认为是吉象。

又以十二地支来标方位。海州湾渔民庭院和房屋的朝向，均不取正南北或正东西。渔民们传说，"正子午"和"正卯酉"的朝向，只有皇宫、庙宇方可以采取，民宅硬要坐落"正向"，不吉。这实际上说的是门的朝向。

古代设计宅门方位，影响较大的一种说法是"坎宅巽门"。所谓"坎宅巽门"，是讲院门的开设方位，根据八卦风水说，选在左角青龙而避右角白虎。比如，主房坐北朝南，宅门开在东南隅；主房坐南朝北，宅门开在西北隅；主房坐东朝西，宅门开在西南隅等。就一个坐北朝南的院落来说，大门不是开在南墙正中，而是偏于东南角，避免大门正对着正房，也就避免了许多不便。进了大门以后，要向左拐，才可进二门，进入内院。北方传统的四合院，多是这种格局。

古时还有种说法，叫作"春不作东门，夏不作南门，秋不作西门，冬不作北门"。讲风水的《阳宅十书》就可见此说。将四时与造门方向联系起来，所依据的也是五行四象。下面就来看一看东、南、西、北四面之门。

（二）朝日于东门

地球自转，日复一日地为人类演示旭日东升的壮观。欧阳修《新五代史》卷七十二："契丹好鬼而贵日，每月朔旦，东向而拜日，其大会聚、视国事，皆以东向为尊，四楼门屋皆东向。"崇拜太阳，面东拜日，以东为尊，而四楼——这四座楼颇似城郭四面的门楼，它们的"门屋皆东向"，一概朝东开门，迎向红日初起的方向。这种古代风俗，如今仍有遗迹可寻：山西大同华严寺的主要殿宇皆向东开门。

东方被视为太阳的方向。"暾将出兮东方，照吾槛兮扶桑"，屈原《九歌·东君》为太阳而歌，东君就是太阳神。《礼记·祭义》："祭日于东，祭月于西……日出于东，月生于西，阴阳长短，终始相巡，以致天下之和。"《礼记·玉藻》还说"朝日于东门之外"。郑玄注：朝日，春分之礼；东门，谓国门。出城东门，面向日出的方向礼拜太阳神。

太阳以金子般的光芒长育万物，使得日出的方向，在古人的心目中具有了无穷的生机。《白虎通义·五行》："木在东方。东方者，阳气始动，万物始生。"设想五行五色的标签写成之初，东西南北中五方如何粘贴？因为日出东方的关系，人们把涂着绿色的"木"给了东方。万木欣欣以向荣，富有生机的春也被划归于东方，就称青春。

东方的这些含蕴——五行属木，五色为青，四时为春，又一起被赋予东方之门。请看《风俗通义》所言："天子之城十有二门，东方三门，生气之门也。"东门有了区别于南门、西门、北门的意义。

我国第一部诗歌总集《诗经》里，郑风《出其东门》《东门之》，陈风《东门之枌》《东门之池》《东门之杨》，几首民歌均是青年男女相约、相会等内容的爱情题材。城之东门，情歌、恋歌，两者间的内在关联就在，东方是属于青春的方向。

南齐明帝时，东门自毁，被认为是萧氏王朝的衰微之兆。见《南史·隐逸下》：

> 建武末，青溪宫东门无故自崩，大风拔东宫门外杨树。或以问孝绪，孝绪曰："青溪皇家旧宅，齐为木行，东为木位。今东门自坏，木其衰矣。"

此事也见于《梁书》。阮孝绪是个"至性冥通"的文化人。他对东门自坍的解说，引用了五行东方木之说，故有"齐为木行"云云。早在先秦，齐国因地处东方，就被划归为"木"，并且附以日出东方的种种说法。如战国中期甘德《天文星占》"日出至早食时蚀，为

223

齐"。东为木位，齐为木行，南齐东门的坍塌被塞进象征意义，便容易使许多人宁可信其有。

（三）夕月西门外

在中华传统文化的大系统中，不管是鸿篇巨制，还是散珠碎玉，常有双双呼应、两相对称的情况。例如，讲过了朝日东门外，其续文就可以是：祭月西门外。

朝日夕月的祀仪，明朝初年曾做过一次探讨。据《明史》，洪武三年（公元 1370 年），礼部上言，列举了六种说法：其一，《郊特牲》"郊之祭，大报天而主日，配以月"；其二，《玉藻》"朝日于东门之外"，《祭义》"祭日于东郊，祭月于西郊"；其三，《小宗伯》"肆类于四郊，兆日于东郊，兆月于西郊"；其四，《月令》孟冬"祈来年于天宗"，天宗，日月之类；其五，《觐礼》"拜日于东门之外，反祀方明，礼日于南门之外，礼月于北门之外"；其六，"霜雪风雨之不时，则禜日月"。礼部的见解和建议是：

> 惟春分朝之于东门外，秋分夕之于西门外者，祀之正与常也。盖天地至尊，故用其始而祭以二至。日月次天地，春分阳气方永，秋分阴气向长，故祭以二分，为得阴阳之义。
>
> 今当稽古正祭之礼，各设坛专祀。朝日坛宜筑于城东门外，夕月坛宜筑于城西门外。朝日以春分，夕月以秋分。星辰则袝祭于月坛。

礼部的建议，当时被采纳。后来，又曾中止朝日夕月之礼。到了嘉靖九年（公元1530年），嘉靖帝再次将这个问题提出来。所议结果是，"建朝日坛于朝阳门外，西向；夕月坛于阜成门外，东向"。

日月对应，日为阳，在东，朝日于城东门外；月为阴，在西，夕月于城西门外。这些说法，有着广阔的文化背景。

依照五行说，西方属金。《白虎通义》说："五行者，何谓也？谓金木水火土也。言行者，欲言为天行气之义也……金在西方。西方者，阴始起，万物禁止。金之为言禁也。"秋季称为金秋，金风送爽暑热尽，均源出于此。"金飚门，唐长安西门名也"，明代《艺林伐山》说。

金陵别称白门。李白《金陵酒肆留别》："白门柳花满店香，吴姬压酒唤客尝。"白门本城门名，南朝宋的都城建康，西门名之。这是一个出自五行、五方、五色的名称。西方属金，色白。清代朱彝尊《卖花声·雨花台》"衰柳白门湾，潮打城还"，也用此典。

（四）南门开闭

八国联军攻陷北京，慈禧太后偕同光绪帝出逃西安，随扈西行的吴永，后来口述了《庚子西狩丛谈》。书中写折返时离西安城的情景：

> 出城后仍绕赴东关，诣八仙庵拈香进膳。本来直出东门，路线可省三分之二，谓因体制关系，且取"南方旺气向明而治"之义，所以辇路必出南门。

两宫启跸，浩浩荡荡，宁可走三倍的路，也要打由南门出西安城，"南方旺气向明而治"——这南城门的含义，对封建帝王自是非同小可。

四面之中，南门为正门。《水经注·榖水》："蔡邕曰：平城门正阳之门，与宫连属，郊祀法驾，所由从出，门之最尊者。"南门最尊。关于南城门，《南史·竟陵王诞》记：

> 广陵城旧不开南门，云"开南门者不利其主"。诞
> 乃开焉。

南朝的刘宋王朝，皇族间兵伐相见。广陵王刘诞，受到他父皇的猜疑，兴兵来讨，最终破了他的广陵城。《南史》作者渲染围城战事，描写了流星坠城，还有这南门的开与不开。"开南门者不利其主"，此说之根，仍然基于统治者面南而治，南城门是城的正门。南门大开，没了遮挡，即所谓"不利其主"吧。《南史》说，广陵城南门本来是不开的，刘诞却开了此门。言外之意，这也是刘诞的不祥之兆。

按照五行之说，城南门又是关涉阴晴、雨雪之门。

旧时逢旱祈雨，要关闭城之南门。例如，河南新乡民俗，祈雨时设坛、禁屠宰、闭南门。到1923年续修县志时，此俗有所改观："近年以有碍交通，南门不避（闭），人皆称便。"修于20世纪30年代末的贵州《开阳县志稿》说："南门昼闭，意谓久晴火旺，而五行家以南方属火，故闭之。"

9世纪，随遣唐使来华的日本高僧圆仁，写下《入唐求法巡礼行

记》,与《大唐西域记》《马可波罗游记》合称"东方三大旅行记"。圆仁书中写到乞雨、乞晴风俗:"唐国之风,乞晴即闭路北头,乞雨即闭路南头。相传云:'乞晴闭北头者,闭阴则阳通,宜天晴也;乞雨闭南头者,闭阳则阴通,宜零雨也。'"讲到了南阳而北阴。与此相印证,有《旧唐书·五行志》一则材料:"开成二年……京师旱尤甚,徙市,闭坊南门。"

这是一个古老的民俗观念。《汉书》为董仲舒立传,说"仲舒治国,以《春秋》灾异之变推阴阳所以错行,故求雨,闭诸阳,纵诸阴,其止雨反是"。唐代颜师古注:"谓若闭南门,禁举火,及开北门,水洒人之类是也。"

这里所说的求雨、止雨之法,见于董仲舒《春秋繁露》。求雨:

> 令民阖邑里南门,置水其外。开邑里北门,具老豭猪一,置之于里北门之外。

在古人的想象里,水与火,两相对立,此消彼长。关闭城邑和闾里的南门以求雨,因为五行南方为火,关南门以示拒绝火气。置水南门外,再展示一个强调。关上南门的同时还要大开北门。北方属水,敞开向北的大门,以壮水气之势,求得雨来。门外置猪,因为十二地支中亥属水,方位北,而猪是亥的生肖。止雨求晴时,一切反过来,即《春秋繁露》所说:"开阳而闭阴,阖水而开火。"

总之,城门启闭的意义,已远远超过出入交通的现实功能,而成为把幻想付诸行动的一种方式,古人借此方式,表达选择五行之气、沟通苍天的愿望。当然，以这种表达愿望的方式来求雨，是没有科学依据的。对于开门求雨、闭门祈晴的风俗，清代钱泳《履园丛话》提出异议：

> 请雨祈晴之说，自古有之。如《檀弓》《吕氏春秋》《荀子》《春秋繁露》，皆有载者。如董江都之闭阳门则雨，欲止则反是之谓也。余谓晴雨是天地自然之理，虽帝王之尊，人心之灵，安能挽回造化哉！即有道术，如画符遣将、呼风唤雨诸法，亦不过尽人事以待天耳。杭人请雨祈晴，则全仗观音力，尤为可笑。

这位清代文人所言，无疑是有见地的。挟带降雨的暖湿气流，来去与否，是由当时大气环流形势决定的。南、北门的敞开与闭合，并不能召其来或拒其去。钱泳评论求雨、祈晴风俗，"不过尽人事以待天"——求雨在人，降雨在天，久旱盼甘霖的人们，在此一风俗中得到心理上的慰藉。至于关闭城南门，以阻丙丁的想象，解说防范火灾，这样的文字记述，见诸清代《津门闻见录》。

（五）北门主兵

有迷信观念的人，因为自己的笃信不疑，能将无中生有的事讲得入丝入扣。宋代周密《癸辛杂识》"衡岳借兵"条，便可作为这样的例证：

衡岳庙之四门，皆有侍郎神，惟北门主兵，最灵
验。朝廷每有军旅之事，则前期差官致祭，用盘上食，
开北门。然亦不敢全开，以尺寸计兵数。或云其主司
乃张子亮也，张为湘南运判，死于官。丁卯、戊辰之
间，南北之兵未释，朝廷降旨以借阴兵。神许启门三
寸，枭使遂全门大启之，兵出既多，旋以捷告。而庙
旁数里民居皆罹风灾，坏屋近千家。最后有声若雷震
者，民喜曰"神归矣"，果遂帖息。

衡山南岳庙的北门主兵，每有征讨干戈，要前去致祭，打开北
门。传言之神异，甚至于庙门开多大，要"以尺寸计兵数"。有一次
只该开门三寸的，却全敞开了，结果告捷虽快，庙旁人家却也遭了
风灾。

北门的这种象征意义，引起古人的议论。宋代高承《事物纪原》：

《御史台记》曰：台门北开，取肃杀就阴之义。韦
述《唐两京记》曰：台门北开，以纠劾之司主意于杀，
故门北启，以象阴杀。或曰，俗传开南门不利大夫。
《谭宾录》曰：或云隋初移都，兵部尚书李圆通兼御史
大夫，欲向省便，故开北门，唐因循不改，迄今遂为
故事。《唐会要》载裴冕语云：此说若冬杀之义，本置
台司以纠正冤滥，是有好生之德，岂创冬杀之义以入
人罪乎？冯鉴以冕说为当。

北门主兵，是个有渊可寻的说法。我国处在北半球，一天里，太阳的视运动轨迹仿佛画了个由东向南再向西的弧：朝阳东升于天边，然后渐向南移而高起。至中午，日在中天，最高，但一般不是垂直照耀地面，而是由南斜照。午后，太阳向西北滑落，直到日落西山。由此，古人定五行、五方、五色，南因"近"日而属火，色红；北与南相对，属水，色黑。这样，炎热的南方和寒冷的北方各得其所。所谓开北门"肃杀就阴"之说，如此释说，似乎也可应付。

然而，此外尚有故事。比如说，四象之中北方为龟蛇神，名叫玄武。《楚辞·远游》"召玄武而奔属"，洪兴祖注："玄武，谓龟蛇。位在北方，故曰玄。身有鳞甲，故曰武。"由鳞甲曰武，到甲胄为武，玄武主兵之说立。玄武门通常为北门，这就将北门同征伐联系起来。

《淮南子·兵略训》讲到将军受命出征，在太庙举行仪式，接受鼓旗、斧钺，发过誓言以后，要"凿凶门而出"。注释说："凶门，北出门也。将军之出，以丧礼处之，以其必死也。"这象征甘愿捐躯。而凶门的方向确定为北出，则与北门主兵相关。此说延续千年，一直影响到清朝对北京城门的设置。当时京城北有德胜、安定两座城门，出师走德胜门，凯旋进安定门。

北门主兵之说，又得助于唐朝的推波助澜。佛教有四大天王，俗称四大金刚，分别为东方持国天王多罗吒、南方增长天王毗琉璃、西方广目天王毗留博叉、北方多闻天王毗沙门。四天王各护一方，本无高下之分。从唐朝起，北方多闻天王毗沙门从四大金刚中脱颖而出，不仅是护法神，还被视为军旅保护神，以至于后来演变为妇孺皆知的托塔李天王。

北方毗沙门天王声威大震，同唐代的一段传说相关——安西城被围困，驰表请援兵。无奈千里路遥，唐明皇诏高僧不空设法解救。不空口诵密语，请北方天王援救。传说，毗沙门天王金身在城北门楼上出现，并有神鼠咬断敌军弓弩弦，围城兵惊溃。毗沙门为北方天王，所以传说故事敷衍出城北门的情节。清代钱泳《履园丛话》说："今寺院门首必设四金刚，即佛家所谓四大天王也。"钱泳溯其所由，讲到不空和尚诵密语，神兵见于殿庭；而前方云雾中见神兵鼓噪，有金色鼠皆咬断敌军弓弦，城坳忽放光明。

唐玄宗时期，北方天王已在四大天王中独领风骚。不空和尚曾翻译《北方毗沙门天王随军护法真言》。唐代《兴唐寺毗沙门天王记》则说，玄宗时军旗上已画北天王像，城防、营寨祀天王像。北方毗沙门天王信仰，至宋不衰。这一民俗信仰，无疑为北门主兵之说涂上一笔醒目的色彩。

（六）城门的灾异

西汉王朝有过"文景之治"，有过武帝的极盛，到了成帝的后期，已近强弩之末。农民起义不断。篡汉的王莽开始发迹，永始元年（公元前16年）封王莽为新都侯。修《汉书》的班固要渲染一下汉王朝的不祥之兆，请看《五行志》：

成帝元延元年（公元前12年）正月，长安章城门门牡自亡，函谷关次门牡亦自亡。京房《易传》曰："饥而不损兹谓泰，厥灾水，厥咎牡亡。"《妖辞》曰：

> "关动牡飞，辟为亡道臣为非，厥咎乱臣谋篡。"故谷
> 永对曰："章城门通路寝之路，函谷关距山东之险，城
> 门关守国之固，固将去焉，故牡飞也。"

门牡，颜师古释"所以下闭者也，亦以铁为之"，是锁门之
键——关之键。

长安一个城门的门牡不见了，函谷关一个关门的门牡也不见了。
这不翼而飞，可是非同小可。视城门和关守，为天下稳固、社稷牢固
之所系，"固将去焉，故牡飞也"。这里，都城的门、关隘的门均有象
征意义，关闭大门的牡也就有了象征意义。"辟为亡道臣为非，厥咎
乱臣谋篡"，想想看："固"已随"牡"去，还不是因为"乱臣谋篡"
要成气候吗？

班固此一笔，记的是人的意识，是人对城之门、关之门的情感投
入；记的是对器物的失、世事的变，两者巧合的解说。当然，他的解
说是"马后炮"，事后说。

城门器物有失，不祥；如果城门上多了点什么呢？比如忽然出现
血迹，会不会也是一种征兆？古人相信是那么回事。

这至迟是东汉人的想法。《淮南子·俶真训》："夫历阳之都，一
夕反而为湖，勇力圣知与罢怯不肖者同命。"东汉高诱注：

> 昔有老姬，常行仁义。有二诸生过之，谓曰："此
> 国当没为湖。"谓姬："视东城门阃有血，便走北山，
> 勿顾也。"自此，姬便往视门阃。阍者问之，姬对曰如

是。其暮，门吏故杀鸡，血涂门阃。明旦，老妪早往
视门。见血，便上北山。国没为湖。

这老妇人，好人得好报，她被告知：见到东城门的门槛染血迹，
快往北山上跑。老妇人就去看城门槛。多事的守门人故意用鸡血涂
之，转天城市被淹没了。

晋代干宝的《搜神记》卷十三有类似一记，不是鸡血涂槛，而是
狗血涂门：

> 由拳县，秦时长水县也。始皇时，童谣曰："城门
> 有血，城当没为湖。"有老妪闻之，朝朝往窥。门将欲
> 缚之，妪言其故。后门将以犬血涂门，妪见血，便走
> 去。忽有大水欲没县，主簿令干入白令。令曰："何忽
> 作鱼？"干曰："明府亦作鱼。"遂沦为湖。

《搜神记》卷二十还载一则故事，说的是城门前石龟龟眼涂红，
城被淹没。故事讲，江水涨又落，一条巨鱼没能随水退回大江，搁浅
在小河沟里，死掉了。全郡的人都去割鱼肉吃，唯有一位老妇未去。
她得到了报答：

> 忽有老叟曰："此吾子也。不幸罹此祸，汝独不
> 食，吾厚报汝。若东门石龟目赤，城当陷。"姥日往
> 视，有稚子讶之，姥以实告。稚子欺之，以朱傅龟目。

姥见，急出城。有青衣童子曰："吾龙之子。"乃引姥登
山，而城陷为湖。

城门出现血或红，城陷为湖，这种传说当年一定广为传播，因此
有这些大同小异的记录。南朝人写《述异记》也录入这传说，书生遇
老妇，受到厚待，便告诉她："县门石龟眼出血，此地当陷为湖。"门
吏以朱点龟眼，城陷。

在这个传说系列里，血和红实际上被用为色彩"通用件"，
而其本源，则是对于流血造成死亡的联想。选择城门作为预兆的
承载体，或门扇，或门槛，或城门前的石龟，因为城门是都邑的
脸面。

这个传说系列，直到清代仍有续篇。请看清代爱新觉罗·昭梿
《啸亭杂记》：

乾隆庚子，城南火灾，毁焚数千家，延及城楼雉
堞，经月乃已。或言火灾之先，有卖菜佣梦一人告曰：
"京师当有火灾，汝视某火神庙额字如朱，即其期矣。"
某日往视，其守者询知，因暗涂豕血以戏之。次日果
有是灾，人皆以为妄言。按《淮南子》云："历阳有老
姬颇行仁义，有两书生过之，告曰：'此国当没于湖。
姬见东城门有血，便走上山，勿反顾也。'姬数往视，
门吏问之，姬对如其言。东门吏杀鸡以涂其门，明日姬
早往视，便走山上，国没为湖。"然则古即有此事也。

乾隆年间京城一场大火，随后就有人神秘其事，编出卖菜人梦中得神示，火神庙匾额字体变红，便是火灾之期。爱新觉罗·昭梿还列出《淮南子》大致相同的一条材料，所不同的地方是，一是火灾，一是水灾，而后者的征兆为东城门门上有血迹。分析起来，既有《淮南子》云云在，于是，庚子年大火后，人们借古以释今，附会出"火神庙额字如朱"的流言来，也未可知。这一水一火的灾兆，都是城门被厌胜迷信所利用的例子。

对于发生在城门的异常，作出附会，春秋时代已有先例。《后汉书》载，杨赐曾向汉灵帝进言："《春秋》两蛇斗于郑门，昭公殆以女败。"《搜神记》记录了这一故事，并引京房《易传》"立嗣子疑，厥妖蛇居国门斗"，说是不祥之兆。

修《后汉书》的司马彪记下不少这类材料。如灵帝光和元年（公元178年），南宫平城门内屋、武库及外东垣先后坏损。博学的蔡邕答皇帝问，讲了下面的话：

平城门，正阳之门，与宫连，郊祀法驾所由从出门，门之最尊者也。武库，禁兵所藏。东垣，库之外障。《易传》曰："小人在位，上下咸悖，厥妖城门内崩。"

说的是，奸臣当权，城门内坏，以兆不祥；而"平城司午，厥位处中"，是正门，"门之最尊者"，其所兆示也就至关重要。

由这种联想生出的故事，《隋书·五行志上》录有一则：

　　大业十二年，显阳门灾，旧名广阳，则帝之姓名也。国门之崇显，号令之所由出也。时帝不遵法度，骄奢荒怠，裴蕴、虞世基之徒，阿谀须旨，掩塞聪明，宇文述以谗邪显进，忠谏者咸被诛戮。天戒若曰，信谗害忠，则除"广阳"也。

广阳门因避杨广名讳而改称"显阳"。此门遭灾，甚至被说成具有双重意义：一是"国门之崇显，号令之所由出"，受灾而毁，大不妙；二是它的门名，连着隋炀帝杨广，也不妙。所有这些，又被归为对于昏君的"天戒"，是上天要除掉"广阳"即杨广的征兆。

与此类似，北齐人撰《魏书》，在《灵征志》里记下："肃宗正光元年（公元520年）八月，有黑龙如狗，南走至宣阳门，跃而上，穿门楼下而出。魏衰之征也。"宣阳门当是坐北朝南的正门，非同小可的一座门。"黑龙如狗"由门洞里钻出，王者气象已经走失，北魏还能不衰微吗？修史者笔触，就是这个意思。

据《晋书·凉武昭王李玄盛传》，李玄盛的次子李士业为凉后主，用刑颇严，又不停地搞土木工程，有人上疏谏曰："政之不修，则垂灾谴以戒之。"举了几个例子，其中有"十一月，狐上南门"，还引述"野兽入家，主人将去"的民谣，以证不祥，并且讲："今狐上南门，亦灾之大也。又狐者胡也，天意若曰将有胡人居于北城，南面而居者也。"推论狐上南门为大灾之征兆，以"野兽入家，主人将去"为大前提，既然野兽入家是这家人的不祥征兆，那么，狐上南城门则是国之不祥了——因为，由南门而联想到"南面而居"，这便同政权的更迭联系起来。

此外，《后汉书》记：延熹五年（公元162年），太学门无故自坏。襄楷以为"太学所居，其门自坏，文德将丧，教化废也"。由太学大门，联想到文德教化。

思路同上，官宦人家的府第之门出现变异，也被视为不祥之兆。《汉书·五行志》里有不少这样的例子。如宣帝时大司马霍禹所居第门自坏，"见戒不改，卒受灭亡之诛"，是对他发出了警告；哀帝时，大司马董贤大失臣道，第门自坏，后来夫妻自杀。门的灾异，被用来附会世情人事，在那时恐怕能影响不少人的思想。

（七）门前求雨和祈晴

农耕时代，靠天吃饭，旱涝丰歉全看老天爷的脸色。求雨礼奉龙王，祈晴剪出扫晴婆。人们还将迫切地祈求，陈列于家家户户的门前。

清光绪年间《顺天府志》所载求雨习俗，与明崇祯年间《帝京景物略》相同：

> 谓阴雨为"酒色天"。凡岁时不雨，贴龙王神马于门，磁（瓷）瓶插柳枝挂门之旁，小儿塑泥龙，张纸旗，击鼓金，焚香各龙王庙。

不仅要上香龙王庙，住家门扇上还要贴龙王神马，门前塑龙。行云布雨，龙是治水的神灵。求龙王之外，寄希望于柳枝。柳枝插在挂于门旁的瓷瓶里。

柳枝致雨，是影响很广的风俗符号。1933年《南皮县志》记祈雨，"人戴柳帽，且执柳洒水作雨状"，同时"家家门插柳枝"，文章似乎全做在柳枝上。

柳枝的这一符号意义，由多种因素聚合而成。柳，在水边可以生长得很好的植物。天上二十八星宿有柳宿，《晋书·天文志上》："柳八星……又主雷雨。"佛教在中国流传中，有一个中国化了的偶像——观音，这救苦救难的观世音，手持净瓶，瓶里的柳枝可洒下甘露。所有这些，给人们以提示，借用柳枝表达祈雨的愿望。

各地求雨风俗虽有差异，但大多离不开柳枝。1935年山东《陵县续志》记，乡民以禾稼为命，每多迎神祈雨，并有文祈和武祈两种方式。"文祈，则各门首置坛盛水，上插柳条，按时跪祷。"1937年河南《封丘县续志》："遇旱，知县令淘翟母井，或亲诣城隍、关帝庙焚香祈祷……闭南门，令各家门首设水缸，插柳枝，悬'沛然下雨'等吉语，以求甘霖之下降。"门插柳枝，再加上水坛、水缸，一并表示着"沛然下雨"的企盼。

苏州弹词《描金凤·玄都求雨》："人家门首还插了杨柳条，有的还挂了黑色布旗。"按五行方色之说，北方为水，色黑。黑色布旗与杨柳条一同，召唤着水气，召唤着甘霖解除久旱。

说过求雨再来说祈晴。宋代曾慥《类说·事始》："天宝中，秋雨两月余，敕人家门前作泥人，长三尺，左手指天，右手指地以祈晴。"这是唐时人们盼天晴的场面。秋雨连绵两个月，人们沉不住气了，户户门前塑了三尺泥人，泥人指天指地，祈求云开雨停见太阳。

唐天宝年间水灾祈晴，《旧唐书·五行志》有则记载："十三载秋，京城连月澍雨，损秋稼。九月，遣闭坊市北门，盖井，禁妇人入街市，祭玄冥大社，禜门。"秋雨连绵成水灾，京城采取祈晴措施，玄冥主阴，要祭；井属阴，要上盖。可笑的是，古人认为男属阳、女属阴，所以禁止妇人上街，作为祈晴的一着；再就是北门，因为五行说规定北方为水，于是要关闭，以绝水气；同时禜门。禜，古代为禳水、旱、风、雨、雪、霜而祭神灵。《旧唐书·哀帝纪》载"积阴霖雨不止，差官禜都门"，所禜大约是北城门。唐大历四年（公元769年）久雨成涝，《旧唐书·五行志》记："京城闭坊市北门，门置土台，台上置坛及黄幡以祈晴。"闭北门表示绝水气，门置土台表示土克水——这在五行生克说里有一项，而土台上的黄幡也取诸五行之说：土行色黄。

后来广为流传的祈晴形式，是扫晴娘，又称扫天婆。这是剪纸而非泥塑，贴在门上的。人们指望其笤帚一挥，阴云尽扫。清代《燕京岁时记》："六月乃大雨时行之际。凡遇连阴不止者，则闺中儿女剪纸为人，悬于门左，谓之扫晴娘。"

河南一些地方又流传打门祈晴之俗。《淮阳乡村风土记》所录求晴风俗四项，其中一项：

> 以木棒打门祈祷者。此法仅以捶衣之木棒一个，将绳系于门上，用手摆之，使之与门相撞，同时即向

之唱"打门歌"三遍即得。歌曰："棒捶打门，晴天晒死人；棒捶打秋千，晴天大日头。"

这"打门歌"是祈求，也是怨气的发泄。以棒打门，其象征意义，大约在于拨云见日的联想吧。

（八）门的厌胜

汉代萧何建筑长安未央宫，只立东阙和北阙两个阙门。中唐以后有人注释《三辅黄图》指出，西、南两面不建门阙，因"萧何立未央宫，以厌胜之术理然乎"，是出于厌胜的筹划。

《吴越春秋》记载了一段城市规划的故事，其中对于城门的设置、筹划，充满了厌胜迷信色彩。

《吴越春秋》，东汉赵晔所撰。清代编《四库全书》的官员为此书写提要，称其"所述虽稍伤曼衍，而词颇丰蔚，其中如伍尚占甲子之日……未免多所附会"。然而，因书中保留了许多史料，后世将其视为史部之书，并不仅仅当作稗官小说看待。

吴王阖闾是派人刺杀父王后自立为王的。即位之初，雄心勃勃，重用楚国亡臣伍子胥，与他谋划国事。《吴越春秋》记，伍子胥对阖闾言说要强国立城郭，为吴王所采纳，并委托他筑城。伍子胥的设计，寓神秘含义于建筑物。《吴越春秋》这一节的文字如下：

阖闾曰："安君治民，其术奈何？"子胥曰："凡欲安君治民、兴霸成王、从近制远者，必先立城郭，设守

备，实仓廪，治兵库。斯则其术也。"阖闾曰："善！夫
筑城郭，立仓库，因地制宜，岂有天气之数以威邻国
者乎？"子胥曰："有。"阖闾曰："寡人委计于子。"

子胥乃使相土尝水，象天法地，造筑大城，周回
四十七里。陆门八，以象天八风；水门八，以法地八
窗。筑小城，周十里。陆门三，不开东面者，欲以绝
越明也。立阊门者，以象天门，通阊阖风也。立蛇门
者，以象地户也。阖闾欲西破楚，楚在西北，故立阊
门以通天气，因复名之破楚门。欲东并大越，越在东
南，故立蛇门以制敌国。吴在辰，其位龙也，故小城
南门上反羽为两鲵鳐，以象龙角。越在巳地，其位蛇
也，故南大门上有木蛇，北向首内，示越属于吴也。

这是一段很精彩的历史故事。伍子胥的设计方案，处处隐含着
破楚攻越的算计。打着制服楚国的主意，便设计出破楚门。此城门又
名"阊阖"，是因《史记》"阊阖风居西方"，楚在吴的西北方，故言
"立阊门以通天气"。又图谋吞并越国，越在东南，按照十二辰所标的
方位，地处巳位，"故立蛇门以制敌国"。同时，南大门上木雕蛇形，
呈向北回首之状，表示处于巳地蛇位的越国向吴国称臣。伍子胥的构
思，利用了地支与相属的对应关系——十二生肖巳属蛇，为对付方
位在巳的越国而建蛇门。辰属龙，用龙来象征吴国自己，这就是所记
"其位龙也，故小城南门上反羽为两鲵鳐，以象龙角"。在完成了充满
厌胜含义的城郭建筑之后，接下来，《吴越春秋》记述了干将铸剑的

著名故事。

伍子胥的厌胜之术，可以说是几着并用的。利用城门方位，借门名以寓意，还在城门的装饰部件上做文章。生肖文化也被援引其间。关于天门地户的说法，更将天、地、人搅成一片，调浓了城门厌胜的神秘色彩。

明代曹学佺《蜀中名胜记·重庆府一》："今府城为门十有七，九开八闭，以象九宫八卦。"城门的总体规划，含着神秘色彩。《蜀中名胜记·绵州》也记关于城门的奇异说法：

> 梁天监中，张齐贤为太守，更造楼橹却敌，有东西门。东门久塞，富乐山气所冲，门开则丧乱。宋元嘉初，太守王怀素开之，果致丧败，尔后复塞。

城东修筑着大门，却不能开。原因是在于地理，那一面"山气所冲，门开则丧乱"。有个地方官开过，应验了——其实，很可能不在于"山气所冲"，而在于当时的社会条件不佳，正值山雨欲来之际。

然而，在民间这类迷信观念也确有市场，能够传播。1934年所修河北《大名县志》，录有当地流传的一首歌谣：

> 大名城郭最新鲜，底下石头上边砖。文庙前开个小南门，四下风水往里钻。嘉靖以后文风盛，将相府道相接连。大清朝，来一府，知事忽把此门用砖闭。问闭此门果为何，言于府署大不利。合县无权难力争，

城乡士绅干生气。

这首古代歌谣，在河北大名流传了几百年。人们将明朝时这里文风旺盛，归功于文庙前的小南门招得好风水。进入清代，有一任知府用砖封砌了文庙的小南门，说是此门对府署不利。知府老爷有权势，乡绅们争不过他，只好干生气，埋怨这一方好风水被破坏了。人们对此一直耿耿于怀，歌谣传到20世纪30年代，被采入县志。

五、门镜门符辟邪物

（一）敦煌遗书中的门符

1900年发现的敦煌莫高窟石室遗书，主要为唐及五代人的写本。当时民间挂门符的习俗，连同那符，一并记录在敦煌的文献中。高国藩《敦煌古俗与民俗流变》对此做过介绍。

说来也怪，门上贴符一纸，除病迎吉，还管"夫妻相爱"，真有如此法力？古代偏就有人相信。这种贴门之符，见伯三三五八《护宅神历卷》（图53）。

写于唐咸通三年的《发病书》，反映了唐代民间兼用吞符、挂门符驱病的习俗。其中《推初得病日鬼法》说："卜男女初得病日鬼各是谁，若患状相当者，即作此鬼形并书符藏之，并吞及著门户上，皆大吉。书符法用朱砂（闭）气作之。"

图53　敦煌遗书里的辟邪门符

这里，不是对症下药，而是卜鬼画符。至于"初得病日鬼各是谁"，同十二地支纪日相对应，鬼的名目列为十二，如：

> 卯日病者，鬼名老目离，青头赤身，各乐，使人狂病，令人多嚏，藏头掩口入人家失火，狂语恍惚不安，以其形废之即吉。此符朱书，病人吞之，并著门户上，急急如律令。

如此子丑寅、辰巳午，至戌亥，十二种鬼，十二种符。看来，"卜"不过是虚晃一招，子日画子符、丑日画丑符而已。十二鬼形象的来源，如高国藩《中国民俗探微》所言，"与中古时代的假面舞、驱傩舞角抵戏等颇有关系"。那符，形若汉字与一些笔画的叠加，大都含"鬼"的基本字形，甚至不一而足。例如"卯日病者，鬼名老目离"，符上含三"鬼"字形。吞符、挂符的人相信，用朱砂画出的符箓具有法力，可使子日病之鬼、丑日病之鬼等十二鬼，"急急如律令"，疫鬼去，病患驱除。符的处置，吞，缘自服药的联想；挂门前，则是借用门户的意义以表威慑。

（二）书"虪"

同是唐代，门上书字符以辟邪、驱疫的风俗，段成式《酉阳杂俎》有"俗好于门上画虎头，书虪（jiàn）字，谓阴刀鬼名，可息疟疬"的记述，并认为字"合沧耳也"，是《汉旧仪》所说傩逐疫鬼"立桃人、苇索、沧耳、虎等"，之中"沧耳"的合写。

门上书虪之俗流传下来。金朝韩道昭《五音集韵》对此的解释更进一步：

> 人死作鬼，人见惧之；鬼死作虪，鬼见怕之。若
> 篆书此字贴于门上，一切鬼祟远离千里。

蒲松龄《聊斋志异·章阿端》写到了虪。这段人、鬼相处的故事讲，戚某不怕鬼，与鬼女章阿端交往。鬼女病，"恍惚如见鬼状"。戚某不解：端娘已是鬼了，还有什么鬼能害她？书中的答复是："人死为鬼，鬼死为虪。鬼之畏虪，犹人之畏鬼也。"这同《五音集韵》的说法正合拍。

小说《章阿端》接下去的情节是，章阿端终于一病而去，戚某的亡而复来的鬼妻对戚某说："适梦端娘来，言其夫为鬼，怒其改节泉下，衔恨索命去，乞我作道场。"蒲松龄的构思挺奇妙：原来，章阿端的鬼丈夫就是聻，不能容忍她与戚的暧昧关系，而鬼妻自然惧怕聻夫……从小说看，聻似乎只盯着冥间的鬼，不怎么危害世间的人。

由此，这便与死后专以吃鬼为能事的钟馗，与在度朔山鬼门口阅领众鬼的神荼、郁垒，有了相似之处。古人相信门上贴保平安，正是视若门神的。清代山西《晋县志》记载：

> 除日，图镇殿将军像，或书神荼、郁垒，或书"聻"，驱魑魅。

"聻"和诸色门神相提并论，被人们寄以相同的角色期待。

云南彝族民间的驱疫神灵，被画为三目圆睁，赤臂赤足，踏"罡""煞"，头顶"聻"符。

尽管这个"聻"字远播四方，其来历却大约出自讹传。宋代《事物纪原》引唐代《宣室志》：

> 裴渐隐居伊水，时有道士李君善视鬼，尝见渐于伊上。大历中，寄书博陵崔公曰："当今制鬼，无过渐耳。"是时朝士咸书渐耳字题其门，自此始。盖聻谓裴渐，耳本助辞，后人因李君之书，误作一字也。

这真是和门上书"聻"开了个玩笑。就像如下一问："触龙言说赵太后"，还是"触詟说赵太后"？那位赵国的左师应是名叫触龙的，《战国策》讹传为"触詟"，全怪简书竖写。唐代崔公的信也是竖写的，结果读者将"渐"与"耳"视为一体，以为是法力首屈一指的驱鬼之符。可叹的是，段成式出来予以解说，"合沧耳"云云，居然引经据典；可感叹的是，这个源自"合二而一"的讹读字，千百年来一次又一次地被请上门扇，本没有的，硬是有了——"心诚则灵"所赋予这"聻"字的功能：辟邪。

不过，这功能只是作用于心理的。好在天地间并无邪鬼、凶煞，自己吓唬自己的人们，书个"聻"作为心理的门户，也就又实现了自己抚慰自己。

以门户上的古怪的字符，作为庇护心理的镇物，不止"聻"字一端。清代康、乾年间，龚炜《巢林笔谈续编》载：

> 吴中大疫，民居多粘"籭籭籭"三字于门首，云驱邪也。不知创自何人？按大事记：嘉靖三十六年（公元1557年），妖人马祖，剪楮为兵以骇众，各户多悬"籭籭籭籭"四字厌之，字形相似，出道藏，亦未详音义。此等字，大约如《酉阳杂俎》所载"聻"之类。

乾隆年间，袁枚《续子不语》有篇《驱狐四字》。篇中讲，黄纸两方，朱砂为墨，分别写"右户""右夜"，贴门上，驱狐怪。

瘟疫流行之时，门上贴经文，以求摆脱瘟疫的搅扰。见清代褚人获《坚瓠集》：

> 天启中，蜀明时举庐陵令，值邑中疫大作，明刻一经条似封条样，上写《玉青文昌大洞经》，取道士印钤于上，散病人家，贴门上，病者即愈，未病者不染。人咸异之，问于明。明曰："文昌父母皆死于疫，及得道，乃法治疫鬼。鬼名元伯，愿听约束，但有经号在门，即不敢入，已入即出。"

把刻有经文、钤着道士印的纸条，贴在人家门上。希望此举既可以起到治病作用，又能有防病功能。据说，疫鬼名叫元伯，见门上贴的纸条"即不敢入，已入即出"。

此种迷信的办法，敦煌遗书里既有涉及。其中《劝善经》一卷，现收藏于甘肃省博物馆。其言：今年大熟，无从收刈，有数种病死，举出疟病、赤白痢、赤眼病、风病等七种疾病致命。并说："今劝众生写此经一本，免一门难，写两本免六亲难……门上榜之，得过此难。"这是唐朝写本，记有"贞元十九年"字样。

（三）贴"酉"

贴"酉"的传说，曾伴着习俗在山东一些地方流传。

除旧布新之际，"酉"字贴在门框上；建房、改门之时，大梁、门框贴"酉"。这传说同姜子牙有关：姜子牙是白熊投生，出生时带着封神榜。姜子牙封诸神，天地间的神都敬畏他。神仙鬼怪唯恐避之而不及，于是，便有了"姜太公在此，诸神退位"之说。传说姜太公酉时落生，爹娘给他取名"酉"，以为纪念。"酉"又与"有"谐音，不受穷。根据这一传说，贴"酉"也是双重含义——代表"姜太公在此"，辟邪；"酉"也是"有"，祈福。

此俗先是新年习俗，除夕夜据说是神鬼纷纷出动的时候，需要"酉"来把守时间的关口；后被建房、改门所移用，着眼大约在于空间的关口——邪别进门，福请进来。

有时也径直请姜太公上门。1927年《绥阳县志》载，迎娶之日，"门首大书'姜太公在此，诸神回避'"。这是请姜太公在新娘过门之时，把门镇邪。

吉林西部蒙古族民居，住房门楣贴纸条，上面写"过此门万恶消除"。门户是入口，"进此门万恶消除"，门内也就诸事合顺，吉祥、平安了。这采用的是表意明了的形式。

军营门上写"慎火停水"字样，有段故事载于宋代叶梦得《石林燕语》：

> 陈希夷将终，密封一缄付其弟子，使候其死上之。既死，弟子如其言入献，真宗发视无他言，但有"慎火停水"四字而已。或者以为道家养生之言，而当时皆以为意在国家，无以是解者。已而，祥符间禁中诸处数有大火，遂以为先告之验。上以军营人所聚居，尤所当戒，乃命诸校悉书之门，故今军营皆揭此四字。

因仅"慎火停水"四字，颇费猜度，有了不同的理解。后因大中祥符年间宫中屡发火灾，便把那四字遗言释为防火之意。宋真宗认为军营人多，尤其应注意防止火患，下令军营门上书此四字。从那时到《石林燕语》成书，时间过了百余年，军营门上书写"慎火停水"四字，一直沿袭下来。

将"慎火停水"解释为谨慎防火，提醒人们注意消防安全，大概要比贴"酉"更能保平安。

（四）门挂"照妖镜"

有种说法，门对窗、窗对门不吉利，在自家门前窗上挂面小镜子，可以破掉那不吉利。

"镇宅神以埋石，厌山精而照镜。"语出北周庾信《小园赋》。前一句说的是埋石辟邪，后来有了"石敢当"；后一句反映了镜子照妖的民俗观念。

古代以铜为镜。距今约4000年的齐家文化遗址出土了铜镜，那是原始社会末期铸件。先秦时代的一些铜镜饰以饕餮纹、怪兽纹，这除了造型装饰意义，更具有符号意义。汉代铜镜出现铭文，如"左龙右虎辟不羊，朱鸟玄武顺阴阳，子孙备具居中央，长保二亲乐富昌"，辟不羊即辟不祥。汉代铜镜常见青龙、白虎、朱雀、玄武四象图形，有的铸十二地支，这都为镜增添了神秘色彩。

晋代道教理论家葛洪《抱朴子·内篇·登涉》推崇镜的法力。书中写道，有谚曰"太华之下，白骨狼藉"，入山而无术，必有患害。因此，要带镜以却鬼魅：

万物之老者，其精悉能假托人形，以眩惑人目而常试人，惟不能于镜中易其真形耳。是以古之入山道士，皆以明镜径九寸，悬于背后，则老魅不敢近人。或有来试人者，则当顾视镜中，其是仙人及山中好神者，顾镜中故如人形。若是鸟兽邪魅，则其形貌皆见镜中矣。

葛洪所说的照妖镜，主要神威在于令妖怪现出原形。《太平御览》引《洞冥记》说，铜镜四尺，"照见魑魅，百鬼不能隐形"，与此同。

元代杂剧《二郎神醉射锁魔镜》写了三种具有法力的神镜：

那里是天狱，有三面镜子，一面是照妖镜，一面是锁魔镜，一面是驱邪镜。三面镜子，镇着数洞魔君。不知射破那一面镜子，走了那一洞妖魔。倘或驱邪院主见罪，如之奈何？

这出杂剧的故事说，哪吒神与二郎神在天上饮酒，比试武艺，二郎神一箭射破锁魔镜，使因犯天条，被罚在锁魔镜里受罪的九首牛魔罗王、金睛百眼鬼得以逃逸。天狱有三镜，照妖镜、锁魔镜和驱邪镜。值得注意的有两点：其一，"三面镜子，镇着数洞魔君"，镇魔——其法力之所在；其二，统管三镜的神祇名叫"驱邪院主"。剧中交代："太极初分天地中，驱神使将显神通，金阙书名朝上帝，掌判驱邪镇北宫。贫道乃驱邪院主是也。"太极初分的资历,金阙书名的名分都可视为渲染其事的虚文,而实际的意思,唯"驱邪"二字而已。

一是镇魔,二为驱邪,连同三镜名称,元代人心目中镜子的法力,被记录在杂剧里。这无疑对后世有所影响,为民俗中门前悬镜这一事项,提供了说辞。

(五)门悬辟邪物

纳祥开门,辟邪闭户。门户作为出入口,旧时被人们赋予民俗信仰方面的特殊意义。许多门前饰物,其实原本并非取其装饰性意义。

在甘肃河西走廊地区,乡间人家建房盖门楼,门楣上兴挂"财角"。财角,用一尺见方的红布,叠出并缝成两个三角形袋,两袋不要剪开,袋里装五谷和硬币。建大门时,将一对财角、一双筷子、一卷古书悬挂于门楣上。这一串民俗符号的并用,周全地为大门内的人家祝吉,包含着:五谷丰登、财源茂盛、人丁兴旺、诗书传家。

羌族崇拜羊图腾,建筑物门上悬挂羊头骨和羊角。贵州一些地方,门楣挂木头刻绘的衔剑吞口,怒目利齿,煞是吓人。蒙古可汗的大帐门前,竖黑缨大矛,称为"苏鲁锭",象征战神……所有这些,都是选取具有威力的物件,用来驱鬼、辟邪。

这些物件能驱邪吗?它们既已被民俗信仰所选择,就能起到心理慰藉的作用。这就足够了。悬在门前的,往往其状可怖。以恶对恶,所谓"神鬼怕恶的"。宋代《梦溪笔谈》卷二十五记载：

> 关中无螃蟹。元丰中，予在陕西，闻秦州人家收
> 得一干蟹，土人怖其形状，以为怪物，每人家有病疟
> 者，则借去挂门户上，往往遂瘥。不但人不识，鬼亦
> 不识也。

关中不产螃蟹，关中人不识螃蟹，视为可怖的怪物，结果呢？正
好，挂在门上，借它的恶模样来降伏病魔。这样的一只干蟹，被人们
借来借去，并且，"挂门户上，往往遂瘥"，仿佛真有奇效。其实，要
说能有作用，不过心理作用。《坚瓠戊集》卷四"祛疟鬼咒"也记：
"悬干蟹，门画狮，皆可。愈疟瘳。"

胡朴安《中华风俗志·宁古塔风俗杂谈》："有疾病，用草一
把，悬于大门，名曰忌门。虽亲友探望，只立于门外，问安而去。"
该书还记洛阳风俗："家家门中，须树夹竹桃一棵，以为能驱一切
邪祟。"

台湾民俗，削木为狮头，挂在门首，视为驱邪、厌煞之物。狮
头模样凶恶，巨口龇牙，有的还衔着利剑。又有挂八卦牌的习俗
（图54），其图形既表现八卦符号，又包括九星术符号——解说其
来源的传说，为伏羲河图、大禹洛书。如将狮头同八卦牌图案合二
为一，人们相信其辟邪威力会更大，八卦符号就被安排在狮子额头
上（图55）。

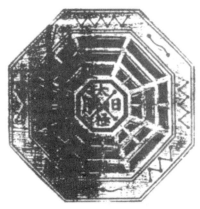 

图54　台湾民居门首悬挂八卦牌　　　　图55　台湾民居门首狮头饰物

这种狮头，同我国西南地区民俗辟邪物——吞口多有相似处。下面就来说吞口。

（六）门楣挂吞口

生活在我国西南地区的彝族、水族、羌族、白族等少数民族同胞，以吞口为守门辟邪的神灵。吞口多为变形的虎头，目圆睁，嘴大张，表示要尽吞世间邪恶。即便衔剑的式样，也不合唇，以示利齿。据马昌仪、彭荣德、郭振华的湘西土家族梯玛文化调查报告，土家人信仰的神鬼包括"辟邪的吞口神"。

以吞口辟邪，与"石敢当"有关联。1932年四川《万源县志》记载：

> 石敢当……县俗人家少埋石者，多于中门钉一虎头牌，中书"泰山石敢当"，或立石刻此字，犹古意。虎头，俗名之曰"吞口"。

这一习俗也见于贵州，印行于1932年的《八寨县志稿》记：

> 虎头悬门，谓之"石敢当"。今人家冲道或山岭悬一虎头于门上，书"泰山石敢当"五字于虎舌，谓其能镇厌凶煞。

图56　贵州吞口

这样的造型图案，如今在贵州仍能见到（图56），体现了不同地区、不同民族之间风俗的相互影响。1938年《麻江县志》，记门前"埋石，书石敢当"，并记："今人家的门有当路冲或屋顶及高压，皆悬虎头匾中书'泰山石敢当'，于门楣上。"

石刻的"石敢当"，刻字之外，再加上虎头图案，是为辟邪符号"双加料"。吞口上写"石敢当"字样，也仍是虎头与石敢当两种符号的叠加，只不过造型形式变了，兽头由客体符号成了主体符号。

四川岷江上游地区的羌族民居，大门上贴门神以驱鬼，一左一右，通常为神荼和郁垒。同时，羌族同胞又信吞口神，石雕的吞口立于门前。这石雕吞口，似乎更能说明吞口同石敢当之间有关联。1932年四川《渠县志》记录有关吞口的材料：

> 居室犯凶煞者，于门前立石高三四尺，圆瞪两目，张口露牙，大书"泰山石敢当"五字于胸前，或于门楣悬圆木若车轮，以五色绘太极图及八卦于其上，或贴"一善"二字与"山海镇"三字。凡以镇厌不祥也。

民宅镇厌凶煞，相提并论有三，门前立石敢当刻石、门楣悬挂绘太极八卦的圆木即吞口、门上贴字。而1921年四川《合川县志》说：

> 今人家有埋石者于门中，立一虎头，书曰"泰山石敢当"五字；或又门额中钉虎头，匾上书"一善"两字，谓此可以避煞。

民俗的流变，由刻石而刻木，由"石敢当"而"一善""山海镇"，有一个符号贯穿其间，就是虎头。这反映了老虎驱邪民间信仰习俗的生命力。

制作木刻吞口，通常用桃木或柳木。桃、柳木本身就有驱邪逐恶的民俗符号意义。白族的吞口，造型古朴，形象凶狠，一般不敷彩，用木料原色，圆圆的大眼睛或涂为黑色，或雕透。彝族崇拜葫

芦为神灵之物，就在葫芦上绘制吞口。虎头怒目，虎口中画阴阳鱼
（图57）。

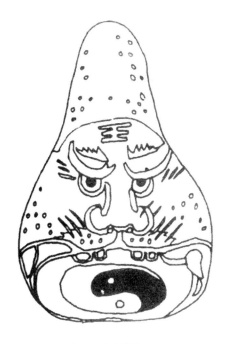

图57 云南葫芦吞口

借助古代神话传说及青铜、彩陶文物，来说明吞口的文化含蕴，
可将目光投向先秦或更遥远的时代。浙江河姆渡原始遗址发现有葫
芦，说明早在7000年前，先民们已将葫芦作为生活资料。在陕西临
潼出土的彩陶虎头葫芦瓶（图58），属于距今五六千年的仰韶文化，
其造型同彝族的葫芦吞口有着惊人的相似。这可以证明，吞口是
保留着远古文化信息的活化石。彝族风俗，在举行祭祖大典时，由
祭司画吞口，红底黑虎头，悬挂于大门门楣，表示这户人家在祭祀
祖先。

图58　陕西临潼仰韶文化遗址出土的彩陶虎头葫芦瓶

　　1947年四川《新繁县志》，载录"悬门有吞口神者，谓能镇宅"的民俗材料，认为"吞口，即饕餮之声转"，古彝器的饕餮饰纹，就是吞口。人家门悬吞口以辟邪，"盖取《左传》浑沌、穷奇、梼杌、饕餮投诸四裔，以御魑魅之意"。这是借助语言发音的推溯，认为吞口是上古神话的产物。

　　水族同胞制作吞口，涂彩似戏曲脸谱，深蓝色的眼珠、眼圈，杏黄色的鼻子，粉红色嘴唇，雪白的牙齿横咬着一支剑。将吞口挂在房门正中，说是这样能保佑人畜健康，不生病。水族民间传说，吞口是玉皇大帝的第八个儿子。故事说，玉帝第八子降生，是个畸形怪物。王母娘娘见了不高兴，玉帝便将他用竹篮装了，遗弃在天河边。竹篮里的小家伙自有神灵，冻也不怕，饿也不怕，美美地睡了一大觉，醒了，打了个哈欠，就将天河吞下了半截。这惊动了玉帝。玉帝封他为吞口神，发挥他的特长，让他到人间吞食邪恶鬼怪、瘟疫孽障。

以吞口为守门之神，不是仅仅着眼于"兵来将挡"，门神守卫，大鬼小鬼进不来；而是口大尽吞邪恶，吞掉它。这略不同于一般的武士门神，倒像神话门神神荼和郁垒，捉鬼捆绑了去喂虎，像传说门神钟馗，捉鬼挖眼，再吃掉它。

吞口，形式连同内容，有一近似物，即陕西宝鸡的辟邪马勺。当地传说社火脸谱能驱邪，将舀水马勺绘上脸谱，挂在居室，企望保佑一家人的平安。

云南昆明附近乡村，人家建房，常于院门门头上垒一吞口，瓦质。其大兽头，配以小比例的身躯四肢，或坐或卧于瓦片形基座上，圆目獠牙，巨口吐长舌，虽体量不大，却具啸天之势。当地人以其为辟邪神物，吞口守院门可以守财、存财，还可招财，甚至夺财——相同方向的大门，先置吞口就先占了"财源"，邻居想要与之分庭抗礼，只得远远地暗设一砂锅，对准占先的吞口，意思是你若"吞"财过分，小心被砂锅煮化了。

这吞口，由表示尽吞邪恶，而兼顾吸纳"财源"了。

六、建房风俗

（一）"宅以门户为冠带"

大门与吉凶福祸的关系，是旧时风水术的重点话题之一。在湖北云梦睡虎地秦简中，可以见到造门关乎吉凶的内容。秦简《日书》涉及房屋的布局、门的位置，二十二种门图，分别标明吉凶。例如，南门、将军门"贱人弗敢居"；辟门"成之即之，盖廿岁必富，大吉，廿岁更"；屈门"其主昌富，女子为巫"；失行门"大凶"；不周门"其主富，八岁更"；大门"利为邦门，贱人弗敢居，居之，凶"；等等。这种特别看重大门的神秘文化，在延续之中，不断地增加着神秘的说法。

"宅以门户为冠带"，是一句古老的名言。唐代起广泛流传的风水书《黄帝宅经》引用了它。敦煌出土的卷子中，也可读到类似的话。

套用唐太宗的话，以铜为镜，可以正冠带。历史铸造了这样一面镜子，古人借助它造门、安门、品评门。今天，我们端详这面镜子，有一种既生疏又熟识的感觉。因为，它是由天人合一、阴阳五行等中华文化的诸多元素冶铸的"合金铜"，它的原材料，用了民风民俗，用了混杂于古代居住民俗之中的风水术。

就说门的朝向，敦煌写卷《诸杂推五姓阴阳等宅图经》有句并不深奥的话："南入门为阳宅。"坐北朝南，是最普遍的居住民俗，不仅"衙门口，朝南开"，民居也以北房为正房。我国地处北半球，面南开门，背阴向阳，光线好，暑天纳南风徐来，冬季寒风吹后墙，如常言："向阳门第花常春。"这种合理的居住民俗，被风水理论接收，称为"子午向"。

敦煌遗书《诸杂略得要抄子》所记，反映了对于开门方向的迷信："门在青龙上，令人不吉利。门在玄武上，令人数被贼盗。"四象各代一方，青龙为东，玄武为北。古代的敦煌人是要避免把宅门东开和北开的。甘肃裕固族居所，门忌朝北开，有句俗话："人只有倒霉时，门才朝北开。"山东东北部地区乡村，民居院门一般向南开，院内正房坐北朝南，但院门不可正对堂屋门，否则会说南火、北水相克，犯忌。此说甚至兼涉门、窗的位置关系，所谓"门对窗，人遭殃；窗对门，必死人"，院门或南屋门与正房窗相对，也是大忌。

子午向，南北轴线。选择南北向时，有意稍稍偏向于东，叫作"抢阳"。不言而喻，这是为了使阳光尽早地照进门窗。遣词用"抢"，表达了人类面对大自然的主动精神。

就一座院落而言，院门最受重视。传为清代风水书《阳宅撮要》说："大门者，合宅之外大门也，最为紧要，宜开本宅之上吉方。"大门，除了朝向问题，还有方位问题。四川省岷江上游地区羌族居住风俗，讲究门户的位置和朝向。曹怀经《羌族居住文化概观》记，房间门户不正对大门，据说鬼走路不能转弯，房门不正对着大门，鬼即使进了大门，只能直走，也是进不了房间的。在青海农村，大门多开在与主房迎面的墙上，但大门不能与主房的屋门相对齐，要交错方位。错不开时，则在庭院中建一座照壁，其目的是避免"冲喜"。

对于邻里间的宅门，相互方位关系也有许多讲究。粤北瑶族习俗，各家大门不能相对，否则，便认为两家邪气相撞，不吉利。当地有种说法，所谓"千斤打上，万斤打下；门不相对，门扇相挑"。出于趋吉避凶的心理企盼，住房门前还忌讳遮蔽物，因而前排房屋要低于后排房屋。

宅院大门的位置，比左邻右舍向前凸出，旧时称为"压人一头"，据说这样能够得阳气。建房者不免希望"压人一头"，此院凸一点，彼院凸一些，大门的前凸使得街巷胡同难成直线，造成弯曲、凹凸的景观。吉林市有条白旗堆子胡同，《吉林民居》记录了这条胡同里宅门凹凸的情况。

北方的四合院，院门通常不开在南北中轴线上，而是设于东南。这称为巽门，源自风水说。大门不取正中而开在左侧，民间有个说法，叫作"横财到手"。所谓横者，大约是指大门的位置做了垂直于中轴线的横向移动。旧时相宅法常用的"大流年法"，将院落按九宫格划分，除了中间一格，周围八格用八卦按方位标定，再以开门的方位为坐宫卦位，从而得出宅院中不同方位的大吉、次吉、小吉、小凶、大凶的区别。以此方法推算，院门处于巽位占了小吉，而院中正北的处在坎位上的主房，恰占了大吉。从风水意义上讲，是上好的选择。《阳宅十书》说："坐北向南开巽门者，水木相亲。若修一、二、四层及离、坎二方房高大，发富贵，子孙万辈兴旺。"

方位之外，大门前的环境也纳入相宅的范围。就在这部存录于清代《古今图书集成》的《阳宅十书》中，对此多有讲究，选录如下：

凡宅门前不许开新塘，主绝无子，谓之血盆照镜。门稍远，可开半月塘。

凡宅门前不许见二三四尺红白赤石，主凶。

凡宅门前见水声悲吟，主退财。

凡宅门前忌有双池，谓之哭字。西头有池为白虎开口，皆忌之。

凡宅门前屋后见流水，主眼疾。

凡宅井不可当大门，主官讼。

门口水坑，家破伶仃。大树当门，主遭天瘟。墙头冲门，常被人论。交路夹门，人口不存。众路相冲，家无老翁。门被水射，家散人哑。神社对门，常病时瘟。门下出水，财物不聚。门著井水，家抬邪鬼……水路冲门，忤逆子孙……门前垂柳，非是吉祥。

这其间，多有联想的成分在，如"主退财""主眼疾"两项；将双池看成"哭"字，则是对字形的联想。同样，由空心树而顾忌肺痨病："空心大树在门前，妇人痨病叫皇天。万般吃药皆无效，除了之时祸根断。"医病先医心病，拔掉空心树，心境为之一爽。门前两株树，说是"门前若有二等树，断定二姓同居住。大富之家招二妻，孤翁寡母泪沾衣"。该书还说："门前三塘及二塘，必啼孤子寡母娘。断出其家真祸福，小儿落水泪汪汪。"门外的水塘多至三三两两，幼儿落水的可能性自然不小。因此不妨说，风水术云云，其中一部分，本是大众的生活经验，被风水先生拿了去，一旦成为金科玉律，便具有了唬人、吓人的功能。

贵州安顺1932年印行的《平坝县志》说，宅门外的街路、田塍宜横过，或弯曲而过，忌直形、交叉形并且正对大门，直路对着大门"俗呼'箭射'，交叉路俗呼'人字杀'"。不言而喻，"箭射""人字杀"均是对于门前环境的形象描述。如果排除迷信的说法，单就民居环境而言，直路对大门或门前路交叉，确实不是理想的处所。

民国年间的《定番县乡土教材调查报告》，记录了"一位看阴阳者所告"，反映了旧时贵州民间建房的禁忌：

大门两旁的墙壁务须大小一般，若是左大，则屋主换妻，若是右大，屋主孤寡。造大门时，应低于墙，若门高于墙，家中必常哭闹。大门口不能有水坑，否则必家破人亡。大门口又不能正对大树，否则家中必遭大瘟。大门不能被水冲，否则家散人亡。门下又不能有水流出，否则财物不聚。粪坑不能对门，否则家中子孙必有忤逆。

可以看出，有关风水的种种说法，思路往往是大同小异的。那位"看阴阳者"还涉及大门本身大小、高短。这方面的迷信说法，在上面提到的《阳宅十书》里也有所反映：

凡造屋切忌先筑墙围并外门，主难成。凡大门门扇及两畔墙，须要大小一般，左大主换妻，右大主孤寡。大门十柱，小门六柱，皆要着地则吉。门扇高于墙壁多主哭泣。

人们对于住宅的外部形态的审视，依凭的是千百年间约定俗成的建筑规范。中国人的传统审美心理，崇尚和谐，以对称为美。左右失谐，瞅着别扭；再融以男左女右、相生相克的观念，"主换妻""主孤寡"的说法就出笼了。于是，显露的形式，演变为诡秘的征兆。虽被写进风水书，但为人接受的前提，显然仍难以脱离普遍的审美判断：那大门，不美。

《黄帝宅经》说，宅有五虚五实，五虚令人贫耗，五实令人富贵。五虚中，"宅门大内小"算一虚，"宅大门小"为一实。对于结构的审美来说，院门大而院子小、房间少，便失去了和谐之美，给人以虚有其表之感；相反，宅院大、院门小的格局，或许会给人以充实之感，如果院门尚未小到局促失美的程度的话。

（二）门的尺寸："鲁班尺"和"玄女尺"

"宁与人家造十坟，不与人家修一门"，这是一句"古人云"——清代所编《古今图书集成》所引的"昔人云"。

为什么如此慎言修门？这部大型类书的"堪舆部"所收《阳宅十书》，"十书"之一"论开门修造"，以古人的风水观，讲建筑物门户沟通天地造化的奇功，即所谓"通气"：

> 夫人生于大块，此身全在气中。所谓分明人在气中游者是也。惟是居房屋中，气因隔别，所以通气只此门户耳。门户通气之处，和气则致祥，乖气则致戾，乃造化一定之理。故先圣贤制造门尺，立定吉方，慎选月日以门之关最大故耳。

这段话，体现了古代风水理论的一个重要观点：视门户为咽喉。在"天人合一"的心理背景下，出入由之的大小门户，被设想出和气、乖气，致祥、致戾的神奇意蕴。造门安门，成为举足轻重的事。在古人看来，门户得体，顺应天地造化，不悖自然规律，就能同人们生存其间的"气"取得和谐。否则，"乖气则致戾"，是要吃苦头的。由此，造门的种种禁忌也就被想象出来。

门的尺寸关涉这一切。"故先圣贤制造门尺"，这就是神秘的"鲁班尺"。《阳宅十书》说：

> 海内相传门尺数种，屡经验试，惟此尺为真，长短协度，凶吉无差。盖昔公输子班，造极木作之圣，研穷造化之微，故创是尺。后人名为"鲁班尺"。

在很长一段时期里，鲁班尺在江南民间工匠中口授言传。最早的记载，见于南宋陈元靓的《事林广记》：

> 鲁般即公输班……其尺也，以官尺一尺二寸为准，均分为八寸，其文曰财、曰病、曰离、曰义、曰官、曰劫、曰害、曰吉；乃北斗中七星与辅星主之。用尺之法，从财字量起，虽一丈十丈皆不论，但于丈尺之内量取吉寸用之；遇吉星则吉，遇凶星则凶。亘古及今，公私造作，大小方直，皆本乎是。作门尤宜仔细。又有以官尺一尺一寸而分作长短者，但改吉字作本字，其余并同。

以鲁班尺来裁定门的尺度，关键在于选寸。一尺在手，上有八寸——财、病、离、义、官、劫、害、吉（或作本），财义官吉

（本）四者为吉，病离劫害四者为凶。工匠们说，做门采用这神尺上的吉寸，会光宗耀祖。许多人宁可信其有。这尺，又叫门光尺，或叫门尺、门公尺，还称八字尺。

旧时工匠们说，鲁班尺在手，如果房主对手艺人不仁义，做门的时候就报复他。房主善待工匠，图个顺星，这是原因之一。于是，工匠们多了一种维护自身权益的武器。

清末民初木匠行业的隐语，称鲁班尺为"较量"，可说是语涉双关的。

鲁班尺的尺寸有所变化。天一阁所藏明代《鲁班营造正式》记：

鲁般尺乃有曲尺一尺四寸四分。其尺间有八寸，一寸准曲尺一寸八分，内有财、病、离、义、官、劫、害、吉也。凡人造门，用依尺法也。假如单扇门，小者开二尺一寸，压一白，般尺在"义"上；单扇门开二尺八寸，在八白，般尺合"吉"；双扇门者用四尺三寸一分，合"三绿一白"，则为"本门"在"吉"上；如财门者，用四尺三寸八分，合"财门"吉；大双扇门，用广五尺六寸六分，"两白"，又在"吉"上。今时匠人则开门四尺二寸，乃为"二黑"，般尺又在"吉"上；五尺六寸者，则"吉"上二分加六分，正在"吉"中为佳也。

如这段文字所叙述的，确定门的尺寸，往往不单用鲁班尺。除了鲁班尺的财义官吉以外，又有"一白""八白"等。后者来自木工通常所用的曲尺。曲尺以十寸为一尺。《鲁班营造正式》讲到曲尺，"开门高低，长短度量，皆在此上。须当奏对鲁般尺八寸，吉凶相度，则吉多凶少为佳"。

怎样同鲁班尺配合使用呢？陈元靓《事林广记》说：

> 《阴阳书》云：一白、二黑、三碧、四绿、五黄、六白、七赤、八白、九紫，皆星之名也。惟有白星最吉。用之法，不论丈尺，但以寸为准，一寸、六寸、八寸乃吉。纵合鲁般尺，更须巧算，参之以白，乃为大吉。俗呼之"压白"。其尺只用十寸一尺。

门高、门宽的吉祥数字，既要合于鲁班尺，又要恰好压在曲尺上的"一白"、"六白"和"八白"上。两套系统，双双制约，更加神异其事了。

同鲁班尺相类，民间传有玄女尺。《事林广记》载"玄女尺法"：

> 《灵异记》曰：玄女，乃九天玄女。造此尺专为开门设。湖湘间人多使之。其法以官尺一尺一寸为准，分作十五寸，亦各有字用之法，亦如用鲁般尺。遇凶则凶，遇吉则吉；其间尺有田宅、长命、进益、六合、旺益、玄女六星吉，余并凶。

玄女尺的尺长有别于鲁班尺，各寸的名称另有一套，但其功用和鲁班尺是一致的。且玄女尺又有尺长九寸许的，据民间《鲁班经》载，也分"财、病、离、义、官、劫、害、本八位"。鲁班是建筑业的祖师，是被神化了的历史人物；与他相比，玄女并不逊色，她是旧时各地九天娘娘庙中的主神，源自玄鸟生商的始祖神话，《水浒传》描写她显灵救宋江，先授天书，后授兵法。

清代李斗《扬州画舫录·工段营造录》，也说到这些门尺：

> 门尺有曲尺、八字尺两法。单扇棋盘门，大边以门诀之吉祥尺寸定长，抹头、门心板、穿带、插间梁、拴杆、槛框，余塞板、腰枋、门枕、连槛、横栓、门簪、走马板、引条诸件随之……曲尺长一尺四寸四分，八字尺长八寸，每寸准曲尺一寸八分，皆谓门尺，长亦维均。八字：财、病、离、义、官、劫、害、本也。曲尺十分为寸：一白，二黑，三碧，四绿，五黄，六白，七赤，八白，九紫，十白也。又古装门路用九天元女尺，其长九寸有奇。匠者绳墨，三白九紫，工作大用日时尺寸，上合天星，是为压白之法。

九天元女尺即玄女尺。这里讲到工序，做门要先量定吉祥尺寸，其他结构"诸件随之"。

财、义、官、吉（本），尺寸的裁定，并非从这四项中任取一个了事，而是要视具体情况，如《鲁班经》所说：

惟本门与财门相接最吉，义门惟寺观学舍义聚之
所可装，官门惟官府可装，其余民俗只装本门与财门，
相接最吉。

平民百姓家安门，以"本"和"财"最好，不宜取"官"。《鲁
班营造正式》中"官字歌"说，"富贵人家有相压，庶人之屋实难
量"。讲的就是这层意思。取数合于"义"字的大门，只可装在寺观
学舍，因为这些场所才是公众"义聚之所"，与"义"相宜。

此外，门尺的使用还要兼顾时间因素。"鲁班尺""玄女尺"，名
目既已神异，叠加在那尺子上的东西越多，其也就益发神秘了。

（三）"安门请到公输子，立户聘来姜太公"

"安门请到公输子，立户聘来姜太公"，这是山东鄄城一带建房
时习用的对联。

有言道："民以食为天，民以居为地。"旧时，置房产、置地产，
同是造福子孙的家庭大事；至今在民间，建房筑屋仍是件分量很重的
事。这不仅因为对于家庭来说，盖房子是一项较大的固定资产投资，
还因为驱邪纳福的传统心理，千百年来根深蒂固地介入居住习俗之
中，而居住习俗的很大一部分内容就体现在建房之时。

从夯基开始的诸道建房工序中，安门和上梁的讲究最多。栋梁在
房屋结构中的重要性，不需赘言。它受到重视，顺理成章。与上梁相
比，有关安门的种种说法，更多的是着眼于驱邪纳福，而非建筑物的
结构和装修本身。

正缘于此，才有了本节引为标题的那副对联。这对联可配以横批"安门大吉"，一并用红纸书写，建房时贴在门框上。这类对句或单句，山东还有："安门增万福，立户纳千祥"，"姜太公在此诸神退位"等。

"安门请到公输子"，公输子即公输班，木瓦石匠业的祖师鲁班。"立户聘来姜太公"，姜太公吕尚，西周建国名将。唐宋时封武成王，与文宣王孔子并列。明清两代，武圣奉关羽，但是，姜太公崇拜未泯，姜太公的传说仍广泛流传于民间。安门立户要请这两位神明，以求辟邪、纳吉。

迷信的人，对于造门之期也有讲究。讲究之一，是看此时太岁所在方位，以便避忌。《宋史·注辇传》载，嘉祐年间，将修东华门。太史言："太岁在东，不可犯。"仁宗批其奏曰："东家之西乃西家之东，西家之东乃东家之西，太岁果何在？"令兴工勿忌。

宋朝太史所言太岁，即"谁敢在太岁头上动土"那个太岁。太岁迷信是天体崇拜和方位迷信的混合体，汉代时已有"抵太岁凶，负太岁亦凶"的迷信，这就是"不可犯"之所指。宋仁宗赵祯批道，方位东或西，本是相对而言，谁也说不清太岁到底在哪儿。因此，大可不必避忌。宋仁宗此举，颇有宋太祖赵匡胤的风范。据宋代岳珂《桯史》记，宋太祖下令增修皇宫，司天监说太岁在戌，西北之隅不可动土。赵匡胤驳斥："东家之西，即西家之东，太岁果何居焉？使二家皆作，岁且将谁凶？"照修不误。

避免"太岁头上动土"，是时间加方位的避忌。撇开方位，又有单讲时间的避忌。明万历年间刻本《便民图纂》，讲到修门择时，所忌年、月、日，如做门忌庚寅日，"门大夫死"。书中刊有"门光星"计30个格，"大月从下数至上，逆行；小月从上数至下，顺行，一日一位。遇白圈大吉，黑圈损六畜，人字损人，不利"。依图示，一个月份里大约有一半日子是修门的吉日。

旧时的迷信者还把避忌固定为若干日期，如《台北市志》记："凡择地开门，正、七两月忌用卯日；二、八两月忌用巳日；三、九两月忌用未日；四、十两月忌用酉日；五月、十一月忌用亥日；六月、十二月忌用丑日。"昔日迷信的人，就像赵树理小说《小二黑结婚》里的"小诸葛"，今日不宜出行、明天不宜动土，偏偏信这一套。关于门户的避忌，不过是人们自我束缚、自己吓自己的又一项内容罢了。

（四）镇物厌胜

旧时有种说法，建房主家，不可慢待了工匠，否则，工匠或在"鲁班尺"上使坏招儿，或暗使凶符、下镇物，会使主家家运衰颓。

关于"鲁班尺"的迷信，前已述。这里来说镇物厌胜。清代褚人获《坚瓠余集》"木工厌胜"条：

> 木工造厌胜者，例以初安时一言为准，祸福皆由之。娄门李朋造楼，工初萌恶念，为小木人荷枷埋户限下。李适见，叱问之，工惶恐，漫应曰："翁不解此耶？走进娄门第一家也。"李遂任之。自是家遂骤发，赀甲其里。

娄门的李某建楼，木匠要施厌胜术，刻了个肩扛枷锁的小木人，偷偷地埋在门槛下。这显然是下镇物，诅咒人家。可是，正往门槛下埋的时候，被李某看到了，喝问他在干什么。木匠慌了，应付说："您还不懂这个吗？这枷，叫作走进娄门第一家。"后来，李某真的发了家，成为娄门一带最富有的人。

这段故事，讲门槛下面埋镇物的厌胜之术，而本来是致祸的镇物，因为木匠当时于不得已之中说了句祝福的话，便成了"祸兮福所倚"。

民间也用厌胜的方式，祝吉纳祥，在门下埋吉符。如台湾一些地方民俗，建门时将米置于楹柱门间，视为可致富贵的喜符，见于《台北市志》。《民俗研究》1996年第1期载《青海农村居住建筑习俗》提供的情况是：

修大门前，慎重地选好黄道吉日和时辰。先在门坎下埋一个小瓶子，内装钱财、药材（如十全大补汤等），谓之"宝瓶"，取"招财进宝""平平安安"之意。

在立大门这天，主人要在太阳升起来之前，外出挑回一担清水，路上忌回头、歇息，忌遇送葬、娶亲、病人、孕妇等人。待门框立起前，忌外人进门。门框主梁用桃木（青海大多数地方以杏木代）雕以花纹做成，与房屋大梁相同，正中凿洞装以粮食、财物，用铜钱钉住包梁的红布。

吉时到来前，主人焚香化裱，告慰先人。门框立起来后，在木坎上浇上早晨挑来的水，匠人站在门框上向下抛撒枣、糖、钱、馍馍等，众人纷抢。而后，祝贺的客人才鱼贯进门，入席就座。

有的地方的人家，还在门框的门洞里放入青砖制成的狮子，以避邪，求得吉祥。

门槛下埋装有钱财、药材的"宝瓶"，钱财代表富足，药材表示驱除疾患。以这两样稳于门下，正应合了一句俗语："有什么，别有病；没什么，别没钱。"门槛底下埋，门梁上还要凿洞装粮、装钱，此外青砖狮子辟邪，这些属于厌胜物。

古时杭州的昭庆寺，从吴越钱武肃王，至宋至明，几建几毁，屡遭火灾之殃。堪舆家说是地处"火龙"所致。明嘉靖年间再建，"遂用堪舆家之说，辟除民舍，令使寺门见水，以厌火灾"。结果怎么样呢？明清时代人张岱《西湖梦寻》记，隆庆三年（公元1569年）烧了一回，崇祯十三年（公元1640年）又起火，烟焰障天，湖水为赤。"寺门见水"这门的厌胜，并没能制伏"火龙"。这似乎可以说明，火灾的原因不在于地脉如何，而在于对香火的管理有漏洞。因此，"寺门见水"的厌胜之术，只能反映防火的愿望，却非有效的防火的措施。

（五）"踩财门"和"开彩门"

在传统居住习俗中，宅院大门至关重要。青海等一些地方，立大门称为"开财门"，新门落成要举行"踩财门"的仪式。云南《雄镇县志》也记，大门装修完备，要由至亲"踩财门"。逢此之时，要由德高望重的长者致"踩门颂词"：

> 启吉门，启祥门，吉祥如意四季春，财丁两旺世
> 世兴；踩福门，踩寿门，福如东海长流水，寿比南山
> 不老松。

汛河《布依族风俗志》录"开彩门歌"："梭罗树林一根根，梭罗树林笔挺挺。长板解得千千万，短板解得万万千。长的拿来做门条，短的拿来装门心。两扇金门光生生，两扇银门生碧辉。左边雕有金狮子，右边刻有玉麒麟。早晨开门金鸡叫，夜晚关门凤凰归。主家六畜年年旺，子孙荣华万万春。"这是新房落成，亲朋邻里前来祝贺时，由建房木匠唱出的。这仪式叫作"开彩门"。此时，还要将一块一尺五寸长、二尺宽的红布钉在大门枋上，象征招财进宝。

"开财门"之初的几日，忌戴孝、鳏寡、残疾者及有过恶行的人进门，称为"忌财门"。据说这是为了避免带入不祥。在海南，黎族村民迁入新房时，要在门后插上红藤刺叶，传说刺叶可以钩住鬼魂，使人免受灾祸。

（六）《论衡》诘术

东汉王充《论衡》抨击迷信观念，专有一篇"诘术"，批驳当时所传"姓与宅相贼，则疾病死亡，犯罪遇祸"的无稽之谈。这可视为珍贵的思想文化、民俗风习史料。

王充诘术，主要针对两段"图宅术曰"。一段讲："宅有八术，以六甲之名数而第之，第定名立，宫、商殊别……"八术讲宅院的方位，也就是门朝哪儿开。六甲，天干配地支，用来排定住宅的五行归属，所谓"第定名立"，换言之，是通过对门的一番解说，把住宅纳入神秘的符号网里。另一段"图宅术曰"讲："商家门不宜南向，徵家门不宜北向。"说姓氏对于大门朝向的忌讳。

五行说是一个构思庞杂的系统，通过五方、五色、五音的转换，可以用五行生克附会众多事物。比如，它甚至可以把姓氏归纳为五行。怎样划分呢？先将五音与五方、五行相对应，五音宫、商、角、徵、羽，宫为中属土，商为西属金，角为东属木，徵为南属火，羽为北属水；读姓氏时的发音，"口有张歙，声有外内，以定五音"。这样一来，便把姓氏同五行联系起来，下一步，就是赵、钱、孙、李诸姓人家的大门的朝向了，说什么"向得其宜，富贵吉昌；向失其宜，贫贱衰耗"。商音属金，火克金，南方为火，因此"商家门不宜南向"，姓为商音的人家大门开向南方不吉利。"徵家门不宜北向"，徵音属火，北方为水，水克火，所以说姓氏属徵音的人家向北开门犯忌讳。

这种"图宅术"实在是欺人之谈。王充写道：

> 姓有五音，人之质性亦有五行。五音之家，商家不宜南向门，则人禀金之性者，可复不宜南向坐、南行步乎？一曰：五音之门，有五行之人，假令商姓食口五人，五人中各有五色，木人青，火人赤，水人黑，金人白，土人黄。五色之人，俱出南向之门，或凶或

吉，寿命或短或长，凶而短者未必色白，吉而长者未
必色黄也，五行之家何以为决？南向之门，贼商姓家，
其实如何？南方火也，使火气之祸，若火延燔径从南
方来乎？则虽为北向门，犹之凶也。火气之祸，若夏
日之热四方洽浃乎？则天地之间皆得其气，南向门家
何以独凶？

王充诘问：如果说这家大门向南面开犯忌，这家的人向南而坐、
向南而行就不犯忌了吗？

王充诘问：既有五音之门，又有五行之人，假使一户五口人家，
五人脸色不同，禀木性者脸色青，禀火性者脸红，禀水性者脸黑……
那么，五人都出入于南向之门，会怎样呢？短寿命者，不一定就是白
脸禀金性那位——南门之"火"为何没克掉"金"？同样，长寿者也
未必是黄脸禀土性那位——火生土，既然出南门有相生之吉，为何不
长寿？

王充诘问：南方属火，火气之祸就是从南方烧来的吗？就像夏日
的暑热，周遍四方，若真有火气之祸，即使向北开门，也难逃其祸。
"天地之间皆得其气，南向门家何以独凶？"

《论衡·诘术篇》还有一节文字也很精彩，限于篇幅，不再照录。
在那一节中，王充诘问："今府廷之内，吏舍连属，门向有南北；长
吏舍传，闾居有东西……安官迁徙，未必徵姓门南向也；失位贬黜，
未必商姓门南出也。或安官迁徙，或失位贬黜何？"官吏的升迁贬
黜，同其姓氏五音、大门朝向并无关系。

王充又诘问："门之与堂何以异？五姓之门，各有五姓之堂，所向无宜何？"为什么只论大门不论厅堂？王充写道，论空间，"门之掩地，不如堂庑"，门的占地小；论时间，"朝夕所处，于堂不于门"，待在厅堂里的时间长。

王充还诘问："如当以门正所向，则户何以不当与门相应乎？"意思是，为什么只论门不论户？王充举出两条，以证其谬。其一，大门是出入口，户——旁门、房门也是出入口，并且，孔子说"谁能出不由户"，言户不言门；其二，自古五祀，祭门、户、井（或说行）、灶、霤五神，门与户同在其列。

这后两诘所及，论门不论堂，关乎作为建筑物出入口的门与建筑物的关系；论门不论户，关乎同是建筑物出入口的门和户的关系。就建筑整体而言，门这一局部，往往被赋予较多的象征意义，因而受到重视。对于同是出入口的门和户来说，大门是一组建筑的总出入口，故而更容易被视为关键所在。所谓图宅之术，选中门的朝向大做文章，正是这种观念的反映。

面向历史的洞开

门，建筑物的脸面，古风今俗的展台；它还是面向历史的一种洞开——透过门来看，也就是找到了一个切入点。社会的理想憧憬、等级观念、职能分工、空间调控、行为规范等，都能由一"门"而窥全豹。门的历史，于是成为历史之门。

一、夜不闭户的理想

（一）"夜不闭户，路不拾遗"

诸葛亮是个治国有方而能实现"夜不闭户，路不拾遗"的政治家。不管你信不信，《三国演义》上写着呢。他是古典文学创造的智商超常者。隆中对，说三分，神；草船借箭，祭坛借风，神；写他治蜀，也神。第八十七回书上讲，诸葛亮在成都，事无大小，皆亲自从公决断。结果是，"两川之民，忻乐太平。夜不闭户，路不拾遗"。请勿小看这句话的分量。

"夜不闭户，路不拾遗"，古人的社会理想。《礼记·礼运》提出"大同"与"小康"两概念，所设想的大同社会是：

> 　　大道之行也，天下为公，选贤与能，讲信修睦。故人不独亲其亲，不独子其子，使老有所终，壮有所用，幼有所长，矜、寡、孤、独、废疾者皆有所养，男有分，女有归。货恶其弃于地也，不必藏于己；力恶其不出于身也，不必为己。是故谋闭而不兴，盗窃乱贼而不作，故外户而不闭。是谓大同。

这一幅天下为公的太平治世图，描绘出方方面面，比如人们自觉地为社会尽力，各种人都会得到社会的保障，无不足、不赡之忧，广泛和睦而无盗窃乱贼。如此太平盛世，反映于门户："是故谋闭而不兴，盗窃乱贼而不作，故外户而不闭。"关门时，掩上门扇即可，不必横闩上键，因为世无"盗窃乱贼"，不需设防。

《礼记》的这番理想谈，后来凝为四个字：夜不闭户。

这是一代代中国人的美好理想。

"三年，门不夜关，道不拾遗"，《史记·循吏列传》以此赞扬子产的政绩。说的是，春秋时代，子产治理郑国，一年一个变化，第三年已是路不拾遗，夜不闭户了。

子产何以成功？从《史记·郑世家》看，"子产仁人"，相信为政以礼，又讲"为政必以德"。他还将法律条文铸在鼎上，公之于众。

看来，"门不夜关，道不拾遗"，好世风的形成不仅靠"礼"，也需要其他——例如，实行法治。《后汉书·东夷传》有论："昔箕子违衰殷之运，避地朝鲜。始其国俗未有闻也，及施八条之约，使人知禁，遂乃邑无淫盗，门不夜扃。"门不夜扃，同如夜不闭户，这是"施八条之约，使人知禁"的结果。

晋代《华阳国志》中有个王涣，字稚子，曾为地方官，政绩斐然。书中写其政绩只八个字"路不拾遗，卧不闭门"。这已是极高境界，从所录民歌可证之："王稚子，世未有，平徭役，百姓喜。"

敦煌遗书中有篇说唱伍子胥故事的变文，歌颂他"治国四年，感得景龙应瑞，赤雀咸（衔）书，芝草并生，嘉和（禾）合秀。耕者让畔，路不拾遗。三教并兴，城门不闭"。夜不闭户，城门也可大开了。说的是春秋故事，但这显然是唐代人心目中的太平世界。唐代有过社会安定、民众舒心的日子。"贞观四载，天下康安，断死刑至二十九人而已。户不夜闭，行旅不赍粮"，《隋唐嘉话》这样称颂唐太宗的太平天下。

清代袁枚志怪小说《子不语》有无门国故事，讲常州商贩航海舟没，漂至一国。小说的描写，宛如"海市"景象："人民皆居楼……有出入之户，无遮阑之门。国人甚富，无盗窃事。"真是高妙的设计。有出入之户，门户的出入口功能并不扔掉；无遮挡之门，门户的保卫功能则要摒弃。随园先生所语，其实是一种理想中的境界。对此，他缀以两个条件，一是国人富，二是无盗窃，似乎意识到据此两条，前者做社会物质基础，后者为社会道德风尚，才可望宇内无大门。

这样的两条，有很重的分量。

（二）锁门闭户

夜不闭户固然好，可是那需要相应的社会条件，道德的，风尚的，治安的，等等。唐代的贾岛写了句"僧敲月下门"，拿不准这月下门，该是敲好还是推好。这样在驴上苦苦琢磨着，不觉冲撞了韩愈出行的仪仗队，被左右拿下。贾岛对韩愈讲自己正"推""敲"不定，韩愈说："用'敲'字佳。"

推、敲之间，推门而入总有点唐突，而敲则温文尔雅、礼貌些。同时，月下门可推，那必是夜不闭户的；而敲呢，是不是锁门闭户了，所以要叩门？韩愈时为"吏部权京兆"的官员，也许他选择"敲"，还考虑到了治安的状况。

另有一段诗话，道士李伯祥诗句"夜过修竹院，醉打老僧门"，被苏东坡称赞为可爱的奇语，见《苕溪渔隐丛话前集》卷五十七。醉态里还是在打门，而没有破门而入，这大概已不是出于礼貌的原因吧。

"柴扉夜未掩"，这不是夜不闭户吗？就请读全诗。明代张岱《西湖梦寻》录宋时杭州梵天寺的题壁诗："落日寒蝉鸣，独归林下寺。柴扉夜未掩，片月随行履。惟闻犬吠声，又入青萝去。"蝉鸣于树，月淡风清，归人独行，寺门未掩，自是幽静氛围；然而，狗叫了，在这夜静时分。人们养狗干什么呢？看家护院守门户。这首题壁诗没有漏掉这一笔，该算是写实之作。

作为一种美好的憧憬，"夜不闭户"不绝于经史子集。可是，它似乎很少实现过。"静夜家家闭户眠，满城风雨骤寒天"，宋代诗人范成大《夜坐有感》写的就是别一番景象。旧时为人们普遍接受的《朱子治家格言》，开篇讲："黎明即起，洒扫庭除，要内外整洁；既昏便息，关锁门户，必亲自检点。"居家过日子，每日要做好这两件事。而关锁门户，一须有时间观念，既昏便息，不是深更半夜才想起大门未闭；二须精心谨慎，要做到亲自检点。看那刊册里的附图（图59），治家主人闩门之状，确是毫不马虎的。

图59　刊刻本《朱子治家格言》插图

防闲。《旧唐书·李益传》记，进士李益，诗歌广为传诵，"然少有痴病，而多猜忌，防闲妻妾，过为苛酷，而有散灰扃户之谭闻于时，故时谓妒痴为'李益疾'；以是久不调，而流辈皆居显位"。防闲妻妾，以至于白日里门户上锁，门前撒灰，表现出一种病态心理。这是没有普遍意义的锁门闭户的事例。

再来说锁门之锁。

理想与现实，它们相互依存的前提，是两者之间由距离间隔着。自古以来，人们并不拒绝夜不闭户的理想，也不肯放弃每晚关门、闭户，以此换得一觉到天亮的安全感。如果要量一量这中间，理想同现实隔着多远，可借宋代《芝田录》之说——"门钥必以鱼者，取其不瞑目守夜之义"。这反映了古人的想法：夜须闭户，且要上锁；那锁钥仿鱼形，是希望门上铁锁像夜不闭眼的鱼一样，时刻警醒着，将门户锁闭得牢牢的。

仿鱼形锁钥，并非仅是口头说说。其在宋代以前就大量使用，如今遗存不少，成了文物。一实一虚相呼应，唐代段成式《酉阳杂俎》描述了一个虚幻之物："护门草，常山北，草名护门，置诸门上，夜有人过，辄叱之。"此草显然出于想象，而生发这一妙想的土壤，则是现实生活里的心理需求。

其实，护门草的神奇功能，不过是看门狗的本分而已。狗列六畜中，主要靠了看门守夜的本领，这是其他家畜不能取代的。十二生肖戌属狗，明代《七修类稿》、清代《广阳杂记》等都说，戌时方夜，而狗为司夜之物，故戌属狗。在关于十二属相的种种解释中，戌时夜、狗守夜的解说，最易为人们所接受。

司夜的狗，于关锁门户的物质、心理屏障之上，叠加了一道保平安的门闩户锁。

（三）钟鼓楼与开关门

门、户的开与关之间，就是如此丰富地包含着古人的心理、古代的观念。

《南史·齐高帝诸子传》，萧道成第十子、始兴王萧鉴"性聪警"，"有高士风"。在蜀，他曾同长史虞悰谈城门的开和闭：

> 州城北门常闭不开，鉴问其故于虞悰，悰答曰：
> "蜀中多夷暴，有时抄掠至城下，故相承闭之。"鉴曰：
> "古人云，'善闭无关键'。且在德不在门。"即令开之。
> 戎夷慕义，自是清谧。

"善闭无关键"是句很有哲理的话，萧鉴作了发挥："在德不在门。"一反往常，城门大开，反倒清静无扰。原因在于城外人对此举的反映——"慕义"。城门紧闭是一种充满歧视的屏障，随着城门的打开，屏障已除，所谓"在德不在门"的"德"。城门里边取"在德"的姿态，城门外边有"慕义"的感想，于是矛盾化解，城里城外也就相安无事了。

《南史》这段故事，通过城门的启阖，反映了古代关于治、乱的思考。唐末罗衮《门铭》："金枢玉键何足牢，止盈修德后必昌。"立意也是重修德而轻门关。

中国的古城大多是曾有钟鼓楼的。钟鼓楼辖制着全城公共大门的开关。

唐代都市里实行城坊制度，改古代的里为坊。坊之义，在于防，如《说文》所言，"防，或从土"。里门也随之称坊门。坊设坊正，由他"掌坊门管钥，督察奸非"。治安防范之严，不但城门夜闭，坊门也要听鼓而开，听鼓而关。

唐代传奇中，白行简《李娃传》，荥阳生初会李娃之日，写到了暮鼓："久之，日暮，鼓声四动……姥曰：'鼓已发矣。当速归，无犯禁。'"黄昏时分，鼓声响起，这是闭门鼓。唐代沈既济的《任氏传》

写及闻鼓开门："将晓……约后期而去。既行，及里门，门扃未发。门旁有胡人鬻饼之舍，方张灯炽炉。郑子憩其帘下，坐以候鼓。"《唐会要》卷八十六所载奏文，则说一些大户出入不走坊门，将大门开在街上，不受坊正制约，"或鼓未动，即先开；或夜已深，犹未闭"，造成治安问题。

世代生活于严格门禁之中的人们，习惯成自然。因此，当唐代那么几个年份，在新年第一次月圆时，欢乐取代了门禁，给人们，给历史，何等强烈的新鲜感。宋代《事物纪原》"放夜"条说：

> 唐睿宗光天二年正月望，初弛门禁。玄宗天宝六年正月十八日，诏重门夜开，以达阳气。朱梁开平中，诏开坊门三夜。《国朝会要》曰：乾德五年，诏："朝廷无事，区宇咸宁，况年谷屡丰，宜士民之纵乐，上元可更增十七、十八两夜。"自后至十六日，开封府以旧例奏请，皆诏放两夜也。

这是许多史籍都曾谈及的开了先河的事。正月的上元节期间，里坊之门通宵不闭，四面城门通宵敞开，与平日的宵禁形成对比强烈的反差。于是，在那没有公共夜生活的岁月，有了彩灯照耀、百姓同乐的夜晚。夜夜被门禁捆绑的生活，因此有了起伏，有了欢乐的小高潮，这便是张灯结彩、火树银花的节日。

松弛门禁的最初动机，着眼于"重门夜开，以达阳气"——在寒冬已尽，新春开始之际，以此表示开门纳春，迎接春天气息的涌来。

这虽然纯粹出于联想，但它却体现了中国古代文化燮理阴阳、融会天地的大胸怀，体现了华夏传统思维方式的大视野。

由唐宋时代对于上元节期间放松门禁的记载，联系《吕氏春秋》有关仲夏之月"门闾无闭"之说——门，城门；闾，里门，可以进而推想：仲夏之夜不关闭城门、里门的古风，至唐宋似已不传，所以人们对于城门、坊门的三夜不闭，表现得那样地兴高采烈。

在著名的《马可·波罗游记》里，元大都的钟楼和门禁制度，是一并谈及的：

> 城之中央有一极大宫殿，中悬大钟一口，夜间若鸣钟三下，则禁止人行。鸣钟以后，除产妇或病人之需要外，无人敢通行道中。纵许行者，亦须携灯火而出。每城门命千人执兵把守。

每一城门守卒千人，显然是夸张之词。然而，所记元代时的宵禁制度当不是向壁虚构。

（四）封门

为了保密，秦汉时代盛行封泥。例如长沙马王堆一号汉墓出土的竹笥，用绳捆扎着，绳结处用封泥，封泥上盖着印。若打开绳子，封泥必然被破坏。不掌握原先所钤的印章，封泥也就不可能复原了。

将此思路移植到门户上，就是封条。那纸条兼具绳和泥的作用，钤印变为封条上的字，除了字之外，还可在封条上盖上大印。就像封泥要封在横绑竖捆的绳子的打结处一样，封条贴在门扇上一般都是两相交叉的。小说《水浒传》明万历年间刊本，有插图表现封门的情景，两扇门板关闭，封条交叉贴于门上，封条上均有"府封"字样。

其实，在封条之前，泥封也曾被施诸门户。旧题汉代刘向所撰《列仙传》有条材料，反映了这方面的情况：

> 方回者，尧时隐人也，尧聘以为间士。炼食云母，亦与民人有病者。隐于五柞山中。夏启末为宦士，为人所劫，闭之室中，从求道。回化而得去，更以泥作印，掩封其户。时人言"得回一丸涂门户，终不可开"。

方回为传说里的仙人。他被人劫持，禁闭起来，却能够变化脱身。他"以泥作印，掩封其户"，这不就是将封泥用于门户吗？方回的神异之事，不足信；然而，用封泥来封闭门户的思路，还是具有史料价值的。可以设想，把原本用来封物件的封泥，移用于封门户，并不需要太多的想象力。由此，不妨说在封泥派生出封条之前，曾有这样一种封门方式。

门加封条，主要取其标志意义。就阻止开启的功能来说，封条并不如门锁门闩之类。封条上门扇，往往意味着不得开启的权威性警示，足以令人望而却步；同时，封条一经被毁便不可复原，它的用途不在于增加关闭的强度，而在于它能够证明这门已被打开过。并且封条的这种证明是不可掩饰的。这就如同封泥，封泥所封的物件通常可以整体移走，加封只起证明是否曾被打开的作用。

上锁加封条，门便开不得了——不是打不开，而是开不得。这通常有几种情况。

官府封门是常见的。如汤显祖《牡丹亭·仆侦》"南安府大封条封了观门"；《水浒传》里的"府封"，自然也是不言而喻的。

自家封门。例如明末小说《玉娇梨》第十五回故事：

> 不多时，到了卢家门首。只见大门上一把大锁锁了，两条封皮横竖封着，绝无一人。苏友白心下惊疑不定，只得又转到后园门首来看，只见后园门上也是一把锁、两条封皮，封得紧紧。

封皮即封条。横竖封着，当是十字交叉状。卢氏举家外出，"空宅封锁于此"，这是自家封门。

二、门第门阀

（一）闾左闾右

"闾右作威福"，明代宋濂《朱府君谒》的话。以"闾右"指代富豪，是由"闾左"派生出来的。司马迁写大泽乡的揭竿而起，留下许多典故，包括"二世元年七月，发闾左适戍渔阳"。

闾，古代里巷的大门；又以门面而称谓整体，即二十五家为一闾，闾就是聚居的里巷。一闾之内，贫富不均，便有了"闾左"。唐代司马贞说这闾之左、右："凡居以富为右，贫弱为左。"古代以右为上，富豪大户占了进闾门的右侧方位。这是关于"闾左"的一种解说。

（二）第："出不由里门"

如果说，闾左、闾右有贫富贵贱之别的话，那么，进一步的话题是：闾里之内的等级差别，并不只左、右之分。

《古诗十九首·青青陵上柏》："长衢罗夹巷，王侯多第宅。"《魏王奏事》曰："出不由里门，而面大道者名曰第。"院门直通街衢，出入不走闾里之门，这是王侯第宅才能享有的出入口。

第，向街开门。这是等级标志。《史记·孟子荀卿列传》："齐王嘉之，自如淳于髡以下，皆命曰列大夫，为开第康庄之衢，高门大屋，尊宠之。"淳于髡博闻强记，是个了不起的人物，齐王尊敬他，给予特殊的礼遇：在通衢大道上建造大门，筑起高高的第宅之门。

《汉书·于定国传》记，于定国的父亲于公为县狱史、郡决曹，他自信子孙可望做更大的官。他所住里巷的闾门坏了，里中父老商议修闾门时，于公说："少高大闾门，令容驷马高盖车。我治狱多阴德，未尝有所冤，子孙必有兴者。"后来，于定国官至丞相。如果当年于公住在筑有通衢的城里，如果于公的自信很充分的话，那就不光是"少高大闾门"的问题了——丞相之家难免要在大街上开门的。

古代城镇布局，以闾、里、坊为封闭的小区单位，设门。里门、坊门，平头闾阎出入由之。那门昼启夜闭，便于治安防范。达官贵人们则可以不受此制约，把自家府第的门开到大街上。

白居易《伤宅》设问："谁家起甲第，朱门大道边？"诗中自答："主人此中坐，十载为大官。"大门漆朱且临通衢大道，这很是一种特权。

《唐会要》卷八十六载，太和五年（公元831年）七月，左右巡使上奏文说：

> 伏准令式，及至德、长庆年中前后敕文，非三品以上，及坊内三绝，不合辄向街开门各逐便宜，无所拘限，因循既久，约勒甚难。或鼓未动，即先开；或夜已深，犹未闭。致使街司巡检，人力难周，亦令奸盗之徒，易为逃匿……如非三绝者，请勒坊内开门，向街门户，悉令闭塞。

唐代的左右巡使，负责纠察京城内外官员违法失职等事项。他们就宅第大门的开向问题奏了一本。这篇奏文至少具有两方面的史料价值。首先，唐代时，三品以上官宦的宅第虽也被纵横的大街划分在城坊里，但那些达官显贵享有"向街开门"的特权，出入不经过坊门，不受坊门启闭的制约。其次，左右巡使为"向街开门"的事打扰皇帝，提出"如非三绝者，请勒坊内开门，向街门户，悉令闭塞"的建议，所针对的状况是，向街门户"无所拘限，因循既久，约勒甚难"。够不上级别者也要向街开大门，向街宅门多了，又不按时启闭，使得坊门的控制作用被削弱，造成治安问题。

"出不由里门"、院门开在街上，在唐代依然是一种特权，并且，有人虽无资格享此特权，却硬是要把大门开在街道上。

（三）门的高矮大小

左思《咏史》："峨峨高门内，蔼蔼皆王侯。"峨峨，高貌。王侯哪儿去找？峨峨高门内。

门楼高显，可壮观瞻。高大门楼立着，便是一种言语。《旧唐书·马周传》载，太宗时，监察御史马周上疏：

> 臣伏见大安宫在宫城之西，其墙宇门阙之制，方之紫极，尚为卑小。臣伏以皇太子之宅，犹处城中，大安乃至尊所居，更在城外。虽太上皇游心道素，志存清俭，陛下重违慈旨，爱惜人力；而蕃夷朝见及四方观听，有不足焉。臣愿营筑雉堞，修起门楼，务以高显，以称万方之望，则大孝昭乎天下矣。

李世民玄武门杀兄，又逼父亲李渊让位，从而当上皇帝。马周上疏，是在这一切平息之后。他说李渊所居，关涉着"大孝昭乎天下"也就是皇帝的声望，并为此出谋献策——所言修高祖之宫，实在是为给太宗脸上刷色儿。马周指出大安宫尚欠气派，而他的建议是"营筑雉堞，修起门楼，务以高显"。门楼高显，为了给人看，以示太上皇仍在养尊处优，李世民也就"大孝昭乎天下"了。唐太宗采纳了马周的建议，修父亲的门楼，做关乎自己形象的文章。

在等级社会里，宅门的高矮大小，同尊卑程度成正比。《新五代史·赵犨（chōu）传》载：赵犨"幼与群儿戏道中，部分行伍，指顾如将帅，虽诸大儿皆听其节度，其父叔文见之，惊曰：'大吾门者，此儿也！'及壮，善用弓剑，为人勇果，重气义，刺史闻其材，召置麾下。"这里，从孩子的游戏中，父亲看出儿子是统军领兵做大官的材料，一句"大吾门"，说的是使赵家的社会地位得到提高。"唐昭宗以陈州为忠武军，拜犨节度使"——这是后话，赵犨真的实现了其父"大吾门"的希望寄托。

以门的大小来体现地位尊卑，这得到社会普遍的认可。由此，本可高大其门的官僚，如若并不那样做，有时也就似乎成了美德。

宋代周密世代为官，曾祖随宋室南渡，定居湖州。周密《癸辛杂识》称"大父廉俭"，说杨伯子到湖州做官，"尝投谒造门，至不容五马车"，杨伯子下车端详，感叹说："此岂侍郎后门乎？"周密记此一笔，绝非是妄自菲薄地讲门脸寒酸。

容车之外，还有个标准：要能容轿子。对官宦人家说来，"门不容轿，世俗以为耻"。这在清代《茶香室丛钞》中有所反映。该书摘录的材料说，因门小，客人及门而下轿。主人出迎，笑着说："父辈在时，并不这样。门不容轿，是因如今的轿子大于旧时。"来访者也笑着说："轿子不过略大数寸，你的门扉是不是太狭了点？"言虽似谑，实是称赞其"不变于俗"，即不流俗。《茶香室丛钞》撰者说："门不容轿，世俗以为耻，不知昔贤转以为美也。"

贫富看大门，这种门脸意识，不仅属于上层社会，也是社会底层人们的一种生活经验。在尚有地主老财的年代，沿门讨饭的乞丐唱乞歌，流行于陕北的一段这样唱："进了村，观吉祥，财主家门楼比人强。看门狗儿狮子样，叫鸣鸡儿赛凤凰……半天不给半个馍，我把这家歌儿为改过：进了村，不观祥，塌塌门楼烂垣墙。看门狗儿死不下，叫鸣鸡儿没翅膀……"

在山东鄄（juàn）城一带，旧时民间房舍院大门有三种样式，反映着住户经济状况的三个档次。据1991年第1期《民俗研究》载文，起脊门楼，富殷之家派头。门楼砖墙瓦顶，脊上置陶兽，脊中央插钢叉旗；两扇大门，上悬金字匾额。中等之家建"鸡架"门楼，已不求起脊门楼的壮观。垒两个砖垛，架上横木，上砌三行青砖，整个大门状若鸡架。两扇简易的黑色板门，用锅底灰染色。至于贫寒人家，院门采用"墙豁口"样式，土墙围院，豁口为门，编枝成扉。

老年代里，北京人对于富实之家呼之为"大宅门"。这样的人家，不仅宅门大，并且通常设门房，有看门人。1937年东北《海城县志》：

城中大门多盖门楼，圆杉列脊，上用瓦覆，门用木板，下包铁叶；亦有用角门者。大门之内，复有建二门、砌花墙，隔院为二进者。乡间编柳为门，上置横木，古谓"衡门"，亦有建门楼者，角门极少，以农家大车出入不便也。世家大门、二门多悬匾额。清制，如系进士出身，映壁用三台，上置钢叉、吻兽，屋脊亦置之，门两旁树旗杆。举人亦树旗杆，但用单斗，进士双斗，各有差异。其有孝子节妇，或热心公益之人，则由官府题额褒奖，悬诸门上，亦古人表宅旌闾之义。

在青海乡间，院大门被视为财力的象征，砖大门与土大门，门不当户不对。婚姻讲门户，当地的惯用语是："砖大门对砖大门，土大门对土大门。"

唐代《朝野佥载》记，冀州长史吉懋要强娶南宫县丞崔敬长女为儿媳，崔敬因有事故不敢拒绝。花车到了门口，崔敬妻抱着女儿大哭："我家门户低，不曾有吉郎。"女儿则躺着死活不起来。小女儿对母亲说："父有急难，杀身解救。设令为婢，尚不合辞；姓望之门，何足为耻。姊若不可，儿自当之。"说完，登车而去。这故事，颇有知难而上、见义勇为的味道。此味道所由来，在于面对"姓望之门"的姻缘，一家人的心理定式——"我家门户低"，尽管这还是县丞之家。门当户对是怎么回事，这个故事可做出解释。

（四）门的等级

封建社会等级森严，高高在上、低低在下，尊卑大小，各有名分。并且，于大门之外便见分晓——"天子诸侯台门。此以高为贵也"，《礼记·礼器》说得分明。这一篇儒家经典又说："诸侯以龟为宝，以圭为瑞。家不宝龟，不藏圭，不台门，言有称也。"家，指卿大夫。相对诸侯，其等而下之。诸侯以龟为宝，他不能；诸侯以圭为瑞，他不能；卿大夫门前还不能设台门。台门，大门两旁筑土为台。台上起屋即是门阙。

《古今图书集成》引《稽古定制》，在唐代规定官员屋舍，三品以下门屋不得过三间五架，五品以下含五品门屋不得过三间两架，六品七品以下门屋不得过一间两架。

《大明会典》载，洪武四年（公元1371年）定出王城制度，如"王宫门地高三尺二寸五分"，"正门、前后殿、四门、城楼饰以青绿点金……四门、正门以红漆、金涂、铜钉"。后又规定，"亲王宫殿门庑及城门楼，皆覆以青色琉璃瓦"。甚至连门名也划一："四城门：南曰端礼，北曰广智，东曰体仁，西曰遵义。"虽为王府，也不许违制。明嘉靖二十九年（公元1550年），伊王府因多设门楼三层，"奏准勘实，于典制有违，俱行拆毁"，没有可商量的余地。

宋代规定"非品官毋得起门屋"，即宅院大门只能建为墙式门。封建社会里的等级制度，于此可见一斑。

富和贵的区别，则是等级制度的另一种表现形式。1935年《阳原县志》讲当地的四合院："若科第举人者，门前多置旗杆二，上下马石二；商人则不敢为之，分别贵富如此。"人前显贵与财大气粗是两个不同的范畴。这在宅门前就有不同，走仕途者门前置旗杆，"商人则不敢为之"。商人不是没有那个财力，而是不敢立杆——怕的是舆论，在等级观念等级制度主导着社会的时代，硬要违反社会普遍认可的规范，无疑是会碰钉子的。

这种等级观念，甚至对庙宇里的偶像也是一把尺子。历代礼奉关羽，不断加封号，清朝锦上再添花，衔封得更高了，使得关圣帝君庙的大门也升了格——大门"易绿瓦为黄"，《清史稿》有载。门上黄瓦，帝王的待遇。

（五）从兰锜到门戟

十八般兵器配上十八般武艺，刀枪剑戟、斧钺钩叉等。单说这戟能勾、能刺，集戈与矛的杀伤效能于一体，商代青铜始铸，至战国、汉晋而大盛，《史记·项羽本纪》"自被甲持戟挑战"，《后汉书·马武传》"被甲持戟奔杀"，楚霸主、汉战将，冲锋陷阵均以戟杀敌。这是戟作为兵器的辉煌期。这辉煌，还使戟成为当时仪仗的器物。南北朝以后，戟渐为枪所取代，由沙场上真勾实刺的家伙，演变为门前的摆设。作为兵器，戟不再辉煌了，但却成了显示官位品阶的符号。这就是门戟。

《周礼·天官·掌舍》记有"棘门"，汉代郑玄解释："棘门，以戟为门。"《墨子·杂守》讲城门守卫，"各四戟，夹门立，而其人坐其下"。坐于戟下者是卫兵，夹门而立的戟大约是需要兵器架的。这类兵器架，古人送它个名称：兰锜（qí）。

门戟的由来，就形式来说，又同兰锜相关。兰锜：兰，用来放戟、矛、刀等，也可称其为兵兰、兵阑；锜，用来放弩。汉张衡《西京赋》道："武库禁兵，设在兰锜。"洛阳纸贵的《三都赋》："陈兵而归，兰锜内设。"关于兰锜，隋末唐初人张铣说："兵架也。陈列于甲第之门，若今戟门。"

在汉画像石、画像砖上，兰锜并不稀见，兵兰插列的兵器通常必有戟。例如，河南唐河针织厂汉墓，墓门内壁两侧所刻兵器架；四川成都曾家包汉墓，壁画兵兰图；徐州青山泉白集汉墓画像石刻画的兵兰（图60）。山东沂南汉墓画像石的兰锜图案，架上间隔均匀地插放着两戟三矛，另有两弩分别挂在两戟、两矛之间。戟和矛头上套着囊套，囊套饰花纹并垂着流苏，表明其更多地着眼于摆设，而不是取用。并且，戟上套罩，古人称其为棨戟，具有仪仗意义。

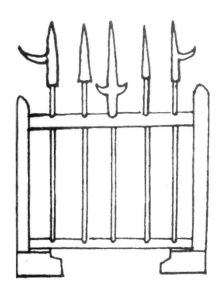

图60　汉画像石兰锜图案

就内容的因袭而言，门戟是达官贵人出行时前导仪仗的凝定。《汉书·韩延寿传》说：

> 延寿衣黄纨方领，驾四马，傅总，建幢棨，植羽葆，鼓车歌车。功曹行车，皆驾四马，载棨戟……延寿坐射室，骑吏持戟夹陛列立……

这是韩延寿的政敌搜罗的材料，说他出出进进摆非分的排场，以证他的上僭不道。那其中包括用戟。"骑吏持戟"，是兵器之戟。同时还用仪仗之戟——棨，颜师古释："棨，有衣之戟也，其衣以赤黑缯为之。"

"持棨戟为前列"，倒不是皇帝的专享，可见《后汉书·舆服志上》。这里不再引述。

说门戟，前引《汉书·韩延寿传》的材料更重要。其涉及两种戟——兵器戟和仪仗戟。前者派生了后者，又经由后者，衍生出摆在门前的戟——用于行进中的前导仪仗，变为立于门前的身份标志，即《隋书·柳彧传》所谓"时制三品以上，门皆列戟"，《旧唐书·张俭传》所谓"唐制三品以上，门列棨戟"。

门设戟，作为一种显贵的象征而被社会接受，是隋唐以前。北周的达奚武"居重位，不持威仪……外门不施戟，恒昼掩一扉"，《周书》为其立传特书一笔。意思是说，达奚武具备在自家大门外设戟的身份，却避开本该享受的待遇。这是南北朝时期的人和事。

能设门戟而不设，是佳话，再来说一段。唐代时，三品以上官员邸院门前可以立戟。《旧唐书·崔从传》："从少以贞晦恭让自处……阶品合立门戟，终不请。"终不请，用了个"请"字。

"不请"是佳话，立戟更光荣。在唐朝，张俭兄弟仨均列棨戟，人称"三戟张家"；崔琳兄弟仨也以同样的形式光宗耀祖，被誉为"三戟崔家"。

因是荣耀，有人请求京宅、故乡两立之，获皇帝恩准。见《唐会要》卷三十二：

> 玄宗朝，卫尉卿张介然为河陇行军司马，因入奏上言曰："臣今三品，合立戟。臣河东人，若得本乡立之，百代荣盛。"上曰："卿且将戟归故乡，朕更别给卿戟，列于京宅。"本乡立戟，介然始也。

京官外放，也请求带着门戟赴任。唐长庆二年（公元822年），礼部尚书韦绥，被任命为山南西道节度使，辞行之日，请门戟十二柄，自持赴藩镇。他的请求，得到应允。

门戟陈列在大门前，难免日晒、风吹、雨淋，油漆褪色、缯衣失艳。开元八年（公元720年）朝廷定了个范围，给予"官易"的待遇，"其门戟幡有破坏，五年一易"。

门列棨戟的数目，有严格的品阶规定，不可乱来的。《唐会要》载：

> 天宝六载四月八日，敕改仪制，庙社门、宫殿门，每门各二十戟；东宫每门各十八戟；一品门十六戟；嗣王郡王，若上柱国、柱国带职事二品，散官光禄大夫已上，镇国大将军已上，各同职事品，及京兆河南太原府，大都督大都护，门十四戟；上柱国、柱国带职事三品，上护军带职事二品，若中都督、上州、上都护，门十二戟；国公及上护军带职事三品，若下都督、中下州，门各十戟，并官给。

可见门前列戟，宫门最多，为二十戟，以偶数递减，最少为十戟。门戟的有无，是显贵与否的标志，门戟的数目，则将官阶几品表现在门前了。

五代时，后晋天福三年（公元938年）五月皇帝下诏："应中外臣僚，带平章事、侍中、中书令及诸道节度使，并许私门立戟，仍并官给及据官品依令式。"见《五代会要》卷六。官员们在自家门前立戟，要"据官品依令式"，因为门戟本来就是官品的标志。

宋代门戟定制，见诸《宋史·舆服志二》：

> 门戟，木为之而无刃，门设架而列之，谓之棨戟。天子宫殿门左右各十二，应天数也。宗庙门亦如之。国学、文宣王庙、武成王庙亦赐焉，惟武成王庙左右各八。臣下则诸州公门设焉，私门则府第恩赐者许之。

武成王即姜太公吕尚。唐代追封其为武成王，列入祀典。宋时依然祀奉，与文宣王孔庙并列。因为其掌武事，庙门立十六戟。这说明，尽管门前戟早成为礼仪的符号，木质无刃，摆设而已；可是，人们毕竟没有忘记它的当初，它是冲锋陷阵的兵器——刀枪剑戟斧钺钩叉，它属武。据清《国朝宫史续编·宫殿二》，社稷坛戟门"列戟七十有二"。

门戟之为用，正在于天子宫门需要威加四海的帝王霸气，达官显贵需要抖一抖门前威风。

（六）表闾

周武伐纣，克殷后采取了一系列争取民心的措施，其中之一是《尚书·武成》所说"式商容闾"。此事，《史记·周本纪》记为"表商容之闾"。司马迁并且介绍其人："商容贤者，百姓爱之，纣废之。"一个受到百姓爱戴的人，为商纣所不容。周武王反其道而行之，以表间的方式来表示礼贤之意。

从司马迁写下表闾开始，旌表门闾的记载不绝于史。

如何表闾？《后汉书·百官五》："凡有孝子顺孙，贞女义妇，让财救患，及学士为民法式者，皆扁表其门，以兴善行。"旌表的对象及方式均涉及。"扁表其门"，形式并不很复杂。表闾方式，还见《南史·周盘龙传》："孝子则门加素垩，世子则门施丹赭。"南朝虽多战乱，但《南史·孝义传》记榜门表闾之事却并不少。如：

> 董阳三世同居，外无异门，内无异烟。诏榜门曰"笃行董氏之闾"，蠲一门租布。

> 严世期，会稽山阴人也。性好施……宋元嘉四年（公元427年），有司奏榜门曰"义行严氏之门"。

> 益州梓潼人张楚，母疾，命在属纩，楚祈祷苦至，烧指自誓，精诚感悟，疾时得愈。见榜门曰"孝行张氏之闾"，易其里为孝行里。

> 霸城王整之姊嫁为卫敬瑜妻，年十六而敬瑜亡，父母舅姑欲嫁之，誓而不许，乃截耳置盘中为誓乃止……雍州刺史西昌侯藻嘉其美节，乃起楼于门，题曰"贞义卫妇之闾"。又表于台。

依上所记，受朝廷表彰的人家，除了门加素垩、门施丹赭，还有"义行严氏之门""孝行张氏之闾"这类的标榜，且可起门楼，建高台。

到五代时，大概因为表闾的形式越来越奢华，搞得过了头，后晋王朝的户部官员上奏皇帝，就表闾的样式问题，讨个可以因循的章程。此事见《五代会要》卷十五：

> 晋天福四年（公元939年）闰七月，尚书户部奏："李自伦义居六世，准敕旌表门闾，当司元无令式，只先有登州义门王仲昭六代同居，其旌表有厅事步栏，前列屏树、乌头，正门阀阅一丈二尺，二柱相去一丈，柱端安瓦桷黑漆，号乌头，筑双阙一丈，在乌头之南三丈七尺，夹街十有五步，槐柳成列。今举此为例，又不载令文。"敕："王仲昭正厅乌头门等事，既非故实，恐紊彝章，宜从令式，只表门闾。于李自伦所居之前，量地之宜，高其外门，安绰楔。门外左右各建一台，高一丈二尺，广狭方正，称台之形，圬以白泥，四隅染赤。行列植树，随其事力。同籍课役，一准令文。"

户部的奏本举了个例子，是登州表彰六代同居的"义门"的，门前设影壁，立阀阅，筑双阙，树木成行。这规模大了些，规格高了些，奏本说找不出依据来。当时的皇帝是名声欠佳的石敬瑭。敕令下来，"宜从令式，只表门闾"。所批准的表闾规格样式也是挺醒目的，要高大其门，大门外建双台，圬白染赤，门前植树成行。

如此这般，比周武王时代的表闾气派多了。表闾的主旨也早就完成了质的改变。周武王表闾，礼敬社会贤达，做出一种政治姿态；而后世的表闾，表彰贞节孝义等，传达着封建时代的社会价值取向。

表闾很荣耀。得此荣耀，付出的代价往往很大。付出青春为代价，如《南史》中那个割耳守节，赢得"贞义卫妇之闾"的16岁女子。有时，荣誉是生命换来的。如《元史·列女二》记，李赛儿为免受辱，先杀女儿后自杀，其家门被写上"王士明妻李氏贞节之门"字样。

旌表为社会较为低层的人们提供了一种机会。世家可以门前阀阅，科举使读书人光耀门庭，官品能够换来门前列戟；而表闾，相对说来，最为贴近普通人的日常生活，它所要张扬的，是孝子顺孙、义夫节妇、累世同居事迹。统治者着意打开一扇平民获得荣誉的门，旌表不仅体现了对于世风的倡导，同时也是在社会荣誉方面的一种平衡措施。唐朝初年即用此。《旧唐书·孝文·宋兴贵》：宋兴贵累世同居，躬耕致养，唐高祖闻而嘉之，武德二年（公元619年）颁诏称赞其"立操雍和，志情友穆，同居合爨，累代积年，务本力农，崇谦履顺。弘长名教，敦励风俗，宜加褒显，以劝将来。可表其门闾，蠲（juān）免课役。布告天下，使明知之"。明代万历年间重修《大明会典》载：

　　国初，凡有孝行节义为乡里所推重者，据各地方申报，风宪官核实，奏闻即与旌表。其后，止许布衣编民、委巷妇女得以名闻，其有官职及科目出身者，俱不与焉。

明代重视旌表，洪武二十一年（公元1388年）曾榜示天下，"本乡本里有孝子顺孙、义夫节妇，及但有一善可称者，里老人等，以其善迹，一闻朝廷，一申有司，转闻于朝。若里老人等已奏，有司不奏者，罪及有司"。邻里可以推荐旌表对象，有关部门若是耽误失职，要被追究责任的。

如此重视，却又限定了旌表对象的范围，只表彰平民，这不妨归为一种政治眼光。明代中期仍坚持这一原则。正德十三年（公元1518年），"令军民有孝子顺孙、义夫节妇，事行卓异者，有司具实奏闻。不许将文武官、进士、举人、生员、吏典、命妇人等，例外陈请"。几年后，换了个皇帝，对此有所放松，《大明会典》载："嘉靖二年（公元1523年）奏准：今后天下文武衙门，凡文职除进士、举人系贡举贤能，已经竖坊表宅，及妇人已受诰敕封为命妇者，仍照前例不准旌表外，其余生员、吏典一应人等，有孝子顺孙、义夫节妇志行卓异，以激励风化，表正乡闾者，官司俱仍实迹以闻，一体旌表。"旌表对象的社会阶层稍有扩大，扩进来的，依然是社会地位相对较低的那一部分人。

明代的表闾，尚有一项"不许"，值得录下。洪武"二十七年（公元1394年）诏：申明孝道，凡割股或致伤生、卧冰或致冻死，自古不称为孝。若为旌表，恐其仿效，通行禁约，不许旌表"。朝廷提倡，往往形成效应。齐桓好服紫，百姓皆衣紫，形成风气；更有甚者，城中好高髻，四方高一尺。孝顺既可表闾，割股伤生、卧冰冻死，在所不惜。若表彰此种孝行，实在是对生命的漠视，是一种残忍。朱元璋下诏，说一句"不许"，当是有针对性的。

明初对于立牌坊的范围限制，不失为一种政治智慧。然而，到了明朝中期，情况有了很大变化，一些显官也热衷于门前牌坊。当时的一位官员陆容对此有微言，写在《菽园杂记》一书中：

> 今旌表孝子节妇及进士举人，有司树坊牌于其门，以示激劝，即古者旌别里居遗意也。闻国初惟有孝行节烈牌，宣德、正统间，始有为进士举人立者，亦惟初登第有之。仕至显官，则无矣。天顺以来，各处始有冢宰、司徒、都宪等名，然皆出自有司之意。近年大臣之家，以此为胜，门有三坐者，四坐者，亦多干求上司建立而题署，且复不雅，如寿光之"柱国相府"，嘉兴之"皇明世臣"，亦甚夸矣。近得《中吴纪闻》阅之，见宋蒋侍郎希鲁不肯立坊名，深叹古人所养有非今人所能及者。吾昆山郑介庵晚年撤去进士坊牌，云无遗后人笑也。

陆容批评那些刻意经营门前风光的大臣，牌坊立了三座四座之多，追求溢美，请上司题写夸大其词的语句，榜于坊上，以为荣耀。陆容慨叹，宋朝侍郎蒋希鲁"不肯立坊名"，古人的修养真是今人所比不上的。他还称赞一位姓郑的同乡，"晚年撤去进士坊牌"的做法。

门闾一经旌表，便成了人们远瞅近瞧的光荣之家。可是，门前若被立一块"记恶碑"该如何呢？确曾有过这等事，请看五代王仁裕《开元大宝遗事》所记：

> 卢奂累任大郡，皆显治声，所至之处，畏如神明，
> 或有无良恶迹之人，必行严断，仍以所犯之罪，刻石
> 立本人门首，再犯处以极刑。民间畏惧，绝无犯法者。
> 明皇知其能官，赐金五十两，玺诏褒谕焉。故民间呼
> 其石为"记恶碑"。

门前立起"记恶碑"，罪犯敢不洗心革面？立了碑后，再犯处
以极刑，谁敢再犯？实行这种治安措施的地方官，得到了唐明皇的
赏识。

仍来说表闾。表闾既然荣耀，为此处心积虑的人，沽名钓誉的事
便在所难免。唐代《朝野佥载》记以"孝"欺世盗名之事："东海孝
子郭纯丧母，每哭则群乌大集，使验有实，旌表门闾。"表闾之前挺
谨慎，去察验了一番，但还是上当了。后又访，方知"每哭，即撒饼
食于地，群乌争来食之。后如此，乌闻哭声以为度，莫不竞凑，非有
灵也"。一哭就有饼食，乌鸦形成条件反射，于是有了哭声起乌鸦群
至的景观。

表闾通常是朝廷官府的事。老百姓借用这种形式，不事褒扬，而
示贬斥，可谓表闾这一事物的副产品。例如，以"世修降表李家"表
门，见《新五代史·孟昶传》。这个被鞭笞、嘲讽的人名叫李昊，曾
为前蜀翰林学士，前蜀亡时，他草表以降；多少年后，仍在成都，李
昊在后蜀为官。宋师兵临城下，后蜀孟昶的降表，又出自李昊的笔
端。李昊的降表，前后送走了王姓的前蜀、孟姓的后蜀。这自然不是
文采飞扬的体面事。"蜀人夜表其门曰'世修降表李家'，当时传以为

笑。"表彰的形式，被人们用为讽刺的形式。当然，形式已是简化了的，不过门上加几个字而已。

表闾，中国古代门文化的一大景观。对于门的重视，对于门功能的开发，产生了这一文化景观。通过对一些人家大门前的美饰，统治者向社会广而告之，提倡什么、反对什么，都写在那门闾之上。至于大门内形形色色的故事，则是对门上字的活生生的诠释。

（七）阀：世家门前立阀阅

门第、门阀，在封建时代里，一种不可小视的社会存在。门第之第的来源，是大门开在通衢的特权，前已述；那么，门阀呢？阀，即阀阅。

阀阅是资历和功绩。祖先立下的功业，后人当作资本，言家世，称世家，"阀阅"二字可备用。《史记·高祖功臣侯者年表》，太史公曰："古者人臣功有五品，以德立宗庙定社稷曰勋，以言曰劳，用力曰功，明其等曰伐，积日曰阅。"阀阅，也作伐阅。

为将功业张扬于门前，仕宦人家在大门外竖柱子，题记功业。这柱子的名称，就叫阀阅。《玉篇·门部》："在左曰阀，在右曰阅。"阀是大门左边的柱子，阅是大门右边的柱子。

阀阅与乌头门，请读宋代李诫《营造法式》的表述：

> 《唐六典》：六品以上仍通用乌头大门。唐上官仪
> 《投壶经》：第一箭谓之初箭；再入谓之乌头，取门双
> 表之义。《义训》表揭阀阅也。

《营造法式》为有关中国古代建筑的经典之作。其书载有乌头门图形。乌头门的两根立柱是大有讲究的。这讲究在于阀阅——世宦门前表示功绩的柱子。宋代《册府元龟》："正门阀阅一丈二尺，两柱相去一丈，柱端安瓦桷墨染，号乌头。"

明代方以智对前人的说法做了总汇，他的《通雅》写道：

士夫阀阅之门，亦谓之阙。唐宋敬则以孝义世被旌显，一门六阙相望。又杨炎祖哲，父播，三世以孝行闻，门树六阙。阙言额也。又尹仁智曾祖养，祖怦，父慕先，一门四阙。《史记·功臣表》："明其等曰伐，积日曰阅。"《汉书》："赍伐阅上幕府。"后因作伐阅。元之品制，有爵者为乌头阀阅。《册府元龟》言："正门阀阅一丈二尺，两柱相去一丈，柱端安瓦桷墨染，号乌头。"

因都是在家门口张扬美名的事，所以，官宦世家记功的阀阅，同孝悌之家的表闾，也就往往被混为一谈。如宋代《鸡肋编》："襄阳尹氏，在唐世以孝弟四经旌表，今门阀犹存。"王安石诗"四叶表闾唐尹氏"，所言即此。

门之阀阅，本是物件；阀阅被视为一种世代因袭的家族地位的标志，同中国封建社会的等级划分融为一体，便产生了门阀之说。世族大姓，自矜门第，累世为官，如《晋书》所说："上品无寒门，下品无势族。"唐庄宗任用冯道为掌书记，世族门阀出身的卢程，自己虽无起草文书之才，却对此大为不满："用人不以门阀，而先田舍儿耶？"

婚姻讲究门当户对，门第不等不通婚。《南史·贼臣传》载，侯景请娶于王、谢，梁武帝说："王、谢门高非偶，可于朱、张以下访之。"门高，门阀高。《新五代史·崔居俭传》：崔氏自后魏、隋、唐以来为世族，"吉凶之事，各著家礼。至其后世子孙，专以门望自高"。崔居俭"拙于为生，居显官，衣常乏，死之日贫不能葬"。以门望自高，世代硬撑门阀的空架子，最终的结果很是可悲。

（八）光大门楣和倒楣

世族门阀要维护优越的社会地位，使高门不衰；尚未跻身上层社会的人们，望子成龙，光宗耀祖。将攀升的愿望形象地表达出来，古人选择了门户。《南史·垣护之传》，垣崇祖年方十四，有干略，伯父垣护之说："此儿必大吾门。"同书《王茂传》，王茂才几岁就受夸奖："此吾家千里驹，成门户者必此儿也。"所言"大吾门""成门户"，均是光耀门庭、光宗耀祖的意思。

封建时代里，出人头地的途径之一，是读书入仕。走科举之途，求得金榜题名，此时也就替祖宗门庭增了光，或者说叫作光大门楣。那一番光景，请看宋代吴自牧《梦粱录》的描述：

> 临安辇毂之下，中榜多是府第子弟，报榜之徒，皆是百司衙兵，谓之"喜虫儿"。其报榜人献以黄绢旗数面，上题中榜新恩铨魁姓名，插于门左右，以光祖宗而耀闾里，乞觅搔揽酒食豁汤钱会外，又以一二千

缮犒之。此其常例也。

黄绢旗——须知这黄可不是寻常颜色，插于大门左右，"光祖宗而耀闾里"，是何等的风光。明代叶盛《水东日记》，"孙状元贤未第时，尝梦金甲神人持黄旗插其门上，有状元字"。日有所思，夜有所梦。孙贤梦见"黄旗插其门上，有状元字"，这不仅反映了他的梦寐以求及良好的自我感觉，还反映了当时科举成功者所得到的礼遇：黄旗插门。

插旗于门，满门荣耀，表示对于寒窗苦读者的报偿和嘉奖，也表明社会的价值取向，因此，这种喜庆方式被长久地沿用。可惜的是，那些并不曾苦读的人，靠了钱财，买得身份，也照样门悬黄旗以炫耀，使得这种喜庆方式泥沙俱下。明代《万历野获编》引《觚不觚录》：

> 士子乡会试得隽，郡县始揭竿于门上，悬捷旗。至申吴门拜相，地方官创状元宰辅以揭其门，谓为异事，不知近日此风处处皆然。富室入赀为中书舍人者，及诸生冒廪纳准贡生者，皆高竿大旗，飘飘云汉。每入城市，弥望不绝。南宫报得鼎甲及庶常者，另植黄竿，另张黄旗，比乡会加数倍。

应考的读书人，乡试、会试榜上有名时，门上揭竿悬旗报捷。富有的人家花钱买得官爵功名，秀才纳捐取得贡生资格——付银子，换"学位"，也都"高竿大旗，飘飘云汉"。旗虽多，已是真真假假的了。朝廷传报得中状元、榜眼、探花及庶吉士者，要几倍于乡试、会试的数量，插黄色竿，悬黄色旗。"每入城市，弥望不绝"的旗子，形成景观。旧时河北《新河县志》记："通显之家，门前立石起旗杆，乡人又多恭颂匾额，气象雄壮。"所反映的则是乡镇间的景观。

"倒楣"一词也出现了。清代顾公燮《消夏闲记摘抄》讲到俗语"倒楣"的来由："明季科举甚难得，取者，门首竖旗杆一根，不中则撤去，谓之倒楣。"这名落孙山的"倒楣"，实在是令人不愉快的事，是不走运的事。

为何称"倒楣"，似稍显费解。如果结合《水东日记》"黄旗插门上，有状元字"，以及《觚不觚录》"揭竿于门上，悬捷旗"，并将这些记述理解为也在门楣上插旗竿——请注意，旗竿与旗杆是有区别的——那么，将落榜者未能"悬捷旗"于门楣之上，称为"倒楣"，其"倒"倒是同"楣"沾边的。

明代人造出"倒楣"一词，大约还受到唐朝杨贵妃故事的影响。唐代史学家陈鸿《长恨传》描写杨贵妃得玄宗宠爱，杨家沾光，荣华富贵，"叔父昆弟皆列位清贵，爵为通侯。姊妹封国夫人，富埒王宫，车服邸第，与大长公主侔矣。而恩泽势力，则又过之，出入禁门不问，京师长吏为之侧目"，并录下颇能反映社会舆论的"当时谣咏"："生女勿悲酸，生男勿喜欢。"还有："男不封侯女作妃，看女却为门上楣。"《资治通鉴》记此为："生男勿喜女勿悲，君今看女作门楣。"生男本该欢喜的，喜什么？喜男儿能争得个功名，光大门楣。杨家有女初长成，一下子弄得整个家族显贵荣华。于是，民间不无嘲讽地唱"生男勿喜女勿悲，君今看女作门楣"。随着故事与民谣的流传，门楣同功名求取、门第荣耀紧密地联系起来。

门上楣，门框上端的横木，具有支撑门户的作用，又是挂门匾、署门额的地方。门楣硕大，则门户壮观。因此，仅就门楣的建筑结构作用来说，门楣的塌倒也是不顺心、不遂意、不走运、不吉利的。

（九）柴门与衡门

同高门大户、朱门彤扉相反衬的，是蓬门荜户、柴门柴扉，是衡门，即民间所谓"光棍大门"，是挂席为门。

《礼记·儒行》形容小官吏的生活："筚门圭窬，蓬户瓮牖；易衣而出，并日而食。"筚门，荆竹编织成门；圭窬，门旁穿墙如圭形；蓬户，编蓬为户。儒者的品行，就在这简朴的生活中，安贫自守，得到体现。

柴门蓬户，可以是一种社会等级的标志，是贫贱者的住处。这样的门脸，不起楼，不列戟，门左无阀，门右无阅。平头百姓以此为居，习以为常。

然而，有时却偏偏有达官贵人居柴门。后汉的杨震为官清廉，对趁夜黑叩门行贿者，曾有"天知，神知，我知，子知"的拒贿名言。关于他的府宅，《后汉书·杨震传》记为"柴门绝宾客"。这"柴门"二字，便不是闲笔。

事实上，若是有点"来头"，有什么家世、什么履历的人进出柴门下，就难免生出些说法。比较著名的，是《晋书·儒林传》里面的话，叫"清贞守道，抗志柴门"。明代《艺林伐山》说，"诗人多用此，'柴门'二字原出于此"（图61）。

图61　明周巨《雪村访友图》（局部）

柴门，被作为一种符号，代表着品行情操，高风亮节，入诗入文。当然，对此也不能一概而论。《汉书》上讲，汉中之俗"蓬户柴门，食必兼肉"。食不可无肉，却并不怎么讲究门面，民风如此，就是这么一种生活方式，那是与"抗志柴门"不搭界的。

以柴门标榜"儒行"清高，这同在传统文化中颇有影响的《韩诗外传》有些关联，请读书中这一段文字：

> 原宪居鲁，环堵之室，茨以蒿莱，蓬户瓮牖，揉桑而为枢，上漏下湿，匡坐而弦歌。子贡乘肥马，衣轻裘，中绀而表素，轩车不容巷而往见之。原宪楮冠

黎杖而应门，正冠则缨绝，振襟则肘见，纳履则踵决。
子贡曰："嘻！先生何病也？"原宪仰而应之，曰：
"宪闻之，无财之谓贫，学而不能行之谓病。宪贫也，
非病也。"

"无财之谓贫。"《韩诗外传》描写原宪之贫，着笔于他的居住条件和服饰。其屋门"蓬户瓮牖，揉桑而为枢"，很是简陋；可是，原宪并不因此而自卑，他自恃精神世界的富有。《史记·陈丞相世家》写陈平发迹前穷得叮当响，家居陋巷，挂破席为门，门外却多有长者车辙，有人就此判定会鸡窝飞出凤凰来。挂席为门的陈平，门户寒酸，却怀治国之才。原宪的言辞、陈平的事迹，体现着一个古老的话题：清贫不碍品行才华，矮门小户藏君子，出能人。

基于这种观念，同时又由于柴门不事修饰，具有返璞归真、接近大自然的情趣，与隐士风尚相合拍，柴门为古代的归隐者所乐道。陶潜有言："翳翳柴门，事我宵晨。"他的《归去来辞》道："乃瞻衡宇，载欣载奔。"陶渊明写到了衡宇——横木为门的简陋房屋。

衡，指衡门。《诗经·陈风·衡门》："衡门之下，可以栖迟。"朱熹释："衡门，横木为门也。门之深者，有阿塾堂宇，此惟横木为之。"《汉书·韦玄成传》，韦玄成佯装病狂，不愿承袭爵位，其友人上疏："圣王贵以礼让为国，宜优养玄成，勿枉其志，使得自安衡门之下。"颜师古注："衡门，谓横一木于门上，贫者之所居也。"这衡门，东北乡间称为"光棍大门"，很是简陋。依《汉书》所记，韦玄成并没有能安居衡门，还是做了高官。可见"抗志柴门"，着个"抗"

字，不是虚用。

出入衡门，衣着随便，被用来渲染远避仕途者的生活氛围。《晋书·外戚传》载，何准为穆章皇后的父亲，其兄何充"充居宰辅之重，权倾一时，而（何）准散带衡门，不及人事，惟诵佛经，修营塔庙而已"。"散带衡门"以其生动形象的表现力，传为成语。唐代杜牧《送陆洿郎中弃官东归》诗："少微星动照春云，魏阙衡门路自分。"魏阙，以宫禁前的阙门指代朝廷；并以栖迟衡门来称代弃官者的去处。"魏阙衡门路自分"，不同走向的人生道路，用不同的门来表示。而这不同的门，早已被赋予远远超过其物用价值的文化含义了。

"衡门""柴门""柴扉"，成为古代诗文的高频率用词。描写清贫可用它，它还被用作清高的象征，用作隐居的、不仕的标志——尽管隐士未必真隐于柴门之内。这样一来，本来挺好的形象，被用滥，甚至生出陈腐之感。元代时，终身隐居未仕的吾丘衍，对此有一段评论，写入《闲居录》：

> 晚宋之作诗者多谬句，出游必云"策杖"，门户必曰"柴扉"，结句多以梅花为说，陈腐可厌。余因聚其事为一绝，云："烹茶茅屋掩柴扉，双耸吟肩更捻髭。策杖遄仙下山去，骚人正是兴来时。"或可为作者戒也。

在一定的条件下，词的使用会发生泛化乃至虚化的情况。门户必曰"柴扉"，未必都真的住柴门，诗里这样写，倒不是有意骗人，而是借用"柴门"为符号，或表示心迹，或自标清高，或用为自谦。

说到自谦，熟语中有"蓬荜生辉"，多用作谦辞。"蓬荜"即"蓬门荜户"的省语，字面意思是，草和树枝为材料的门户——局部代整体，用以形容清贫人家的简陋房屋。然而，对于"得兄光顾，蓬荜生辉"之类的客套话，大可不必较真，去指出人家并非蓬门荜户，因为那是用"蓬荜"来称代自家陋室；当然，也没有人会站出来说，他家不是陋室是华屋，因为人家称"蓬荜"，是自谦的用法。

传统文化形成古人的一种心理，君子固穷，称穷而不夸富，安贫乐道成美德；这种心理又同自谦及客套融会在一起。古典诗文里，"柴门"之类成为常见词，正反映了这种情况。

三、城门——社会活动的特殊空间

（一）巍巍城门楼

城郭之郭，象形文字写作"🏯"或"🏯"。两字中部的圆形部分，表示城墙围起，如城的平面图；两字上、下部分，表示城门上加筑的楼台，如城门的立面图。城门建楼，对于城池守备具有实用价值，可驻兵卒，可供瞭望。同时，门楼高高，也壮观瞻。

据《周礼·考工记》，周朝制度，都城要辟十二座城门：

> 匠人营国，方九里，旁三门，国中九经九纬，经涂九轨，左祖右社，面朝后市。

"十二"，被古人视为"天之大数"。城门取数十二，正应十二辰之数，而十二辰是具有神秘意义的。

城市的平面为正方形，四面各设三座城门，每座城门又有三个门洞。城里的主要街道或东西向，或南北向，直通这些城门洞，形成经纬交叉状。这样一来，城中干线道路与城市的出入口衔接一体，城门不仅同城墙互为依存，还做了道路塞、行的卡口。这成为历代尊崇的古制。宋代聂崇义《三礼图》将这一形制描画得规整、匀称（图62）。

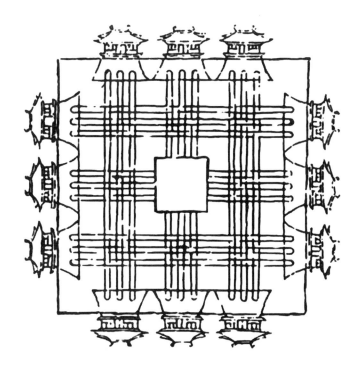

图62　宋代《三礼图》中王城图

古代的城墙，不管是夯土筑成，还是包砌砖石，通常都很厚实，以求固若金汤。与城垣的浑厚体量相适应，城门自然也是高大的。汉代长安城，每面设三个城门，每个城门开三个门道。《水经注·渭水》："凡此诸门，皆通逵九达，三途洞开，隐以金椎，周以林木。左出右入，为往来之径；行者升降，有上下之别。"考古发掘汉长安霸城、宣平等四个城门，每门三个门道，居中门道宽9.7米，两侧的门道宽8.1米，门道之间相隔4.2米。城门之上建有重楼，城门整体巍峨壮观。汉代班固《西都赋》写长安"披三条之广路，立十二之通门"，是计数准确的写实之笔。

城门，俗称"城门楼子"，其重楼高耸，体量庞大，确是一座楼。城门上的高楼可以望远，称为谯（qiáo）楼。清代小说《儒林外史》第十八回，描写匡超人晚上点起灯来，"批了五十篇，听听那谯楼上，才交四鼓"。计时的鼓角、更点也在谯楼上吹打。

城门既用来御敌于城外，也用来辖制城内，那笨重的大门，开开阖阖，伴着几千年的朝代兴衰，载负着多少升平与战乱、平淡与离奇的故事。

（二）出入交通

华夏早期城市的空间布局，可以举为三大构件，即宫、市、门，后者为城门。先秦名著《管子·大匡》说："凡仕者近宫，不仕与耕者近门，工贾近市。"

《周礼·地官·司门》记，城门守卫者要负责启闭城门、检查携带物、征税、应时到节地祭门、迎宾等。

城门最主要的功能是出入交通。人来车往，城门下辙印深深。

《孟子·尽心》说，这难道只是几匹马拉车轧出的吗？

倡导"兼爱""非攻"的墨翟，对于城门功用多有研究。《墨子》一书存"备城门"等篇章，除了战时退敌守卫城门外，还讲到了平时的城门治安防范。《墨子·号令》说，城门黄昏关闭、清晨开启，应击鼓为号令。大鼓设在守城主将的大门里。黄昏击鼓十声，各个城门一律关闭。犯禁的行路人，要抓起来审问。"有符节者不用此令"，符节是特别通行证。晨鼓响时，各个城门的守门吏自官署取出钥匙，打开城门，再将钥匙交还。城门打开了，"诸城门若亭，谨候视往来行者符"，查验往来行人的凭证。

城门之禁是冒犯不得的，比如讲，曹操的五色棒就煞是威严。《三国志》开卷说曹操，二十岁举孝廉，任洛阳北部尉，初试锋芒就是管理四个城门。你看他，"造五色棒，悬门左右各十余枚，有犯禁者，不避豪强，皆棒杀之"。汉灵帝宠幸宦官蹇硕的叔叔夜行犯禁，在五色棒下丢了性命。结果如何？"近习宠臣咸疾之，然不能伤，于是共称荐之，故迁为顿丘令。"宠臣们虽不舒服，却奈何不得。可见城门那些五色棒，悬得在理，犯禁棒杀也是没有什么可挑剔的。当时城门之禁的力度有多强，这个例证可以让人触得到软硬的。

当然，曹操悬棒与当时的社会环境有关，后世效法，未必成功。《隋书·刑法志》记，北齐文宣帝曾"令守宰各设棒"，后都官郎中宋轨上奏："昔曹操悬棒，威于乱时，今施之太平，未见其可。"于是此事废止，撤了棒。

古代的都市生活，是圈在城垣里的。城门控制出入，像是阀门，制约城里的，同时也就影响了城外的居民。城门开开关关，令人们日出而作日入而息，成为城乡生活节奏的调节器。为了在同一时刻开启城门，通常击鼓为号。因此，我国的许多古城里建有鼓楼。如《水经注·湿水》记，北魏神瑞三年（公元416年），平城内建白楼，楼甚高竦，加观榭于其上，表里饰以石粉，世谓之"白楼"，"后置大鼓于其上，晨昏伐以千椎，为城里诸门启闭之候，谓之戒晨鼓也"。这包括城门的开关。

《扬州画舫录》载，扬州城"南门置鼓，东门置梆，北门置锣，西门置钟，有警则击之"。鼓、梆、锣、钟，四门各异，便于区别，这是为了在兵临城下之时报警所用，与晨开昏闭的鼓作用不同。

城郭有门，门设卫兵把守，这就具备了关门抓人的条件。《淮南子·人间训》："阳虎为乱于鲁，鲁君令人闭城门而捕之。"阳虎眼看自己出城无门，欲举剑自刎，有个守门人放他逃出城门。自然，事后要追究守门人的责任。

（三）四门告示

城门一开，来者熙熙，往者攘攘。人流熙攘，正是发布信息的好地方，比如，古时官府贴告示。

《墨子·号令》："为守备程而署之曰某程，置署街街衢阶若门，令往来者皆视而放。"这是说将出入城所要遵守的若干条款，制定为章程，公布于大街、高台和城门处。

居延汉简："五月甲戌，居延都尉德博，丞岂兼行丞事，大庾城食用者，书到令相丞侯尉，明白大扁书市里门亭显见。"陈直《居延汉简解要》释，所谓大扁书者，谓大如匾额，类似于后代张贴街衢之告示。告示贴在市门，也贴在城门。

元代杂剧《包龙图智勘后庭花》的落幕戏，案情大白，有台词："……两个都不待秋后取决，才见的官府内王法无情。便着写榜文去四门张挂，喻知我军民……"这当是反映了古代"广而告之"的常用形式——四门告示。

古代甚至还出现了"游门"之说，借城门的公众空间，游街示众。请听笔者慢慢道来。

明代末年，在太和县当县令的吴世济，汇辑他在崇祯七年（公元1634年）和八年（公元1635年）写的公文，名曰《太和县御寇始末》。所言之寇，指从陕西挺进河南、江北地区的以闯王高迎祥为盟主的农民起义军。书中言及"游门"。

崇祯八年正月，"寇急"，县令发《分信守城》，分兵把守县城北门、东门、小南门、大南门、西门。吴世济领亲兵一百名，往来五城门提督策应。城门的开闭，安排为"五门除南二门、西门照常垛闭外，其东北二门止开半门，以便讥察非常"。瓦片砖块，挑运上城，"以备抛打之用"。到了正月十六日"流寇伤败远去"，二月初三连发两纸《开城申饬》。先示"北门已开，凡城内外居民人等，一切搬柴运米各项行走，通取北门出入，不许仍在各门缒程上下，违者以军法从事，并治守门人役"；又示，凡进北门者，要经东门吊桥转过北门，盘诘明白，方许赴北门奔走。四天后，再发告示：

> 流寇之去无多日，开北门以便往来同薪水。值此寇患初夷之日，门禁不可以不严。如有盘诘不答应，

答应不明白，指东话西者，坐门官自擒治不贷。再有倚恃势要强梗不听事者，密切报县，飞签擒拿。轻者重责枷示，重则以军法捆打，插箭游门。

且不评论当年太和县的风风雨雨。只说当城外起义军兵临城下之时，城内的守城人拼死守着四面五门；当围城兵退去之际，城门张贴着严肃门禁的告示。如有冒犯门禁者，处罚的措施也在城门地带——"插箭游门"。游街是一种身心的惩罚。这里又生出个"游门"，受惩罚者被人捆绑着，押解着，背上插着箭，在城门前行走示众。

告示和游门，前者为周知，后者要示众，两者都利用城门一带的区位特点。

四、看门者与守关人

（一）"城门失火，殃及池鱼"

汉代《风俗通义》的一段佚文，使"城门失火，殃及池鱼"的故事拥有了两个"版本"。其一是："俗说，司门尉姓池，名鱼，城门火，救之，烧死。"另一引《百家书》："宋城门失火，因汲取池中水以沃灌之，池中空竭，鱼悉露见。"

淘水灭火，池水尽而鱼遭殃，这是后一个故事。前一故事则大不同，说是有人奋勇灭火，以身殉职，此人名叫池鱼。池鱼的岗位就在城门，他是司门尉。

社会公共生活的需求，产生了城门建筑，社会分工也就为"司门"立了项。司门，《周礼》地官之属，负责守卫京城十二门。

司门的职责是，掌管钥匙和锁，开关城门；查验携带物品，征税；城门拴着备用祭祀的牛，负责喂养；岁时祀门的典礼；迎宾。

汉代设城门校尉，主管京师城门十二所，并设城门候十二人。以后，隋称司门郎，唐宋称司门郎中，明代也曾置城门郎的官职。清代设九门提督，主管京师正阳、崇文、宣武、安定、德胜、朝阳、阜成、东直、西直九座城门的内外门禁。

（二）贱士守门

《吕氏春秋·音初》记，夏朝的君主孔甲外出打猎，遇大风，避入一民宅。那人家刚得一子，有人说这孩子将来必大吉，有人说这孩子必有大殃。孔甲带走那个婴儿，说："让他做我的儿子，看谁敢使他遭殃？"孩子长成人，却被劈柴斧断了足，只好去做守门者。东汉《论衡·书虚篇》引述了这个故事，并说："守者断足，不可贵也。"

瘸脚人守门，曾是一种常例，古籍屡见之。《韩非子·外储说左下》："孔子相卫，弟子子皋为狱吏，刖人足，所跀者守门。"跀通刖，断足。《韩非子·内储说下》有故事，齐国的中大夫夷射在齐王那里饮醉了，出门时，倚在走廊门口的"门者刖跪"向他讨剩酒，夷射呵斥："叱去！刑余之人，何事乃敢乞饮长者？"可见醉大夫的鄙视。刖跪，受过刖足之刑的人。《晏子春秋·杂上》：

景公正昼，被发，乘六马，御妇人以出正闺，刖跪击其马而反之，曰："尔非吾君也。"……晏子对曰：

"……今君有失行，刖跪直辞禁之，是君之福也……"

齐国王宫的守门人，见齐景公带着后妃出宫门，便上前阻止。守门者也是"刖跪"。齐景公觉得受到了羞辱而不视朝。晏子去说，刖足的守门人都能直言，这是国君的福气呀。

对待守门人人格的不尊重，清代《扬州画舫录》卷六有则材料：以盐务暴富的人竞尚奢丽，"有喜美者，自司阍以至灶婢，皆选十数龄清秀之辈"。这是选美人守门；"或反之而极，尽用奇丑者"，为出风头，不择手段，门前专用丑八怪。守门人持镜自照，丑得不够，就"毁其面以酱敷之"，如此立于大门前，谁能说不是景观？只可惜，这是社会的病态景观。

（三）好厉害的守门人

刖跪者守门，《晏子春秋》描写了一个敢于直言批评齐景公的人，被晏子誉为"君之福也"。福的对立面是祸，却也难免。祸人者，《韩非子·内储说下》有一例：

齐中大夫有夷射者，御饮于王，醉甚而出，倚于郎门。门者刖跪请曰："足下无意赐之余沥乎？"夷射曰："叱去！刑余之人，何事敢乞长者饮？"刖跪走退。及夷射去，刖跪因捐水郎门霤下，类溺者之状。明日，王出而诃之曰："谁溺于是？"刖跪对曰："臣

不见也。虽然，昨日中大夫夷射立于此。"王因诛夷射
而杀之。

这守门的刖者，讨剩酒遭到呵斥，便寻机报复，说那位醉大夫的
坏话，把他自己倒的水，说成是夷射撒尿，又说得很策略。国君偏听
偏信，开了杀戒。借句方言，这个守门刖者可不是个"善茬儿"。

守门人的称谓，单一字可称"阍"，如《离骚》："吾令帝阍开关
兮，倚阊阖而望予。"双字者多得很，如门丁、门上、门人、阍人、
门子等。清代梁章钜《浪迹续》考证"门子"：

今世官廨中有侍僮，谓之门子，其名不古不今。
《周礼》："正室谓之门子。"注云："此代父当门者，非
后世所谓门子也。"《韩非子·亡征篇》："群臣为学，
门子好辨。"注云："门子，门下之人。"此稍与侍僮相
近。《唐书·李德裕传》："吐蕃潜将妇人嫁与此州门
子。"《道出清话》："都下有卖药翁，自言少时曾为尚
书门子。"则竟属今所谓门子矣。

"门丁曰大爷"，1927年《广安州新志》特记一笔；如今，当面
称"大爷"，不当面称"看门大爷"很是普遍。这在某种程度上反映
了看门人的年龄状况。清代《燕京杂记》："仆役有司阍者，谓之门
上。"此书写达官贵人府宅的看门人，留下了多侧面的材料。

首先，看门人是仆。但"其价倍于常奴"，高收入，说明其地位

优于一般仆役。

这类"门上"也要有些本事，守在门前要让人怕。书中说，"杂项人等有喧嚣于门前者，主人虽达官，叱之亦不避去，惟司阍者一挥便退"。

看门虽是仆人活计，但守在那里却是主子的耳目，"权"很不小。有来访、来谒者，通报与否，留下的名刺，呈递与否，全看他的心气。他若瞧着不顺眼，一梗脖子一绷脸，来者就吃上了闭门羹。自然，所以惹他不高兴，往往是因为上门者不晓事，没能意思意思。"遇有徒客，薄其穷酸，竟不传刺。又或客称有事欲面语，彼懒于伺候，主人在家亦说外出"，说的便是这回事。

由此产生了一个词：门包。其清初为人们所使用。《后汉书·梁冀传》载"客到门不得通，皆请谢门者，门者累千金"，顾炎武《日知录》说，"今日所谓门包，殆昉于此"。其实，索门包的看门人大约并不在意东汉故事，他守着入口，处于那个位置，也就存在着欺客的机会。

他们又欺主。例如，有沿街叫卖的，守门人先同小贩商定好贿金，再让小贩抬高价格，引进门去。吃亏多花钱的，是主子；商贩和"门上"都得好处。《燕京杂记》作者曾有验证。他偶然站在大门前，见卖蟹者，一问价，很贵，回到大院里，"唤仆人买之，则前价一半"。他做了一番调查，得知串街的贩子与自家的门人早串通一气，主子自买，绝不会售以常价，为的是避免"破仆役浮开之价"——卖者和经买者的默契，使真正掏钱的人永远被蒙在鼓里。

《燕京杂记》作者对此等把门人深恶痛绝。他感叹，士子初入京，拜谒显贵，尝过遭白眼之苦，及至自己成为显官，又将这种人当作心腹，安排在门前，是"顿忘前苦"。

旧时北京城里，富厚之家的大宅门一般都有门房。那时专上大宅门收买旧货的人，看货给价时，要打算进"底子钱"——为进出方便，给看门人的提成。自然，这是"羊毛出在羊身上"，损失的是雇着看门人的卖主。

清代《燕京杂记》载，以征税为名，京师城门"门役不论货之有无，需索甚奢，谓之讨饭食钱"。对不常进城的乡下人，"其勒索更不可言"，甚至"阴窃阳夺"。作者写道："入都者亲友问候，必先问入门易否。甚矣，都门之难入。"守门者如此嘴脸，真是好个厉害！

"好厉害的守门人"，还有另一种含义，即忠于职守，铁面无私。《汉书·周亚夫传》记，汉文帝先后到霸上、棘门、细柳三处劳军，唯细柳营门禁严肃：

> 之细柳军，军士吏被甲，锐兵刃，彀弓弩，持满。天子先驱至，不得入。先驱曰："天子且至！"军门都尉曰："军中闻将军之令，不闻天子之诏。"有顷，上至，又不得入。于是上使使持节诏将军曰："吾欲劳军。"亚夫乃传言开壁门。壁门士请车骑曰："将军约，军中不得驱驰。"于是天子乃按辔徐行。至中营，将军亚夫揖，曰："介胄之士不拜，请以军礼见。"天子为动，改容式车。使人称谢："皇帝敬劳将军。"成礼而去。既出军门，群臣皆惊。文帝曰："嗟乎，此真将军

矣！乡者霸上、棘门如儿戏耳，其将固可袭而虏也。
至于亚夫，可得而犯邪！"称善者久之。

军门都尉一句掷地有声的话："军中闻将军之令，不闻天子之诏。"
硬是把御驾挡在营门外。当群臣皆惊于周亚夫的轻慢时，汉文帝刘桓
表现得很开明。细柳劳军成为关于门禁的著名故事，为后人所乐道。

五、前后门·公私门

（一）"走门路"和"走后门"

北京的地安门又称北安门、玄武门，而更广为人知的俗称叫"后
门"，这是相对于午门、天安门、前门楼子而言的。中国古代的帝王
讲究"圣人南面而听天下"，坐北朝南为正，这也就规定出了前后。
由此，地安门被以"后门"呼之。

后门总是背于正门或者说前门的。因此，后门的朝向便要由正门
的坐落方向来决定。深宅大院往往开着后门。一般宅院规模小，门也
少，可能没有后门，但主人要在后面开个便门，谁又能不准许他开？

这就好似世象，总是有人"开后门"，为着些许好处、便宜；也
总有人"走后门"。于是，"走后门"传为大众熟语。

"走后门"一语出现得很晚。它所概括的意思，原本由"走
门""走门子""走门路""走便门"等来以表达。"走后门"成为语汇
中的后起之秀，确有其自身的优势。它更富有形象性——区别于进出

前门的光明磊落，后门更可容阴暗、鬼祟、见不得人的勾当。"走门路"与"走后门"虽是同义词，但还存在着差别。

《后汉书》载入《文苑列传》的祢衡，"少有才辩，而尚气刚傲"。建安初年（公元196年），他初到颍川，怀里偷偷揣着名刺，也是希望求谒权势名流的。可是，又生性高傲，这一个屠夫一般，看不上眼；那一个大腹便便像是饭桶，不肯去拜。怀里的名刺揣得久了，"至于刺字漫灭"。祢衡这样的怀刺求谒的动机，我们宁肯称之为"走门路"。

同样，唐代时兴的干谒，我们也宁可称它为"走门路"。

唐代有诗的鼎盛，也有诗的干谒。此二者，均与那个时代选拔人才的一个途径相关，即以诗取士。诗成了进入仕途的敲门砖。由此，公平竞争夹杂着不公平的竞争，总有些举子想走走捷径，敲前门也敲后门，拿着诗稿去走达官贵人的门路。白居易《见尹公亮新诗偶赠绝句》："袖里新诗十首余，吟看句句是琼琚。如何持此将干谒，不及公卿一字书？"其实，白居易16岁来到京城，也曾投谒名人。那位接待干谒者的顾况，先是拿小伙子的名字开玩笑："米价方贵，居亦不易。"待读到他的"野火烧不尽，春风吹又生"，大加赞赏，又说："道得个语。居亦不难。"并到处夸奖这个年轻人。这故事载于唐张固《幽亲鼓吹》，被历代传为文坛佳话。然而，它又是一个走门子获成功的例子，尽管白居易的诗确实不同凡响，尽管在那时这种走门路似乎并未被划入耻不可言的境界。

以诗干谒，门路并非那么容易走。万彤云《献卢尚书》："荷衣拭泪几回穿，欲谒朱门抵上天。"尚书家门是不大好进的。诗人杜甫的名作《自京赴奉先县咏怀五百字》有两句："以兹误生理，独耻事干谒。"所言干谒，已超出掖着诗稿拜名流的特定内容，泛指各类"后门"事项。所以，也就该言耻了。

这类并不怎么光彩的"后门"交易，后来由"走后门"一语所概括。而此前，"后门"的比喻意义，只在于后路和退路。例如，南宋罗大经《鹤林玉露·留后门》说："銮辂亲征，事大体重，固宜进退有据。若论兵法，则置之死地而后生矣，岂预留后门哉？留后门，则士不死战矣。"是破釜沉舟，还是进退有据？罗大经认为，后者"留后门，则士不死战"——留后门即留退路。

（二）孔—拱—公：公生门的失落

明万历时蒋一葵《长安客话》说："东西长安门外有通五府各部处总门，京师市井人谓之孔圣门。或以为本名公生门，并无意义。其有识者则曰拱辰门之误，近是。"孔圣、公生、拱辰，三个名目哪个为是？《长安客话》选"拱辰"，有误。

大约此前百年，明成化年间进士陆容，在其所著《菽园杂记》中就曾说到这个有关门名的问题：

> 东西长安门，通五府各部处总门。京师市井人谓之孔圣门，其有识者则曰拱辰门。然亦非也，本名公生门，予官南京时，于一铺额见之。近语兵部同僚，以为无意义，多哗之。问之工部官，以予为然。众乃服。

中国社会科学院考古研究所绘制的《明北京复原图》，标出了两座公生门的位置。在明宫承天门外，长安左门之东，有东公生门，通向吏部、户部、礼部、兵部、工部等机构；长安右门之西，设西公生门，通往五军都护府和太常寺、锦衣卫等机构。东文西武，各有一座"公生"之门。

通向官署重地的公生门，被以讹传讹叫走了音。市井百姓错着叫，文武百官也不晓正误。陆容对兵部同僚讲，应为"公生"，人家说"无意义"。去请工部官员证实，才算找到正根。工部是主管工役营造的部门，在认定门名方面具有权威性。

公、拱、孔，音相近，义相异。"公生"语出《荀子·不苟》："公生明，偏生暗，端悫生通，诈伪生塞，诚信生神，夸诞生惑。此六生者，君子慎之，而禹、桀所以分也。"其中前两句，在封建时代是被当作官场箴规的。尽管如此，门名的"公生"也还是失落了。陆容"较真"，有了结论，写进书里；可是，到万历年间，官员们仍在把"公生"误为"拱辰"。

公生门之名目，直接来源是宋朝的戒石。清代朱象贤《闻见偶录》说：

> 今凡府、州、县衙署，于大堂之前正中立一石，南向刻"公生明"三字，北向刻"尔俸尔禄，民膏民脂，下民易虐，上天难欺"十六字。官每升堂，即对此石也。予考旧典，此名戒石。所刻十六字，乃宋太宗赐郡国以戒官吏，立石堂前，欲令时时在目，不敢

忽忘之意。先是后蜀孟昶撰戒官僚二十四句，至宋太
宗表出四句，元明以至国朝，未有更易。

戒石碑两面刻字，一面为"尔俸尔禄"等十六字，一面为"公生
明"三个大字。对此，宋代古籍确有记载。张端义《贵耳集》记：宋
哲宗"书《戒石铭》赐郡国曰：'尔俸尔禄，民膏民脂，下民易虐，
上天难欺。'用《蜀梼杌》中所载孟王昶文"。据《容斋续笔》载，孟
昶的二十四句是："朕念赤子，旰食宵衣。言之令长，抚养惠绥。政
存三异，道在乙丝。驱鸡为理，留犊为规。宽猛得所，风俗可移。无
令侵削，无使疮痍。下民易虐，上天难欺。赋役是切，有国是资。朕
之赏罚，固不逾时。尔俸尔禄，民膏民脂。为民父母，莫不仁慈。勉
尔为戒，体朕深思。"宋太宗从中摘出四句十六字，以戒官僚，刻为
"戒石"。宋代李心传《建炎以来系年要录》记，"颁黄庭坚书太宗御
制《戒石铭》于郡县"。这是戒石碑镌字多的那一面。

至于"公生明"的铭字，清代学者俞樾《茶香室丛钞》引宋代马
永卿《嫩真子》说："温公私第，在县宇之西北数十里，诸处榜额皆
公染指。书字亦尺许大，如世所见'公生明'字。"这显然讲的是戒
石碑的另一面。

戒石碑演变为牌坊门，俞樾分析了其中原委。他提出，碑石立在
那里多有不便，官员们"或恶其中立，出入必须旁行，意欲去之而不
敢擅动，欲驾言禀于上台，又难措辞。曾见易以牌坊者，南北两向照
依石刻字样书写以代立石。按此知'公生明坊'旧时本是立石，犹有
古人中庭立碑之遗制，今则无不易以牌坊，无复有立石者"。建一座

牌坊门，两面分别榜书戒石上的字句，既方便，也壮观瞻。这就是清代的公生明牌坊。保存较好的保定府衙被称为"清代第一衙"，其大门上立匾"直隶总督部院"，门内大堂前建有公生明坊，牌坊前面书"公生明"，背面书十六字戒语。这是如今能够见到的公生明牌坊。

采用牌坊门的形式，明代紫禁城前的两座公生门也属此类。

明朝以"明"为国号，慎用"明"字，所以立门称"公生"。明代田艺蘅《留青日札》说："我朝立石于府州县甬道中，作亭覆之，名曰戒石。镌二大字于其前，其阴刻'尔俸尔禄，民膏民脂，下民易虐，上天难欺'十六字。"明代的刻石，将宋时的"公生明"三字，易为"戒石"二字。这使得人们淡忘了"公生明"的箴规。京城里的公生门，也只是口头上叫，并没门名匾额，人们以同音讹传，把"公生"传丢了。

（三）公门与私门

接着"公生门"的话题，再来说"公门"。

《荀子》里有一篇文以"强国"名题。篇中记述秦国见闻："入其国，观其士大夫，出于其门，入于公门，出于公门，归于其家，无有私事也，不比周，不朋党，倜然莫不明通而公也，古之士大夫也。"秦的官吏有一种敬业精神，每天只出入于公门，闲事少，效率高。这也是"秦王扫六合"的实力来源之一。

《礼记·玉藻》："宾入不中门，不履阈，公事自闑西，私事自闑东。"闑是立在门中的短木桩。进门由左还是由右跨越门槛，都有公私之别——为何事而来？

走后门的浊风恶习，比"走后门"这个词的历史还要长。即使在封建时代，社会也需要有措施来抑制它。这就是所谓"谒禁"和"禁谒"。

宋代赵升《朝野类要·杂制》说："百司门首谒禁者，不许接客也。若大理寺官，则又加禁谒，及亦不许出谒也。"清代《茶香室丛钞》卷六引录这条材料，并说："按此条，似谒禁、禁谒有别。谒禁者，人来谒见则有禁；禁谒者，禁其谒人也。今京官官都察院，辄署门曰：'文武官员私宅免见。'似即谒禁之遗制。"

谒禁和禁谒，其核心都是公事公办，避免将私人感情、利益交换牵扯其间，杜绝徇私枉法。宋代吴处厚《青箱杂记》：

> 皇祐、嘉祐中，未有谒禁，士人多驰骛请托，而法官尤甚。有一人号"望火马"，又一人号"日游神"，盖以其日有奔趋，闻风即至，未尝暂息故也。

《青箱杂记》写于北宋元祐二年（公元1087年），距嘉祐年不过十几年，其时该是已申明"谒禁"制度。

同历来有走门路者一样，历来有主张公事公办的官员，他们讨厌别人走门子、求私情，来敲自家的宅门。《太平广记》采录的故事说，胡璩做豫州刺史，他门前写出告示："我单门孤立，亦无亲表，恐有擅托亲故，妄索供拟，即获时申报，必当科断。"往来商旅都传说胡璩清白，走后门者也就绝迹了。

元代陶宗仪《南村辍耕录·题屏谢客》，所记人物更具性格：

三宝柱，字廷珪，色目人，颇以才学知名。虽湛于酒色，而能练达吏事，刚正有守。为浙省郎中日，大书于门屏之上曰："逆刮蛟龙鳞，顺将虎豹尾，若将二伎论，尤比干人易。"其意盖于杜绝人之求请耳，然普临矣哉。

为了将走门路的人拒之门外，他在大门影壁上写了四句话，语气很重，意在使来者望而却步。

当权之际，最容易惹来干谒者，他们来送礼，来说话。民间有句夸张语，叫作客人挤破门，门庭若市，好不风光。《三垣笔记》作者李清在阮大铖的大门前，问守门人曰："主人在否？"对方回答："若主人在，车马阗咽矣，怎么会如此寂寂！"阮大铖为南明权臣。

待到时过境迁，与门庭若市形成强烈反差：门可罗雀。司马迁《史记·汲郑列传》，感叹世态炎凉，有段"太史公曰"："夫以汲（黯）、郑（当时）之贤，有势则宾客十倍，无势则否，况众人乎！"

（四）从牙门到衙门

衙门的称谓，局部代整体，是以门脸称代一组建筑，及那砖木结构所容纳的政权机构。

在"衙门"之前，曾有"府"和"署"的名目；并且，府、署之称，一直同衙门并用，用至衙门的废止。天津旧城厢有条运署西街，设在这里的清代运署，当地人们叫它衙门。如今，运署衙门旧址早改为学校和公园。周围居民称谓那公园时，仍习惯于一个非官方的名字："衙门花园"。

衙门，原本是牙门。牙，牙旗，旗杆上饰有象牙的大旗。古代有天子出建大牙之说，即竖牙旗为门。《宋史·仪卫志六》：

> 牙门旗，古者，天子出，建大牙。今制，赤质，错采为神人象，中道前后各一门，左右道五门，门二旗，盖取周制"树旗表门"及"天子五门"之制。

天子宫门巍峨，出行之时，也要有气势不凡的门，于是立牙旗以表门。这种仪仗用旗，后来为三军将帅所用。因武将牙旗立于门外，有了牙门。《南史·贼臣传》，侯景"之为丞相，居于西州，将率谋臣，朝必集行列门外，谓之牙门"。这牙门，同后来意义上的"衙门"，尚有区别。

隋唐时，牙门之称开始宽泛起来。当时封演的《封氏闻见录》"公牙"条记：

> 近俗尚武，是以通呼公府为公牙，府门为牙门。字称讹变，转而为衙也。

唐代是个崇文且又尚武的时代。将帅们门前牙旗称衙衙，门称牙门；文职官员也心随意附，喜欢人家称他理事的地方为牙门，赶那个时髦。重要的是，唐代掌握兵权的节度使，同时主宰一方的军政等大权，他们立着牙旗的大门，谁能说得清是文牙门还是武牙门？这在促进"衙门"成为通称方面，起了很大的作用。

唐代李匡乂《资暇集》讲到押牙、押衙，提供了衙门来源的材料：

> 押牙，武职今有押衙之目。"衙"宜作"牙"。此职名，非押其衙府也，盖押牙旗者。今又有押节者之类是也。案兵书云，牙旗者，将军之旌，故必竖牙旗于门。是以史传咸作牙门字。今者押牙即作押衙，而牙门亦为衙门乎。

这告诉我们，牙门变衙门，还有一副产品，即武职官名押牙变为了押衙。而它们的共同由来，都是竖于将军门前的牙旗——本初的牙门。

到了宋代，周密《齐东野语》说衙门：

> 《诗》曰："王之爪牙。"故军将皆建旗于前，曰"大牙"，凡部曲受约束，禀进退，悉趋其下。近世重武，通谓刺史治所曰牙。缘是从卒为牙中兵，武吏为牙前将。俚语误转为衙。
>
> 《珩璜论》云："突厥畏李靖，徙牙于碛中。牙者，旗也。"
>
> 《东京赋》载："竿上以牙饰之，所以自识也。太守出有门旗，其遗法也。"

后人遂以牙为衙，早晚衙，亦太守出则建旗之义。
或以衙为廨舍，儿子为衙内。《唐韵》注："衙，府
也。"亦讹。

周密谈及三点，一是尚武风俗，一是门旗变迁，一是同音讹传，使得中国古代"衙门"这一称谓，由无到有。

同衙门之称来源相似的，是辕门。《周礼·天官》"设车宫、辕门"，汉代郑玄注，帝王出行止宿，"次车以为藩，则仰车以其辕表门"。竖牙旗以表门，传承演变而有牙门——衙门。用车围起禁地，出入口处两车相对，两车辕相向仰起，称为辕门。后来，辕门成为领兵将帅的营门。《三国演义》"吕奉先射戟辕门"，吕布的辕门离中军一百五十步；京剧有出《辕门斩子》，杨家六郎要把临阵招亲的杨宗保推出辕门，军法从事，多亏了穆桂英前来。两处辕门均是军事首领的营门。再后来，由军队转"地方"，辕门被用来指称官署大门。元杂剧《梧桐雨》"太平时世辕门静"，是说幽州节度使的官署大门。节度使统辖一方军民政务，并不仅仅是带兵的将领。节度使的辕门，已有了地方官署的色彩。这些，同所谓"近俗尚武"一样，也可以用来解释"衙门"之称的广泛使用。

与"衙门"相关的熟语，流传最广的是"衙门口朝南开，有理无钱莫进来"，或说"八字衙门朝南开，有理无钱莫进来"。20世纪40年代河北《固安县志》记为"衙门口儿向南开，有理无理拿钱来"，并加按语说："衙门有黑大门之称，以其非使黑钱不可也。"朝南开，说明衙门坐北朝南向阳开门。这样的开门方向，是古代统治者所讲

求的。

县衙门在古代为各地所常见，那是最为百姓所知所晓的"县老爷"——旧称父母官坐衙的地方。县衙建筑通常沿南北中轴线排开。县衙大门前建影壁，大门两边八字墙，所谓"八字衙门朝南开"。置红漆大鼓，以供击鼓鸣冤。大门内设仪门，仪门两侧开有旁门。仪门开时，或是为了迎接上级官员，或是大堂审理要案，让百姓进到堂前旁听。平时仪门关闭，进出走仪门东侧的旁门。西旁门开时更少，因为此门专供押出死囚，送死刑犯上刑场，这门称为"鬼门"。以西旁门为参照物，东旁门也就被称为"人门"。仪门往里，立着"戒石坊"，一面为"公生明"三大字，一面是"尔俸尔禄，民膏民脂，下民易虐，上天难欺"十六字戒语，这是给县官大老爷瞧的，也是做出样子给百姓看的。中轴线上的主体建筑是大堂。集行政权、司法权于一身的知县，在这里升堂理案，也做行政长官所要办的事。大堂后边设宅门，为县官内宅的入口，里边依次建有二堂、三堂，是知县办公会客的地方。

衙之门，向南开。向明而治，这中间的寓意其实本来并不黑暗的。

县衙门建筑格局的种种讲究，如同京城皇宫的建筑格局一样，具有象征意义。可以说，县衙门的建筑形制就是紫禁城的缩微。当代哲学家冯友兰《三松堂自序》，写到清朝末年曾跟着父亲在衙门里居住，后来将当时的观察同北京的皇城做了比较。例如，县衙大门上挂匾，上写"崇阳县"，这就如同明朝北京前门之内的大明门，大明门清时改匾大清门，清灭亡后改叫中华门。"大明""大清"的门匾，表示皇城的主人就是王朝的统治者，县衙大门匾额表示衙门的主人即是这个县的统治者。县衙仪门内大堂前，两侧各有一排房子，东边一排三房是吏、户、礼，西边一排三房是兵、刑、工，所谓六房办公之所；明清天安门前设六部衙门。县衙大堂，相当于皇宫里的太和殿。大堂后边是宅门，在故宫里也能找到相对应者，那便是乾清门。乾清门外是外朝，门内是皇帝的私宅，即内廷。

六、门名的文化含蕴

（一）门名与方位

古城多城门。就说北京，如今城墙已无，但城门的影子却保存于地名中。有个故事讲，明代修建京城，所依蓝图为"八臂哪吒城"。正阳门居中，是哪吒的头；瓮城东西开门，是哪吒的耳朵；正阳门里两眼井，是哪吒的眼睛；东城的崇文门、东便门、朝阳门、东直门，是哪吒半边身子的四臂；西城的宣武门、西便门、阜成门和西直门，是哪吒另半边身子的四臂；安定门、德胜门是哪吒的两只脚。这无疑是源于空间布局的联想。

其实，从整体把握这些门，那相互呼应的门名，不妨说是将一种治理天下的理想写在大地上。

中国古代以地支标方位。这为门名所包容。如开封，据《历代宅京记》，五代时后周世宗帝曾命名城门，以方位取名：在寅者叫"寅宾门"，在辰者叫"延春门"，在巳者叫"朱明门"，在午者为"景风门"，在未叫"畏景门"，在申者名"迎秋门"，在戌者名"肃政门"，在亥者叫"玄德门"，在子者叫"长景门"。以上所列一组城门名称，涉及地支十项，门名的意义分别与方位、四季、五行、色彩等观念相关。例如，申在西方，故称"迎秋"。寅在东，"寅宾"又有迎接旭日的含义。亥在北，北色黑，所以叫"玄德"。

十二地支配上十二种动物为属相，形成绚丽多彩的生肖文化。与此相关的门名，有个"铁牛门"，见《永乐大典》三五二七卷：

> 《宣城志》：铁牛门在府治东北城内。前志双牛冶铁为之。俗传郡无丑山，故象大武以为厌镇。谚云："丑上无山置铁牛。"自五代林仁肇更筑罗城，旧门关皆改革。今惟一牛存。里人即其地为司土神庙，号铁牛坊云。

十二地支标示方位，子午纵南北，卯酉横东西，东北为丑位。十二生肖丑属牛。"俗传郡无丑山，故象大武以为厌镇"，大武即牛，在城的东北方位处铸铁牛，用来弥补丑位无山这一风水上的缺憾。城门采录之，就有了"铁牛门"。这门名颇具中国古代文化特色。

汉代长安城东出南头第一门叫霸城门，又叫青门。据《三辅黄图》："民见门色青，名曰青城门，或曰青门。"《汉书·王莽传》："天凤三年七月辛酉，霸城门灾，民间所谓青门也。"又据《述异记》："景帝元年，有青雀群飞于霸城门，乃改为青雀门；更修饰刻木为绮寮，雀去，因名青绮门。"汉长安城的这座霸城门有几个别称，青门、青城门、青雀门、青绮门，所以总离不开"青"——"门色青、青雀群飞"之外，还有一个重要原因，这是城东面的门。五行、五方、五色的搭配模式，东方色青。

《牡丹亭》第六出"下看甲子海门开"，据屈大均《广东新语》："甲子门，距海丰二百五十里，为甲子港口，有石六十，应甲子之数。"甲子门之名，也是颇具中华文化特色的。

有些门名虽并未标出方位，但却是取诸方位的，如北京的崇文门、宣武门。

北京内城南面三城门，正阳门居中，东边有崇文门，西边有宣武门。东崇文而西宣武，体现了中国传统文化中的方位观念。古人认为，东主长育万物，四时东为春，文武东为文；西方主肃杀，属秋，主武事。这种观念源远流长，影响广泛，以至于对文相武将，也有"关东出相，关西出将"的俗谚。《太平广记》引《续玄怪录》故事，讲唐朝的开国功臣李靖未能正式拜相的原因，说是李靖逐鹿，迷途而入龙宫，代龙行雨后，主人以两奴相赠，可选一个，也可两个都要。书中描写："一奴从东廊出，仪貌和悦，怡怡然；一奴从西廊出，愤气勃然，拗怒而立。"李靖选了出自西廊的那一个。书中写道：李靖"以兵权静寇难，功盖天下，而终不及于相，岂非取奴之不得乎？……向使二奴皆取，即极将相矣"。这故事编得很有趣。李靖如果既取出自东廊文质彬彬的那一个，又取出自西廊武气赳赳的那一个，那么，他的命运便会"文""武"兼备，兼任将相了。这宣扬的虽是宿命论，但故事的构思借助于传统的方位观念，因此不失文化色彩。

崇文、宣武两门名，取名于方位，包含着丰厚的文化蕴藏。

（二）《南史》中"白门"故事

古代的城门名称，选取哪些辞藻，回避哪些字眼，往往被弄得很神秘。《南史·宋本纪下》有段"白门"故事，堪称典型：

> 宣阳门谓之白门，上以白门不祥，讳之。尚书右
> 丞江谧尝误犯，上变色曰："白汝家门！"

南朝宋明帝"末年好鬼神，多忌讳"。他听到有人称宣阳门为"白门"，认为"白"字属于"祸败凶丧疑似之言"，不准用那个名称。有一次，右丞江谧误犯忌讳，出语"白门"，宋明帝勃然色变，呵斥道："白你家的门！"

据宋代张敦颐《六朝事迹编类》，"白门"之称不是因为门色，大约同附近地名相关。江乘县有白石垒，"以其地带江山之胜，故为城于此，曰白下城，东门谓之白下，正其往路也"。因为城东的白石垒，这城东门也沾上"白"字。那位宋明帝讳"白"莫深，是大可不必的。

这里再说一个"鱼门"。汉景帝时的"七国之乱"，以吴王刘濞为首，吴、楚是七国中较强的势力。《汉书·五行志》记：

> 景帝三年（公元前154年）十二月，吴二城门自
> 倾，大船自覆。刘向以为近金沴木，木动也。先是，

> 吴王濞以太子死于汉，称疾不朝，阴与楚王戊谋为逆乱。城犹国也，其一门名曰楚门，一门曰鱼门。吴地以船为家，以鱼为食。天戒若曰，与楚所谋，倾国覆家。吴王不寤，正月，与楚俱起兵，身死国亡。

城犹如国，城门自倾，被说成是天之戒。吴王刘濞所居之城，有两个城门，一个叫"楚门"，而另一叫"鱼门"——吴国水乡，以鱼为食，鱼门即吴门，这是后来的解释。靠了这一解释，"七国之乱"被平息以后，有附会说，上天早就以城门自倾的方式警告过刘濞了，吴王没能明白"鱼门"即"吴门"，联楚叛乱，结果像那自倾的城门一样，双双倒霉。

明清之际李清的《三垣笔记》"叹世事之来，必有其渐"，讲了几件所谓征兆之事，末一件是：

> 曹司礼化淳建卢沟桥城，题其一门曰"永昌"，一门曰"顺治"，即闯贼年号永昌，建州年号顺治之兆。

明末农民起义，李自成于崇祯十七年（公元1644年）正月开始称王，建国号为"顺"，年号"永昌"。建州年号顺治，是指清世祖福临年号顺治，也改元于这一年。此前几十年，女真族的努尔哈赤统一了建州各部。

明代的曹化淳建城，命名城门时用了"永昌"和"顺治"。后来，出现了李自成进京，清兵入关，两者年号正与城门名称巧合。那门名，就被说成是谶语，是这些变故的征兆。

这类话题，还见于《清稗类钞》：

> 京师于元为上都，明与国朝因之。或于正东西三门之命名，作一解云："曰正阳，曰崇文，曰宣武，皆昔时旧称。而元之亡也，年号至正，则为正门之占验焉。明社之亡，年在崇祯。今者国祚之移，号曰宣统。盖崇祯时以文臣庸暗而亡，宣统时以发难于武人而亡也。"

谶纬谬种，汉代流传已广，在封建社会里颇能蒙骗一些人。比如某人写了许多诗，平素人们只是当诗读。待到他遇到了变故，从他那么多诗句中找出一句来，附会出种种神秘的说法，那诗句便成了"谶"。仿佛很能预见，也挺应验，其实纯粹是"马后炮"，全在事后的解释了。有时偏偏能找到一点巧合的材料，借以做文章，也就更有蛊惑力。北京内城南面三门，正阳门与元末的至正年号，崇文门与明末的崇祯年号，宣武门与末代皇帝的年号宣统，都被说成是城门名谶，仿佛元、明、清王朝的终结早就写在城门名称里了。

在城门名上大做诡秘文章，还有《吴越春秋》所记伍子胥设计建筑都城的故事。吴国欲破楚，就命名了一个"破楚门"，另有"立蛇门以制敌国"之类，将城郭设计与厌胜迷信融为一体。本书前已述及，此处不再赘言。

（三）门名是文化的浓缩

寥寥几字的门名，可以是文化的浓缩。

《三辅黄图》记汉建章宫"正门曰阊阖"，唐代人注释："阊阖，天门也。宫门名阊阖者，以象天门也。"皇宫正门取名阊阖，就如同皇城称"紫禁"一样，是有讲究的。

皇帝贵为真龙天子，出入的门叫"阊阖"仿佛恰如其分。可是，宫中却有门取了蝗虫的名字，是不是太贱了呢？明代刘若愚《明宫史》讲到了这个门名——螽斯门：

> 说者曰：祖宗为圣子神孙，长育深宫，阿保为侣，或不知生育继嗣为重，而宠注一人，未能溥贯鱼之泽，是以养猫、养鸽，复以螽斯、千婴、百子名其门者，无非欲借此感触生机，广胤嗣耳。

传一姓之天下，"生育继嗣为重"。明代宫里养猫、养鸽，为着向未晓人道的小男儿做出提示；又将其日常经过的门，命名为"螽斯""千婴""百子"。螽斯是蝗虫的一种，古人传说它一次能生九十九子。以螽斯为喻，祝人多子多孙，是古老的风俗，《诗经》中有此一篇："螽斯羽，诜诜兮，宜尔子孙，振振兮。螽斯羽，薨薨兮，宜尔子孙，绳绳兮。螽斯羽，揖揖兮，宜尔子孙，蛰蛰兮。"螽斯振翅飞，后面跟着一大群，拥拥挤挤，闹闹嚷嚷，"宜尔子孙"——如此大家族，正"千婴""百子"之谓。这是门名的妙用。在故宫，螽斯门、百子门在一条街上南北呼应。

在故宫中轴线上，御花园里有座天一门。天一生水。门名"天一"，是在呼唤克火之水。这名称的得来，在明嘉靖年内几次大火后，重修钦安殿时嘉靖皇帝题此，以命名南墙门，而钦安殿里供奉的则是玄武神。玄武是掌水之神。天一、玄武，都在祈求"祝融"远远地走开。

（四）改门名

门额标志门名，门名具有含蕴。改门名，有时被认为是关系重大的事。

篡汉的王莽曾为长安城门改换名称。唐代《三辅黄图》说：长安城东三门，霸城门改为仁寿门无疆亭，清明门改为宣德门布恩亭，宣平门改叫春王门正月亭；城南三门，覆盎门更名永清门长茂亭，日安门改称光礼门显乐亭，西安门改为信平门诚正亭；西三门，章城门改叫万秋门亿年亭，西直门改叫直道门端路亭，雍门改叫章义门著义亭；北三门，洛城门改为进和门临水亭，厨城门改为建子门广世亭，横门改叫朔都门左幽亭。

王莽的独出心裁，在于"门""亭"合用，两者间相对或相关，如"仁寿""无疆"组对，"万秋""亿年"相配，"春王""正月"呼应等。王莽是个政治家，他改城门名的动机并不只是附庸风雅。他的这一番改动，"新桃换旧符"，同他的改朝换代是互为表里的。

据《历代宅京记》，唐朝末年皇帝迁于东都洛阳。昭宣帝天祐二年（公元905年），对洛阳的建筑一通改名，个中缘由不仅是因"法驾迁都之始，洛京再造之初"，还由于"妖星既出于雍分"，说是"宜改旧门之名，以壮卜年之永"。延喜门改叫宣仁门，宣政门改称敷政门，积庆门改为兴善门，乾化门改呼乾元门等，共有十四座门换了新名称。结果如何呢？"天祐"用到第四年，李唐王朝便再无年号延续了。

宋初仍改门名。据《宋朝会要》，太平兴国四年（**公元979年**）九月，诏改京城内外门名三十有二，如南薰门、宣化门等。

《明史·舆服志》记载一段官门遭灾改匾额的故事。嘉靖三十六年（**公元1557年**），"三殿门楼灾，帝以殿名奉天，非题扁所宜用，敕礼部议之"。礼部官员会议的结果是，开国之初，"名曰奉天者，昭揭以示虔尔。既以名，则是昊天监临，俨然在上，临御之际，坐以视朝，似未安也。今乃修复之始，宜更定，以答天庥"。转年重建奉天门，更名为大朝门。这以后，殿、楼、门的匾额，改名许多。好像匾额"奉天"，老天爷便真的会接受奉请似的；皇帝御朝之际，头顶上有个老天爷在监视，这怎么能安安稳稳地听政颁诏呢？有了礼部官员们的如此一番联想，于是，改名——奉天门易为大朝门。这样一来，皇帝坐龙椅时，心里该踏实了吧。

以上的门名更改，说起理由，均是振振有词。但真正该为城门改名的，却是下面要说的这个。可是，偏偏又是该改而未改，闹了笑话，事见《新五代史》。时在五代十国，当时军阀割据，唐末的（**或五代的**）节度使纷纷称帝。南汉刘龑（yǎn）也当了皇帝。他"祀天南郊，大赦境内，改国号汉"，像模像样的一通折腾，却忘了把城门楼上的匾额改一改。《南汉世家》记载：

刘龚初欲僭号，惮王定保不从，遣定保使荆南，及还，惧其非己，使倪曙劳之，告以建国。定保曰："建国当有制度，吾入南门，清海军额犹在，四方其不取笑乎！"龚笑曰："吾备定保久矣，而不思此，宜其讥也！"

刘龚原是五代后梁的清海军节度使。要称帝，似乎又有些心虚，怕手下的王定保不从，就将其支开。南汉建立、刘龚称帝以后，王定保归来，刘龚挺策略地做他的工作。王定保的反应是出乎预料的，只是说：国虽已立，可是南门上"清海军"的匾额却仍在，岂不是要被四方取笑！

王定保的表态，卖了个乖，出言倒也在理：既然"改国号汉"，是一朝天子了，南门上的"清海军"门额仍挂在那里，成何体统？请不要忽略，这说的是南门之名。南门是正门。

城门名称要改，这改说起来也容易，换个匾额而已；若说难，也确不容易改。因为，城门名不仅被用来称谓城门，它还被纳入地名之中，并像地名一样具有相对的稳定性。明代《长安客话》的一则材料，反映了这种情况：

都城九门，正南曰正阳，南之左曰崇文，右曰宣武，北之东曰安定，西曰德胜，东之北曰东直，南曰朝阳，西之北曰西直，南曰阜城。今京师人呼崇文门曰海岱，宣武门曰顺承，朝阳门曰齐化，阜成门曰平则，皆元之旧名，相沿数百年，竟不能改。

明取代元，新桃换旧符，北京的城门改了名，如"海岱"改"崇文"、"顺承"改"宣武"等。然而，居京的人们仍习惯于叫元代的旧名，相沿数百年而不能改。这便体现了城门名称的稳定性。

古城门名称能够顽强地保留在地名之中。据奉宽《燕京旧城考》的调查，北京城辽代时城池在今城区之西，"鹅房营，有土城角，作曲尺式，幸存未铲；有豁口俗呼凤凰嘴，当因辽城丹凤门得名"。辽代时有座城门名叫丹凤门，城门早已不复存在，那么一个豁口，一代代人口口相传，称为"凤凰嘴"。豁口，北京地名的一种结构元素，例如现今仍叫得颇响的"十条豁口"。嘴、豁口、门，在这里，此三者所示略同，即门户的出入口意义。由此，可以讲"凤凰嘴"就是"丹凤门"余音，近千年而袅袅不绝的。丹凤城门虽已无，但"凤"仍在；早先的门洞、门扇全没有了，成了豁口，来来往往的人叫它"嘴"——以"凤凰"冠之，"丹凤"的门名未曾丢。

再版后记

这部书稿是在《十二生肖与中华文化》之后写成的。

关于这部书稿，首先要说著名学者季羡林教授的书信。1997年1月28日，季先生来信写了如下一段话："吴裕成同志寄来他的大作《中国的门文化》的'引言'和目录，我仔细读了。他从门户这样常见的东西中悟出了许多与之相关联的广义的文化现象，是研究中国传统文化的一个新的视角，是过去几乎没有人全面地注意到的新视角。对此，我没有入'门'，我还是一个'门'外汉，我说不出什么意见。谨缀数语，以示祝贺。"学界泰斗季羡林先生，时年八旬有六。这段言简意赅的评语，鼓励中含着褒奖，令我心生钦敬与感激。

"研究中国传统文化的一个新的视角"，用了时兴语言。20世纪90年代，"文化遗产保护"还未像如今这样成为社会常用语，"非遗"传为全民热词是后来的事。在告别"扫四旧"开始的那十年之后，拨乱反正的回归，众望所系。这包括优秀文化传统的继承和发扬——社会为此的种种努力，人们一言以蔽之，叫作"弘扬传统文化"。

便有做点事情的冲动。为十二生肖溯源流，寻踪发隐，一通捯腾，余勇尚劲，又立选题琢磨"门"。想法别无二致，都是以古今民俗为切入点，做传统文化的文章。当年，南开大学著名教授宁宗一先生评"这部门文化的专著，是对中国传统文化一个分支进行深入研究的成果"。宁先生将这一置评的宏观视野与分化视角讲得透彻:"文化学的科学建构只有在分化研究的基础上,具有各个击破式的深化研究,才能在本体上加以把握。这种分化,既包括研究职能的分化,也包括研究视野的分化,即从多学科的视角对文化作多层次多侧面的深化研究。"

书稿的写作,历时一年多。成稿前后的事,这里略缀一二。1996年5月出差西安,本子上记"30日,一早去半坡。这是二次前往,带着问题去,要看看半坡人的门和门槛。收获不小"。图书馆也没少跑。红学家周汝昌先生提示,存世的《永乐大典》有门字一册。一查还就查到了。稿子写得很顺。出书前,在《今晚报》副刊开栏目选载了一些内容。稿子走完出版社的编校装帧环节,赶上大幅度压缩书目,责编几经协调,先印了一千册。大约是图书市场反映还行,转年同一封面,第二次印刷。过了几年,纳入"中国文化丛书",改换开本和封面。后来另种封面又印了一版。"畅销书自然好,长销书的风景也美丽。"这是在出版社听到的话。《中国的门文化》一书初版印发不久,中国民俗学会郭子昇先生向我介绍北京古代建筑博物馆一位读者。相约前去,第一次参观了先农坛,看得很尽兴。

这部书稿与中国国际广播出版社结缘,始于2011年。出版社组织"中国读本"丛书,相中这部稿子,先后两印,封面各异。这次入选"传媒艺苑文丛"系列,有机会再续前缘。推倒重来的审稿,遇到能干的责编,几个月里我们微信沟通,核对引文,完成了再版修订,还补充了一些照片插图。

这些年来,阅读和采风,老房子、古建筑一直是我的瞩目点。开卷浏览，外出旅行，因此增兴致。为积累资料，拍了大量景物照片，其中门簪门墩、门饰门画，就有不少。仿佛入了宝山——仅说门文化，那真是蔚为大观，风光无限。

再版是图书约会读者的新机遇。拉拉杂杂，唠叨如许，借以致谢编者，助兴读者。

吴裕成记于至随斋

2022年10月16日

图书在版编目（CIP）数据

中国门文化：典藏版 / 吴裕成著.—北京：中国国际广播出版社，2022.11

（传媒艺苑文丛.第二辑）

ISBN 978-7-5078-5224-0

Ⅰ.①中… Ⅱ.①吴… Ⅲ.①门－文化－中国 Ⅳ.① TU228-05

中国版本图书馆CIP数据核字（2022）第188966号

中国门文化（典藏版）

著　　者	吴裕成	
出 版 人	张宇清　田利平	
项目统筹	李　卉　张娟平	
策划编辑	笑学婧	
责任编辑	笑学婧	
校　　对	张　娜	
设　　计	国广设计室	

出版发行	中国国际广播出版社有限公司［010-89508207（传真）］
社　　址	北京市丰台区榴乡路88号石榴中心2号楼1701
	邮编：100079
印　　刷	环球东方（北京）印务有限公司

开　　本	710×1000　1/16
字　　数	260千字
印　　张	23
版　　次	2023 年 3 月　北京第一版
印　　次	2023 年 3 月　第一次印刷
定　　价	58.00 元